全国高等教育自学考试指定教材

房屋建筑工程专业（专科）

建 筑 材 料

（含：建筑材料自学考试大纲）

（2014 年版）

全国高等教育自学考试指导委员会　组编

主　编　赵亚丁

副主编　张松榆

U0250061

武 汉 大 学 出 版 社

图书在版编目(CIP)数据

建筑材料/赵亚丁主编;全国高等教育自学考试指导委员会组编. —武汉：
武汉大学出版社,2014.10(2020.1 重印)
全国高等教育自学考试指定教材.房屋建筑工程专业.专科
ISBN 978-7-307-14363-0

Ⅰ.建… Ⅱ.①赵… ②全… Ⅲ. 建筑材料—高等教育—自学考试—
教材 Ⅳ.TU5

中国版本图书馆 CIP 数据核字(2014)第 213182 号

责任编辑:鲍 玲 责任校对:鄢春梅

出版发行:**武汉大学出版社** (430072 武昌 珞珈山)
(电子邮箱:cbs22@whu.edu.cn 网址:www.wdp.com.cn)
印刷:武汉图物印刷有限公司
开本:787×1092 1/16 印张:17.5 字数:409 千字
版次:2014 年 10 月第 1 版 2020 年 1 月第 5 次印刷
ISBN 978-7-307-14363-0 定价:32.00 元

组编前言

21世纪是一个变幻莫测的世纪，是一个催人奋进的时代。科学技术飞速发展，知识更替日新月异。希望、困惑、机遇、挑战，随时随地都有可能出现在每一个社会成员的生活之中。抓住机遇，寻求发展，迎接挑战，适应变化的制胜法宝就是学习——依靠自己学习，终生学习。

作为我国高等教育组成部分的自学考试，其职责就是在高等教育这个水平上倡导自学、鼓励自学、帮助自学、推动自学，为每一位自学者铺就成才之路。组织编写供读者学习的教材就是履行这个职责的重要环节。毫无疑问，这种教材应当适合自学，应当有利于学习者掌握和了解新知识、新信息，有利于学习者增强创新意识、培养实践能力、形成自学能力，也有利于学习者学以致用，解决实际工作中所遇到的问题。具有如此特点的书，我们虽然沿用了"教材"这个概念，但它与那种仅供教师讲、学生听，教师不讲、学生不懂，以"教"为中心的教科书相比，已经在内容安排、编写体例、行文风格等方面都大不相同了。希望读者对此有所了解，以便从一开始就树立起依靠自己学习的坚定信念，不断探索适合自己的学习方法，充分利用自己已有的知识基础和实际工作经验，最大限度地发挥自己的潜能，达到学习的目标。

欢迎读者提出意见和建议。

祝每一位读者自学成功。

全国高等教育自学考试指导委员会

2013年7月

目　　录

建筑材料自学考试大纲

建 筑 材 料

全国高等教育自学考试
房屋建筑工程专业（专科）

建 筑 材 料
自学考试大纲

（含考核目标）

全国高等教育自学考试指导委员会　制定

出 版 前 言

为了适应社会主义现代化建设事业的需要,鼓励自学成才,我国在 20 世纪 80 年代初建立了高等教育自学考试制度。高等教育自学考试是个人自学、社会助学和国家考试相结合的一种高等教育形式。应考者通过规定的专业课程考试并经思想品德鉴定达到毕业要求的,可获得毕业证书;国家承认学历并按照规定享有与普通高等学校毕业生同等的有关待遇。经过 30 多年的发展,高等教育自学考试为国家培养造就了大批专门人才。

课程自学考试大纲是国家规范自学者学习范围、要求和考试标准的文件。它是按照专业考试计划的要求,具体指导个人自学、社会助学、国家考试、编写教材及自学辅导书的依据。

为更新教育观念,深化教学内容方式、考试制度、质量评价制度改革,更好地提高自学考试人才培养的质量,全国考委各专业委员会按照专业考试计划的要求,组织编写了课程自学考试大纲。

新编写的大纲,在层次上,专科参照一般普通高校专科或高职院校的水平,本科参照一般普通高校本科水平;在内容上,力图反映学科的发展变化以及自然科学和社会科学近年来研究的成果。

全国考委土木水利矿业环境类专业委员会参照普通高等学校相关课程的教学基本要求,结合自学考试房屋建筑工程专业的实际情况,组织制定的《建筑材料自学考试大纲》,经教育部批准,现颁发施行。各地教育部门、考试机构应认真贯彻执行。

全国高等教育自学考试指导委员会

2014 年 7 月

Ⅰ　课程性质与课程目标

一、课程性质与特点

建筑材料课是高等教育自学考试土建类专业的专业基础课。设置本课程的目的是为建筑施工、混凝土及砌体结构、钢木结构等专业课程以及课程设计和毕业设计提供建筑材料方面的基本知识。学生为了在将来的工作中能够合理地选择和使用建筑材料，也必须学好本课程。

通过本课程的学习，自学者可获得有关建筑材料的性质、应用、研究和管理等方面的基本知识和必要的基本理论。

二、课程目标

课程设置的目标是鼓励考生：

（1）培养对建筑材料的兴趣和热爱，发展创造性和想象力，欣赏建筑材料对于基本建设和整个社会进步发展的贡献。

（2）掌握建筑材料的基本性能，掌握材料的结构与性能的关系，掌握性能与应用的关系。

（3）学会根据工程特点择优选择合适的建筑材料。学会简单的科学试验研究，能够解决建筑工程中关于材料方面的一些问题。

（4）理解建筑材料与建筑结构、建筑施工、建筑设计和建筑管理之间的联系，并能妥善地将这些联系有机地结合在一起。

三、与相关课程的联系与区别

学习本课程应具备高等数学、大学物理、大学化学、建筑力学和建筑识图等方面的知识。本课程既涉及较深的理论知识，又有专业性很强的专业知识，学习起来有一定的难度。

四、课程的重点和难点

本课程的重点是混凝土的组成材料、混凝土的性能和混凝土的配合比设计，次重点是水泥的性能和应用、材料的基本性质。其他内容在其他课程和以后的工作中也会经常用到。

Ⅱ 考核目标

本大纲在考核目标中，按照识记、领会、简单应用和综合应用四个层次规定其应达到的能力层次要求。四个能力层次是递升的关系，后者必须建立在前者的基础上。各能力层次的含义是：

识记（Ⅰ）：要求考生能够识别和记忆本课程中有关概念及规律的主要内容（如材料的状态参数、材料基本性质中的计算公式、混凝土配合比设计中的有关公式、每种材料的主要性能特点等），并能够根据考核的不同要求，做正确的表述、选择和判断。

领会（Ⅱ）：要求考生能够领会和理解本课程中有关概念及规律的内涵及外延，理解有关概念的确切含义及适用条件（如材料在四种状态下的密度），能够鉴别关于概念的似是而非的说法；理解相关知识的区别和联系，并能根据考核的不同要求对有关问题进行逻辑推理和论证，做出正确的判断、解释和说明。

简单应用（Ⅲ）：要求考生能够根据已有的知识和建筑物所处的环境条件、建筑材料在建筑物中的位置和所起的作用，简单地选择合适的建筑材料。

综合应用（Ⅳ）：要求考生能够针对处于复杂环境中且结构和功能较为复杂的建筑物，根据所学的知识研究和解决材料方面的问题，如混凝土配合比的设计和验算、水泥的选择、钢材的选择等。

III 课程内容与考核要求

绪 论

一、学习目的和要求

了解建筑材料的定义与分类，及其在建筑工程中的地位与作用；掌握建筑材料的发展趋势；熟悉建筑材料产品的国内外标准及相应的施工规范；明确课程学习的目的、任务及基本要求。

二、课程内容

（1）建筑材料的定义与分类。
（2）建筑材料在建筑工程中的地位与作用。
（3）建筑材料的发展概况。
（4）建筑材料的技术标准。
（5）课程的目的、任务与学习方法。

三、考核知识点及考核要求

（一）建筑材料定义及其分类
识记：建筑材料的主要定义及其按化学组成的分类。
（二）建筑材料发展概况
识记：建筑材料的发展趋势。
（三）建筑材料的技术标准
识记：建材产品标准与工程建设标准的含义。
领会：标准的意义。

四、本章重点与难点

重点：材料定义及其主要分类，建筑材料的发展趋势。
难点：建筑材料产品标准的表示方法及主要层次。

第一章 建筑材料的基本性质

一、学习目的和要求

本章为全书的重点章之一。通过本章的学习，熟悉本课程经常涉及的与材料性质有关的基本概念，为学好以后各章不同建筑材料的知识打好基础。要求了解材料的组成与结构，以及它们与材料性质之间的关系；要求掌握材料的各种物理性质和力学性质的基本概念及表示方法，并能较熟练地运用；要求了解材料耐久性的基本概念。

二、课程内容

第一节　材料的组成与结构

（1）材料的组成：化学组成；矿物组成。
（2）材料的结构：结构层次：宏观结构、细观结构、微观结构；材料的孔隙结构：孔隙形成的原因、孔隙的类型、孔隙对材料性质的影响。

第二节　材料的物理性质

（1）密度：绝对密度；表观密度；体积密度；堆积密度。
（2）孔隙率与空隙率。
（3）材料与水有关的性质：材料的亲水性与憎水性；材料的吸水性与吸湿性；材料的耐水性；材料的抗渗性；材料的抗冻性。
（4）材料的热工性质：材料的导热性；传热系数与热阻；材料的热容性。

第三节　材料的力学性质

（1）材料的强度：不同荷载形式下的强度；强度等级；比强度。
（2）材料的弹性与塑性。
（3）材料的脆性与韧性。
（4）材料的硬度。
（5）材料的耐磨性。

第四节　材料的耐久性

（1）耐久性概念。
（2）材料耐久性的影响因素。
（3）耐久性的改善措施。

三、考核知识点及考核要求

（一）材料的组成与结构

识记：（1）材料的化学组成与矿物组成的含义与表示方法；（2）不同层次材料结构的研究对象；（3）不同种类晶体材料的性能特点，晶体与非晶体材料的性能差异。

领会：材料中的孔隙及其类型及孔隙对材料性质的影响。

简单应用：根据材料组成和结构特点推断其性质。

（二）材料的物理性质

识记：（1）密度或绝对密度、表观密度、体积密度及堆积密度的含义与表示方法；（2）孔隙率及空隙率的含义与表示方法；（3）亲水材料与憎水材料的概念；（4）耐水性的表示方法；（5）质量吸水率与体积吸水率的含义及表示方法；（6）抗渗性的含义及表示方法；（7）抗冻性的含义及表示方法；（8）表示材料导热性的指标。

领会：（1）几种密度的区别以及孔隙、空隙和含水率对不同密度的影响规律；（2）开口孔隙率、闭口孔隙率与密实度间的关系与区别方法；（3）吸水性与吸湿性的关系；（4）质量吸水率与体积吸水率的关系；（5）导热系数的物理意义及其量纲；（6）导热系数、传热系数、热容量之间的关系及其实用意义。

简单应用：材料不同密度之间的相互换算。

综合应用：通过计算确定材料的不同密度、孔隙率、空隙率、吸水率、含水率等参数。

（三）材料的力学性质

识记：（1）材料强度与强度等级的区别，比强度的概念；（2）弹性变形与塑性变形的概念；（3）韧性与脆性的含义；（4）硬度与耐磨性的含义与指标。

领会：材料力学性质与组成、结构之间的关系。

（四）材料的耐久性

识记：耐久性概念。

领会：材料耐久性的影响因素与改善措施。

四、本章重点、难点

重点：材料的几种密度、与水有关的性质、与热有关的性质和不同力学性质的基本概念、表示方法以及相互之间换算关系。

难点：材料的不同层次结构的概念与表征方法，以及各种材料性质与材料组成、结构之间的相互关系。

第二章 气硬性胶凝材料

一、学习目的和要求

通过本章的学习，熟悉四种常用气硬性胶凝材料的性质，以期在工程中合理使用。本章以石膏和石灰为重点，要求了解原料、生产、凝结硬化及质量要求，掌握其性质和应用。要着重了解水玻璃和镁质胶凝材料的性质和应用特点。

二、课程内容

熟悉气硬性胶凝材料和水硬性胶凝材料的含义。

第一节 石 膏

（1）石膏的原料、生产及主要品种。

（2）建筑石膏的水化、凝结与硬化。

（3）建筑石膏的性质。

（4）建筑石膏的技术要求。

（5）建筑石膏的应用。

第二节 石 灰

（1）石灰的生产。

（2）石灰的熟化与硬化。

（3）石灰的技术要求。

（4）石灰的性质与应用。

第三节 水玻璃

（1）水玻璃的组成。

（2）水玻璃的硬化。

（3）水玻璃的性质及应用。

第四节 镁质胶凝材料

镁质胶凝材料的组成、硬化以及性能特点。

三、考核知识点及考核要求

（一）气硬性胶凝材料

识记：气硬性胶凝材料和水硬性胶凝材料的含义。

领会：气硬性胶凝材料的应用范围。

（二）石膏品种及建筑石膏的凝结硬化

识记：（1）生石膏与熟石膏；（2）建筑石膏与高强度石膏。

领会：建筑石膏凝结与硬化的过程。

（三）建筑石膏的性质、质量要求与应用

识记：建筑石膏的技术要求。

领会：建筑石膏的性质。

简单应用：建筑石膏的用途。

（四）生石灰的熟化与硬化

识记：（1）生石灰、熟石灰和石灰膏；（2）欠火石灰和过火石灰。

领会：石灰浆体的硬化过程。

简单应用：生石灰的熟化及陈伏。

（五）石灰的性质、技术要求与应用

识记：生石灰的质量要求。

领会：石灰的性质。

综合应用：石灰的应用。

（六）水玻璃

识记：（1）水玻璃的化学式；（2）水玻璃模数。

领会：（1）水玻璃模数及密度对水玻璃性质的影响；（2）水玻璃的固化剂及其硬化过程；（3）水玻璃硬化后的性质。

简单应用：水玻璃的用途。

（七）镁质胶凝材料

识记：（1）镁质胶凝材料的化学组成及其原料；（2）镁质胶凝材料的调和液。

领会：镁质胶凝材料的特点及应用。

四、本章重点、难点

重点：石膏、石灰的基本性质和应用。

难点：石膏、石灰的反应过程与性质的关系。

第三章　水　　泥

一、学习目的和要求

本章为本课程重点章之一，以通用硅酸盐水泥为本章的重点。通过学习熟悉上述水泥的性质，以期在工程中能合理选用。要求掌握硅酸盐水泥熟料矿物的组成及其特性，硅酸盐水泥水化产物及其特征，以及硅酸盐水泥的性质与应用；要求了解硅酸盐水泥凝结硬化过程及技术要求。在此基础上掌握其他通用硅酸盐水泥的特点及应用。

二、课程内容

第一节　水泥的生产与性能

（1）原料及生产：硅酸盐水泥生产原料、混合材料及生产简要过程。

（2）熟料及性能：熟料的矿物组成，各组成的特性及其与水泥性质的关系。

（3）水泥的凝结硬化：硅酸盐水泥的水化、水化产物及其特征；硅酸盐水泥凝结硬化过程；水泥石的构造及强度的影响因素。

（4）水泥石的腐蚀与防护：水泥石腐蚀类型；水泥石腐蚀基本原因；防止腐蚀的措施。

第二节　通用硅酸盐水泥

（1）硅酸盐水泥：硅酸盐水泥定义；硅酸盐水泥的技术要求：细度、凝结时间、体积安定性；强度及强度等级；硅酸盐水泥的性质与应用。

（2）普通硅酸盐水泥：普通硅酸盐水泥定义；普通硅酸盐水泥与硅酸盐水泥性质比较。

（3）矿渣硅酸盐水泥、火山灰质硅酸盐水泥及粉煤灰硅酸盐水泥（简称矿渣水泥、火山灰水泥及粉煤灰水泥）：矿渣水泥、火山灰水泥及粉煤灰水泥的组成及定义；矿渣水泥、火山灰水泥及粉煤灰水泥的技术要求；矿渣水泥、火山灰水泥及粉煤灰水泥的性质和应用的异同点。

（4）复合硅酸盐水泥：复合硅酸盐水泥的定义；复合硅酸盐水泥的技术要求与性质。

第三节　特种水泥

（1）铝酸盐水泥。
（2）硫铝酸盐水泥。
（3）白色及彩色硅酸盐水泥。
（4）快硬硅酸盐水泥。
（5）道路硅酸盐水泥。
（6）膨胀水泥及自应力水泥。

三、考核知识点及考核要求

（一）水泥的原料与生产
识记：（1）通用硅酸盐水泥生产的原料；（2）活性混合材料与非活性混合材料；（3）活性混合材料的种类；（4）通用硅酸盐水泥生产的主要环节。
领会：水泥的原料在生产过程中的作用。
（二）熟料及性能
识记：硅酸盐水泥熟料的矿物组成。
领会：硅酸盐水泥熟料矿物的特性，改变水泥熟料矿物组成对水泥性质的影响。
（三）水泥的凝结硬化
识记：（1）水泥的水化产物；（2）水泥石的构造。
领会：（1）水泥熟料矿物的水化、水化产物及其特性；（2）水泥中石膏与熟料水化产物作用的生成物及其特性；（3）混合材料在激发剂作用下的水化；（4）水泥石强度的影响因素。
（四）水泥石的腐蚀与防护
识记：腐蚀水泥石的介质。
领会：（1）各类型腐蚀（软水侵蚀、硫酸盐腐蚀、镁盐腐蚀、碳酸腐蚀及一般酸腐蚀）的特点；（2）水泥石腐蚀的内在原因。

简单应用：防止水泥石腐蚀的主要措施。

（五）硅酸盐水泥的技术要求

识记：（1）硅酸盐水泥技术要求的项目；（2）初凝与终凝的概念；（3）水泥体积的安定性的概念。

领会：（1）水泥凝结时间的要求与调整；（2）细度的要求与实用意义；（3）水泥安定性不合格的原因。

简单应用：硅酸盐水泥强度等级的确定。

（六）硅酸盐水泥的性质与应用

领会：硅酸盐水泥的性质。

综合应用：硅酸盐水泥的适用范围。

（七）普通硅酸盐水泥

识记：（1）普通硅酸盐水泥的组成；（2）普通硅酸盐水泥强度等级的划分。

领会：普通硅酸盐水泥与硅酸盐水泥性质的比较。

简单应用：普通硅酸盐水泥强度等级的确定。

（八）矿渣水泥、火山灰水泥及粉煤灰水泥（以下称三种水泥）

识记：三种水泥的组成。

领会：（1）三种水泥性质的共同点；（2）三种水泥性质的不同点。

综合应用：根据工程要求及所处环境选择水泥品种（硅酸盐水泥、普通水泥、矿渣水泥、火山灰水泥或粉煤灰水泥）。

（九）复合硅酸盐水泥

识记：复合硅酸盐水泥的组成。

领会：复合硅酸盐水泥的特点及应用。

（十）特种水泥

识记：特种水泥的组成。

领会：特种水泥的特点及应用。

四、本章重点、难点

重点：通用硅酸盐水泥的矿物组成及性能，水泥的水化、凝结和硬化过程。

难点：通用硅酸盐水泥的性质与应用。

第四章　混　凝　土

一、学习目的和要求

本章是本课程的重点，通过本章的学习，达到能独立对普通混凝土进行质量控制的目的。要求了解普通混凝土组成材料的技术要求；掌握混凝土拌合物与混凝土的主要技术性质及其影响因素与改善措施；掌握普通混凝土配合比设计及试验调整方法；了解轻混凝土及其他特种混凝土的特点。

二、课程内容

第一节　普通混凝土组成及基本要求

（1）普通混凝土的组成及其作用。

（2）普通混凝土的基本要求。

第二节　普通混凝土的组成材料

（1）水泥：品种及强度等级的选择。

（2）骨料：质量、颗粒形状及表面特征、粗细程度与级配、强度、坚固性。

（3）混凝土拌和与养护用水。

（4）混凝土外加剂：功能特点，减水剂、引气剂、早强剂等作用机理及主要品种。

（5）混凝土掺合料。

第三节　混凝土的主要技术性质

（1）混凝土拌合物的和易性：概念、测定与选用、影响因素及改善措施。

（2）混凝土强度：抗压强度及强度等级、受压破坏特点、影响因素、改善措施。

（3）混凝土变形：非荷载作用下的变形种类及特点、荷载作用下的变形（以徐变为主的变形特点、原因、影响因素、对混凝土的影响）。

（4）混凝土耐久性：混凝土耐久性的评价内容、改善措施。

第四节　普通混凝土配合比设计

（1）混凝土配合比的表示方法：质量值及质量比法。

（2）混凝土配合比设计的基本要求：和易性、设计强度、耐久性、经济性。

（3）混凝土配合比设计前需明确的基本资料：工程要求与施工水平、原材料的确定。

（4）混凝土配合比设计步骤：初步配合比、基准配合比、实验室配合比、施工配合比。

（5）普通混凝土配合比设计实例。

第五节　轻混凝土

（1）轻骨料混凝土。

（2）多孔混凝土。

（3）大孔混凝土。

第六节　其他特种混凝土

防水混凝土、耐火混凝土与耐热混凝土、耐酸混凝土、流态混凝土与泵送混凝土、高强混凝土、高性能混凝土、纤维混凝土、聚合物混凝土。

三、考核知识点及考核要求

（一）混凝土分类、普通混凝土组成及基本要求

识记：混凝土按体积密度分类。

领会：（1）混凝土组成材料的作用；（2）混凝土的基本要求。

（二）混凝土的组成材料

识记：（1）粗、细骨料的主要技术要求项目；（2）外加剂的主要种类及特点。

领会：（1）水泥的强度等级要求；（2）骨料杂质对混凝土性质的影响；（3）针、片状骨料对混凝土性质的影响；（4）评定骨料粗细与级配的意义；（5）骨料强度与坚固性的要求；（6）拌和及养护用水的要求；（7）常用外加剂的基本作用机理及功效。

简单应用：评定骨料粗细（包括粗骨料最大粒径确定）与级配的基本方法。

（三）混凝土的主要技术性质

识记：（1）和易性的概念；（2）标准立方体抗压强度；（3）立方体抗压强度标准值；（4）强度等级；（5）化学收缩；（6）塑性收缩；（7）湿胀干缩；（8）自收缩；（9）温度变形；（10）徐变；（11）耐久性的含义及包括的内容。

领会：（1）和易性的概念；（2）和易性的影响因素；（3）和易性的改善措施；（4）混凝土受力破坏特点；（5）混凝土强度的决定因素及影响因素；（6）强度的改善措施；（7）非荷载作用下变形的种类与特点；（8）徐变产生的原因及作用；（9）耐久性的主要评价内容及其影响；（10）改善耐久性的主要措施。

综合应用：（1）和易性调整；（2）合理砂率的确定；（3）回归系数 α_a、α_b 的确定。

（四）普通混凝土配合比设计

识记：混凝土配合比的表示方法。

领会：（1）配合比设计的基本要求；（2）设计应具备的基本资料；（3）三个重要参数（水胶比、单位用水量、砂率）的确定。

简单应用：（1）初步配合比中的砂、石用量的确定；（2）初步配合比设计的步骤。

综合应用：（1）基准配合比确定；（2）实验室配合比确定；（3）施工配合比确定。

（五）轻混凝土

识记：（1）轻骨料的种类及技术要求；（2）轻骨料混凝土的主要种类。

领会：（1）轻骨料混凝土拌合物和易性特点；（2）轻骨料混凝土强度特点；（3）轻骨料混凝土其他基本特点；（4）加气混凝土的特点与应用；（5）大孔混凝土的特点与应用。

（六）其他混凝土

领会：防水混凝土、高强混凝土、高性能混凝土、纤维混凝土的特点与应用。

四、本章重点、难点

重点：混凝土的主要技术性质（影响因素及改善措施），普通混凝土配合比设计（基本要求及设计方法）。

难点：普通混凝土配合比设计的调整与确定。

第五章 砂 浆

一、学习目的和要求

通过本章的学习，熟悉砂浆的性能与配制。要求掌握砌筑砂浆的和易性与强度以及砂浆配合比的选择。抹灰砂浆应了解其功能与性能要求。

二、课程内容

第一节 砌筑砂浆

（1）砌筑砂浆的组成材料：胶凝材料、细集料、掺合料与外加剂。
（2）砌筑砂浆的技术性质：新拌砂浆的和易性；砂浆的强度及强度等级；砌筑砂浆的其他性能。
（3）砂浆的配合比设计：配合比设计基本要求；配合比计算与调整。

第二节 抹面砂浆

（1）普通抹面砂浆：普通抹面砂浆的功能与特点。
（2）防水砂浆：防水砂浆的组成。

三、考核知识点及考核要求

（一）新拌砂浆的和易性
识记：（1）新拌砂浆和易性的概念；（2）流动性（稠度）和保水性的指标。
领会：（1）砂浆流动性的选择；（2）影响砂浆保水性的因素。
（二）砂浆强度
识记：砂浆强度及强度等级。
领会：砂浆强度的影响因素及强度公式。
（三）砂浆配合比设计
领会：砌筑砂浆配合比设计的基本要求。
综合应用：砂浆配合比计算、调整与确定。
（四）普通抹面砂浆和防水砂浆
领会：（1）抹面砂浆的功用与特点；（2）防水砂浆的组成及应用。

四、本章重点、难点

重点：掌握有关建筑砂浆的定义和分类、主要技术性质及用途；特别是熟悉砂浆技术性质。

难点：掌握砌筑砂浆的和易性与强度以及配合比的选择设计方法及步骤。

第六章　建　筑　钢　材

一、学习目的和要求

通过本章的学习，掌握建筑钢材的主要力学性能与工艺性能；了解钢材的基本组织和化学成分对钢材主要性能的影响；了解建筑钢材的冶炼工艺与分类；了解建筑钢材的冷加工、热处理工艺与作用；熟悉常用建筑钢材产品的品种、类别、性能和技术要求，掌握建筑钢材的选用。

二、课程内容

第一节　钢材的冶炼与分类

（1）钢材的冶炼工艺与脱氧方法。
（2）按化学组成、质量等级及用途分类。

第二节　建筑钢材的主要技术性能

（1）建筑钢材的主要力学性能：抗拉性能、冲击韧性、硬度、疲劳强度。
（2）建筑钢材的主要工艺性能：冷弯性能、可焊性。
（3）拉伸性能指标：弹性极限、屈服点、条件屈服点、抗拉强度、伸长率。

第三节　钢材的化学成分及晶体组织

（1）钢材的化学成分。
（2）钢材的晶体组织。

第四节　钢材的冷加工

（1）冷加工强化。
（2）时效处理。

第五节　建筑钢材的标准及选用

（1）碳素结构钢的技术标准与选用。

（2）低合金高强度结构钢的技术标准与选用。

（3）钢筋混凝土结构用钢筋与钢丝：热轧钢筋、冷轧带肋钢筋、冷拔低碳钢丝、热处理钢筋、预应力混凝土用钢丝和钢绞线。

第六节　钢材的防锈与防火

（1）钢材的腐蚀与防止方法。

（2）钢材的高温性能与防火措施。

三、考核知识点及考核要求

（一）钢材的冶炼与分类

识记：（1）钢材的冶炼技术与脱氧方法；（2）钢材按化学组成分类；（3）钢材按用途分类；（4）钢材按质量等级分类。

领会：沸腾钢与镇静钢在生产工艺与性能上的差别。

（二）建筑钢材的主要技术性能

识记：（1）弹性极限、弹性模量、屈服点及抗拉强度；（2）伸长率；（3）条件屈服点；（4）硬度；（5）疲劳强度。

领会：（1）冲击韧性的意义及其影响因素；（2）冷弯性能的意义及其评价方法；（3）低温冷脆性与时效敏感性的概念与意义。

（三）钢材的化学成分与晶体组织

领会：（1）碳、硅、锰元素对钢材性质的影响；（2）硫、磷元素对钢材性能的影响；（3）钢材的晶体组织类型及其对性能的影响。

（四）钢材的冷加工

识记：（1）冷加工强化的概念；（2）时效处理的概念与方法。

简单应用：钢材经冷加工强化及时效处理后的性能变化及其意义。

（五）建筑钢材的品种及选用

识记：（1）碳素结构钢的牌号及其含义；（2）低合金高强度结构钢的牌号及其含义。

领会：（1）碳素结构钢的性能；（2）低合金高强度结构钢的性能。

简单应用：热轧钢筋和冷轧带肋钢筋的牌号及选用。

（六）钢材的防锈与防火

领会：钢材锈蚀的主要原因；钢材防火的重要性。

简单应用：（1）钢材防锈的主要方法；（2）钢材的防火措施。

四、本章重点、难点

重点：建筑钢材的主要技术性能；建筑钢材的分类、品种及选用。
难点：建筑钢材的主要力学性能指标。

第七章　建筑高分子材料

一、学习目的和要求

通过本章的学习，掌握高分子材料的基本知识。熟悉建筑工程中常用的建筑塑料及其制品、塑料门窗、高分子防水材料的品种、性质及应用。

本章的重点是高分子材料的基本知识，高分子防水材料。

二、课程内容

第一节　高分子聚合物的基本知识

（1）高分子聚合物的基本概念：高聚物、单体、链节、聚合物分类、高分子聚合物的命名。

（2）高分子聚合物的结构与性质：①高分子链结构；②高分子链的大小；③高分子链的三种形态；④高分子聚合物的聚集状态；⑤高分子聚合物的变形：玻璃态、高弹态、黏流态，玻璃化温度、黏流态温度；塑料与橡胶的区别；高分子聚合物的性质特点。

（3）常用高分子聚合物：①热塑性树脂：聚乙烯（PE）、聚氯乙烯（PVC）、聚丙烯（PP）、聚苯乙烯（PS）、苯乙烯-丁二烯-苯乙烯嵌段共聚物（SBS）；②热固性树脂：酚醛树脂（PF）、氨基树脂、不饱和聚酯树脂（UP）、环氧树脂（EP）、有机硅树脂（SI）；③合成橡胶：橡胶的硫化、橡胶再生处理、常用合成橡胶（三元乙丙橡胶（EPDM）、氯磺化聚乙烯橡胶（CSPE）、丁基橡胶）。

第二节　建筑塑料

（1）塑料的基本组成：合成树脂、填充料、其他助剂。

（2）塑料的基本性质。

（3）常用的建筑塑料：塑料门窗、塑料板材与块材、塑料卷材、泡沫塑料、玻璃纤维增强塑料。

第三节　合成高分子防水材料

（1）橡胶系列防水材料：三元乙丙（EPDM）防水卷材、三元乙丙-丁基橡胶（EPDM/IIR）防水卷材、氯丁橡胶（CR）防水卷材、再生橡胶防水卷材、硫化型橡胶油毡。

（2）树脂系列防水材料：聚氯乙烯（PVC）防水卷材、氯化聚乙烯（CPE）防水卷材、弹性体氯化聚乙烯系列防水卷材。

（3）塑料-橡胶共混型防水材料：自粘型彩色三元乙丙复合防水卷材、氯化聚乙烯-橡胶共混防水卷材。

第四节　建筑密封材料

（1）密封材料的分类。

（2）常用的建筑密封材料：沥青基密封材料、树脂基密封材料、橡胶基密封材料、定型密封材料。

三、考核知识点及考核要求

（一）高分子聚合物的基本概念

识记：高聚物、单体、链节的概念。

领会：聚合物的分类和命名。

（二）高分子聚合物的结构与性质

识记：高分子链结构（大小和形态）、玻璃化温度、黏流态温度。

领会：高分子聚合物的变形、高分子聚合物的性质特点。

（三）常用高分子聚合物

识记：常用的高分子聚合物的名称。

领会：各种聚合物在建筑上的应用。

（四）建筑塑料

识记：塑料的基本组成，塑料的主要性质。

综合应用：塑料门窗、塑料板材与块材、塑料卷材、泡沫塑料、玻璃纤维增强塑料用途。

（五）合成高分子防水材料

识记：各类防水卷材的性质。

综合应用：熟悉各类防水卷材的用途。

（六）建筑密封材料

识记：密封材料的概念。

领会：各种密封材料的性能。

简单应用：根据工程的特点，正确选择和使用不同品种的建筑密封材料。

四、本章重点、难点

重点：高分子聚合物分子结构与其性质之间的关系。
难点：建筑塑料、防水卷材和密封材料的合理选用。

第八章　建筑沥青材料

一、学习目的和要求

通过本章的学习，熟悉石油沥青及改性沥青防水材料的性质，以期在工程中合理使用。本章以石油沥青为重点，要求了解石油沥青的组分、结构，掌握其性质和应用。了解沥青的改性，掌握改性沥青防水材料的性能特点和用途。

二、课程内容

第一节　石油沥青

（1）石油沥青的组分和结构。
（2）石油沥青的技术性质。
（3）石油沥青的标准及应用。

第二节　煤沥青

（1）煤焦油的概念。
（2）煤沥青的性质。
（3）煤沥青与石油沥青的鉴别方法。

第三节　沥青制品

（1）基层处理剂。
（2）乳化沥青。
（3）沥青防水卷材。

第四节　改性沥青防水材料

（1）沥青的改性。
（2）弹性体 SBS 改性沥青防水卷材。
（3）塑性体 APP 改性沥青防水卷材。

三、考核知识点及考核要求

（一）石油沥青

识记：石油沥青的组分、结构。

领会：石油沥青的技术要求和牌号划分。

简单应用：石油沥青的应用。

（二）煤沥青

识记：煤沥青的性质。

领会：煤沥青与石油沥青的鉴别。

（三）沥青制品

识记：基层处理剂的用途。

领会：沥青防水卷材的性能。

简单应用：沥青防水卷材的用途。

（四）改性沥青防水材料

识记：沥青改性概念和常用的改性材料。

领会：SBS 改性沥青的防水卷材和 APP 改性沥青防水卷材的性能和技术要求。

简单应用：改性沥青防水卷材的应用。

四、本章重点、难点

重点：石油沥青的性质和沥青的改性。

难点：沥青制品和改性沥青材料的应用。

第九章　木　　材

一、学习目的和要求

通过本章的学习，要求认识到木材资源与应用的重要关系；了解木材的主要优、缺点及其在建筑应用中的关系；掌握木材宏观结构、显微结构对木材主要物理力学性能的影响规律；了解木材的主要应用形式与意义。

二、课程内容

木材的主要种类、特点及其应用意义。

第一节　木材构造

（1）木材的宏观构造：树皮、木质部、心材、边材、髓心、年轮等。

（2）木材的显微构造：管状细胞、细胞壁、细胞腔、纤维。

第二节　木材的主要技术性质

（1）木材的物理性质：密度及体积密度；吸湿性及含水率；干缩湿胀；导热性。

（2）木材的力学性质：基本强度，影响强度的主要因素。

第三节　木材的综合利用

（1）天然木材。

（2）木材的综合利用：胶合板；纤维板；型压板：木丝板、刨花板、木屑板。

三、考核知识点及考核要求

（一）木材的优缺点及两大树种的特点

领会：（1）木材的优缺点；（2）针叶树与阔叶树的特点。

（二）木材的构造

识记：木材横切面宏观构造组成；边材与心材；早材、晚材与年轮；髓心与髓线。

领会：木材细胞壁、细胞腔、纤维的关系及其对木材性质的影响。

（三）木材的吸湿性与含水率

识记：（1）自由水、吸附水；（2）平衡含水率、纤维饱和点及标准含水率。

领会：（1）木材平衡含水率的实际意义；（2）木材纤维饱和点的实际意义。

（四）木材湿胀干缩

领会：（1）引起木材湿胀干缩的条件与原因；（2）木材湿胀干缩与木材构造的关系。

（五）木材强度

领会：（1）木材基本强度与其构造的关系；（2）木材强度各向异性的实际应用意义；含水率、环境温度对木材强度的影响。

（六）木材综合应用

识记：胶合板、纤维板、刨花板、木丝板、木屑板。

领会：（1）胶合板的构造特点及其性能特点；（2）纤维板的构造特点及其性能特点。

综合应用：天然木材及复合的正确选用。

第十章　墙　体　材　料

一、学习目的和要求

通过本章的学习，熟悉建筑领域常用墙体材料的主要类型和特点。要求掌握墙体材料的基本组成、制造工艺以及基本性质。

二、课程内容

第一节 砖

（1）烧结普通砖。
（2）烧结多孔砖及烧结空心砖。
（3）蒸压粉煤灰多孔砖。

第二节 砌 块

（1）蒸压加气混凝土砌块。
（2）混凝土小型空心砌块。

第三节 墙 板

（1）混凝土空心墙板。
（2）灰渣混凝土空心隔墙板。

三、考核知识点及考核要求

（一）烧结普通砖
识记：黏土的组成及种类。
领会：黏土的主要性质。
简单应用：黏土的应用。
综合应用：烧结普通砖的应用。

（二）烧结多孔砖及空心砖
识记：烧结多孔砖和空心砖的基本性能。
领会：烧结多孔砖和空心砖的规格、等级和性能要求。

（三）蒸压粉煤灰多孔砖
识记：蒸压粉煤灰多孔砖的基本性能。
领会：蒸压粉煤灰多孔砖的规格、等级和性能要求。

（四）蒸压加气混凝土砌块
识记：蒸压加气混凝土砌块的基本性能。
领会：蒸压加气混凝土砌块的原料组成、规格、等级和性能指标。

（五）混凝土小型空心砌块
识记：混凝土小型空心砌块的基本性能。
领会：混凝土小型空心砌块的性能指标和技术要求。

（六）灰渣混凝土空心隔墙板
识记：灰渣混凝土空心隔墙板的基本性能。

领会：灰渣混凝土空心隔墙板的性能指标和技术要求。

四、本章重点、难点

重点：常用墙体的材料组成和性能特点。

难点：掌握墙体材料的组成与性能之间的关系。

Ⅳ　关于大纲的说明与考核实施要求

一、自学考试大纲的目的和作用

课程自学考试大纲是根据专业自学考试计划的要求，结合自学考试的特点而确定的。其目的是对个人自学、社会助学和课程考试命题进行指导和规定。

课程自学考试大纲明确了课程学习的内容以及深度和广度，规定了课程自学考试的范围和标准。因此，课程自学考试大纲是编写自学考试教材和辅导书的依据，是社会助学组织进行自学辅导的依据，是自学者学习教材、掌握课程内容知识范围和程度的依据，也是进行自学考试命题的依据。

二、课程自学考试大纲与教材的关系

课程自学考试大纲是进行学习和考核的依据，教材是学习掌握课程知识的基本内容与范围，教材的内容是大纲所规定的课程知识和内容的扩展与发挥。课程内容在教材中可以体现一定的深度或难度，但在大纲中对考核的要求一定要适当。

大纲与教材所体现的课程内容应基本一致；大纲里面的课程内容和考核知识点，教材里一般也要有。反过来教材里有的内容，大纲里就不一定体现。（注：如果教材是推荐选用的，其中有的内容与大纲要求不一致的地方，应以大纲规定为准。）

三、关于自学教材

《建筑材料》，全国高等教育自学考试指导委员会组编，赵亚丁主编，武汉大学出版社出版，2014 年版。

四、关于自学要求和自学方法的指导

本大纲的课程基本要求是依据专业考试计划和专业培养目标而确定的。课程的基本内容，以及对基本内容掌握的程度，基本要求中的知识点构成了课程内容的主体部分。因此，课程基本内容掌握程度、课程考核知识点是高等教育自学考试考核的主要内容。

为有效地指导个人自学和社会助学，本大纲已指明了课程的重点和难点，在章节的基本要求中一般也指明了章节内容的重点和难点。

本课程共 3 学分（包括试验内容 1 学分）。

针对本课程的特点，提出以下几点学习方法，以方便考生更好地进行自学。

1. 研究学习方法

建筑材料是综合性课程，内容繁杂，每章自成系统，涉及许多学科，反映在课程中是这些学科的个别概念，而不是系统的知识，所以要讲究学习方法。否则会感到枯燥无味，学习深入不下去。

2. 掌握课程的核心

学习建筑材料的根本目的是学会掌握材料的性质，正确地选择和使用建筑材料。同时，要了解材料的性质与组成、结构之间的关系，了解影响材料性能的因素以及在长期使用过程中材料性能的变化。

3. 运用对比的方法学习

不同种类的材料有不同的性质，而同类材料不同品种之间既有共性，又存在特性（如各种水泥之间的性能）。学习时要对比着学，总结它们之间的异同点，掌握各自的特性。

4. 理论联系实际学习

建筑材料课程是一门实践性很强的课程，应利用一切机会注意观察已建成或正在建造的房屋建筑工程。在实践中验证和补充书本上的知识。带着工程中的实际问题，在学习中求得答案，这对正在建筑工程行业工作的学生来说尤其重要。理论与实践相结合，会学得更扎实、更灵活。

除以上四点外，还有一些其他好的学习方法都可以借鉴。

五、应考指导

1. 如何学习

很好的计划和组织是学习成功的法宝。如果你正在接受培训学习，一定要跟紧课程并完成作业。为了在考试中做出满意的回答，你必须对所学课程内容有很好的理解。使用"行动计划表"来监控你的学习进展。你阅读课本时可以做读书笔记。如有需要重点注意的内容，可以用彩笔来标注。例如，红色代表重点；绿色代表需要深入研究的领域；黄色代表可以运用在工作之中。可以在空白处记录相关网站和文章。

2. 如何考试

卷面整洁非常重要。书写工整，段落与间距合理，卷面赏心悦目有助于教师评分，教师只能为他能看懂的内容打分。回答所提出的问题，要回答所问的问题，而不是回答你自己乐意回答的问题，避免超过问题的范围。

3. 如何处理紧张情绪

正确处理对失败的惧怕，要学会正面思考。如果可能，请教已经通过该科目考试的人，咨询他们一些问题。做深呼吸放松，这有助于使头脑清醒，缓解紧张情绪。考试前合理膳食，保持旺盛精力，保持冷静。

4. 如何克服心理障碍

这是一个普遍问题。如果你在考试中出现这种情况，试试下列方法：使用"线索"纸条。进入考场之前，将记忆"线索"记在纸条上，但你不能将纸条带进考场，因此当你阅读考卷时，一旦有了思路就快速记下。按自己的步调进行答卷。为每个考题或部分分配合理的时间，并按此时间安排答卷。

六、对社会助学的要求

（1）明确本课程特点：叙述性内容较多，易看懂而不易掌握。要求对自学应考者进行切实有效的辅导，提倡讨论，做好小结。

（2）要正确处理重点和一般的关系，把加强重点和兼顾一般结合起来。切忌猜题、押题。

（3）充分利用教材中的习题，通过对问题的思考和解答，有助于提高自学者分析问题和解决问题的能力。

在助学活动中要强调正确引导、把握好助学方向，正确处理学习知识和提高能力的关系。

七、对考核内容的说明

本课程要求考生学习和掌握的知识点内容都作为考核的内容。课程中各章的内容均由若干知识点组成，在自学考试中成为考核知识点。因此，课程自学考试大纲中所规定的考试内容是以分解为考核知识点的方式给出的。由于各知识点在课程中的地位、作用以及知识自身的特点不同，自学考试将对各知识点分别按三个或四个认知（或叫能力）层次确定其考核要求。

八、关于考试命题的若干规定

（1）本课程的考试方式为笔试，考试时间为 150 分钟。本课程考试过程中允许携带无存储功能的计算器。

（2）本大纲各章所规定的基本要求、知识点及知识点下的知识细目，都属于考核的内容。本课程的重点章节为材料的基本性质、水泥、混凝土，其内容占考试内容的 $60\% \sim 70\%$。

（3）本课程在试卷中对不同能力层次要求的分数比例大致为：识记占 20%，领会占 30%，简单应用占 30%，综合应用占 20%。

（4）本课程试题的难易程度分为：易、较易、较难和难四个等级。每份试卷中不同难度试题的分数比例一般为：2∶3∶3∶2。

必须注意试题的难易程度与能力层次有一定的联系，但二者不是等同的概念。在各个能力层次中对于不同的考生都存在着不同的难度。在大纲中要特别强调这个问题，应告诫考生切勿混淆。

（5）课程考试命题的主要题型为：名词解释、填空题、单项选择题、简答题、计算题。

在命题工作中必须按照本课程大纲所规定的题型命制，考试试卷使用的题型可以略少，但不能超出本课程大纲对题型的规定。

V 题型举例

一、单项选择题（在每小题列出的四个备选项中只有一个是符合题目要求的，请将其代码填写在题后的括号内。错选、多选或未选均无分）

1. 冬季施工混凝土工程，不宜选用（   ）水泥。

A. 普通　　　　B. 硅酸盐　　　　C. 矿渣　　　　D. 铝酸盐

2. 与砌筑砂浆比较，抹面砂浆不特别要求具有（   ）。

A. 较高的强度　　　　　　　B. 较高的黏结性

C. 较高的抗裂性　　　　　　D. 较大的流动性

二、填空题（请在每小题的空格中填上正确答案。错填、不填均无分）

1. 国家标准规定：硅酸盐水泥的初凝时间应_____min。

2. 木材内部吸附水_____，不含自由水时的含水率，称为木材纤维饱和点。

三、名词解释

1. 抗冻性

2. 建筑石膏

四、简答题

1. 为什么称过火石灰为不合格石灰？

2. 钢材冷加工及冷加工时效的目的分别是什么？

五、计算题

1. 某材料的质量吸水率为 10%，密度为 $2.7g/cm^3$，绝干体积密度为 $1500kg/m^3$。求该材料的体积吸水率、孔隙率。

2. 某工程采用 42.5 等级的普通硅酸盐水泥（实测 28 天抗压强度为 43.0MPa）配制混凝土，若该混凝土的配合比为：水泥 321kg，水 180kg，砂 633kg，碎石 1228kg。判断该混凝土能否达到 C25 强度等级的要求。（要求：给出判断理由。已知：$\alpha_a = 0.53$，$\alpha_b = 0.20$，$\sigma = 5.0MPa$）

后　记

　　《建筑材料自学考试大纲》是根据高等教育自学考试房屋建筑工程专业考试计划的要求制定的。

　　《建筑材料自学考试大纲》提出初稿后，由全国考委土木水利矿业环境类专业委员会组织专家在西安理工大学召开了审稿会，并根据审稿意见作了认真修改。嗣后，由土木水利矿业环境类专业委员会审定通过。

　　本大纲由哈尔滨工业大学赵亚丁教授负责编写。参加审稿并提出修改意见的有宁波大学柳俊哲教授、北京工业大学兰明章教授、哈尔滨工业大学马新伟副教授。

　　对参与本大纲编写、审稿的各位专家表示诚挚的感谢！

全国高等教育自学考试指导委员会
土木水利矿业环境类专业委员会
2014 年 7 月

全国高等教育自学考试指定教材
房屋建筑工程专业（专科）

建 筑 材 料

全国高等教育自学考试指导委员会　组编

编　者　的　话

　　本书是根据全国高等教育自学考试指导委员会土木水利矿业环境类专业委员会制定的房屋建筑工程专业（专科）《建筑材料自学考试大纲》的要求编写的。

　　本书主要介绍了建筑工程使用材料的性质及应用的系统知识，着重阐明基本知识与基本理论。本书以建筑材料的基本性质、水泥、混凝土、建筑钢材、建筑高分子材料、建筑沥青材料为重点，注重材料的特点与应用的联系。

　　本书力求全面、准确地体现大纲的要求。首先，紧扣考核知识点和考核要求，既突出重点适应自学的需要，又适当进行扩展，注重知识体系的完整性；其次，针对本课程特点，着重介绍基本知识、基本理论及典型材料，便于自学者掌握；最后，文字力求简洁易懂，尽量避免使用先修课程中未出现的名词、术语，对首次出现的名词、术语尽量做到说明解释，以便自学理解。在每章末安排了"习题与思考题"，对有计算内容的习题附有参考答案，便于自学者对照、自检。

　　本书由哈尔滨工业大学赵亚丁教授担任主编，张松榆副教授担任副主编，高小建、李学英、肖会刚、王臣、周春圣、卢爽参与编写。本书还承蒙宁波大学柳俊哲教授、北京工业大学兰明章教授和哈尔滨工业大学（威海校区）马新伟副教授的细心审阅，再次谨致深切谢意！

编　者
2014 年 7 月

绪 论

◎自学时数

1 学时。

◎教师导学

通过学习本章内容，掌握建筑材料的基本定义，通过不同角度的分类，了解建筑材料功能、用途与其成分的关系；了解建筑材料在建筑业中的地位及作用，了解建筑材料的发展过程，及其对建筑工程的影响，特别是了解建筑材料在发展过程中出现的问题，了解建筑材料的主要发展趋势；掌握国内外建筑材料产品规范的基本层次与内涵；正确理解本课程学习的目的、重点及基本方法。

本章的重点是建筑材料的定义、分类及发展趋势。

本章的难点是正确理解建筑材料发展变化对建筑工程领域的影响及作用。

随着科学技术的不断发展及人民生活水平的不断提高，建筑工程不仅要满足人类遮风避雨的基本需要，而且已经成为人类精神文明与物质文明的载体。因此，建筑材料作为建筑工程的重要物质基础，其有关知识是从事建筑工程设计、施工等行业的技术人员必须了解、掌握，并能合理选择、应用的专业基础。

一、建筑材料的定义与分类

（一）定义

具体地说，建筑材料是指直接构成建筑物（如基础、墙、柱、梁、板、屋面等）的各种材料。扩展地说，与建筑有关的、为建筑物服务的临时设施、附属设备等（如升降架、模具、管道、临时性围墙等）所使用的材料也可划归为广义的建筑材料范围。

随着社会的发展，人类的进步，人们已不满足对建筑材料基本使用功能的需要，而是对建筑材料的生产、使用及其对人类社会的影响提出了更高层次的绿色化需求。绿色建筑材料也称生态建材、可持续发展建材、环保建材、健康建材等，于 1988 年第一届国际材料研究会首次提出，1992 年，绿色建筑材料被国际学术界明确定义为：原料采用、产品制备、使用或再循环及废料处理等环节中，对地球负荷最小，有利人类健康的建筑材料。1999 年 3 月 15 日在首届全国绿色建材发展应用研讨会上，我国的专家根据我国国情将绿色建筑材料定义为：采用清洁生产技术，少用天然资源与能源，大量利用工农业或城市固体废弃物生产的无毒害、无污染、无放射性，达到生命周期后可回收再利用，有利于环境保护和人体健康的建筑材料。

（二）分类

建筑材料可从各种角度分类，如按其功能分类，可分为结构材料、防水材料、保温材料、吸声材料、装饰材料等；按其用途分类，可分为墙体材料、地面材料、屋面材料等；按其化学成分分类，可分为无机材料、有机材料和复合材料，见表0-1。

表 0-1 　　　　　　　　　　　建筑材料的化学成分分类

无机材料	金属材料	黑色金属（铁、钢及其合金）	
		有色金属（铜、铝等及其合金）	
	非金属材料	天然石材（大理石、花岗石等及普通混凝土用砂、石）	
		烧结制品与熔融制品（烧结砖、瓦、装饰陶瓷等为烧结制品，玻璃及其制品为熔融制品）	
		胶凝材料	气硬性胶凝材料（石灰、石膏等）
			水硬性胶凝材料（水泥）
		混凝土与砂浆	
		硅酸盐制品	
有机材料	植物质材料（木材、竹材等）		
	合成高分子材料（建筑塑料、建筑涂料、橡胶等）		
	沥青及改性沥青材料		
复合材料	无机材料基复合材料（水泥基复合材料等）		
	有机材料基复合材料（树脂基人造石材、玻璃纤维增强塑料等）		

二、建筑材料在建筑业中的地位与作用

建筑材料是建筑业的物质基础。每一项建设的开始，首先都是土木工程基本建设。

建筑材料的性能、品种、质量及经济性直接影响或决定着建筑结构的形式、建筑物的造型及建筑物的功能、适用性、艺术性、坚固性、耐久性及经济性等，并在一定程度上影响着建筑材料的运输、存放及使用方式，也影响着建筑施工方法。建筑工程中许多技术的突破，往往依赖于建筑材料性能的改进与提高，而新材料的出现又促进了建筑设计、结构设计和施工技术的发展，也使建筑物的功能、适用性、艺术性、坚固性和耐久性等得到进一步的改善。如钢材和钢筋混凝土的出现产生了钢结构和钢筋混凝土结构，使得高层建筑和大跨度建筑成为可能；轻质材料和保温材料的出现对减轻建筑物的自重，提高建筑物的抗震能力、改善工作与居住环境等起到了重要的作用，并推动了节能建筑的发展；新型装饰材料的出现使得建筑物的造型及建筑物的内外装饰焕然一新。建筑材料的用量很大，其经济性直接影响着建筑物的造价。在我国的一般工业与民用建筑中建筑材料的费用占总造价的 50% ~60% ，而装饰材料又占其中的 50% ~80% 。

了解或掌握建筑材料的性能，按照建筑物及使用环境条件对建筑材料的要求，正确合理地选用建筑材料，充分发挥每一种材料的长处，做到材尽其能、物尽其用，并采取正确的运输、存储与施工方法，这对节约材料、降低工程造价、提高建筑物的质量与使用功能、延长建筑物的使用寿命及增加建筑物的艺术性等，有着十分重要的作用。

三、建筑材料的发展概况

建筑材料的发展伴随着人类社会不同阶段的变化，经历了漫长的演变过程。它反映每一个时代科学文化的特征，也是社会生产力发展水平的标志。大自然中存在的木、草、土、石等天然材料，为人类居住提供了最早期的房屋建筑材料，后来生产和使用陶器、砖瓦、石灰、三合土等建筑材料，中间经历了数千年，其发展速度极为缓慢。19世纪发生的工业革命，大大推动了工业的发展，也极大地推动了建筑材料的发展，相继出现了钢材、水泥、混凝土、钢筋混凝土，这些材料的出现使得建造规模更大、样式更新、功能更强的建筑成为现实，因此，钢材、水泥、混凝土、钢筋混凝土也成为现代建筑的主要结构材料。

自20世纪40年代开始，随着世界人口急剧增长及经济建设的飞速发展，建筑业也空前活跃起来，对建筑材料在量和质方面的要求都达到了历史最高水平，随之出现的问题也日益严重起来。

建筑材料大量生产，消耗自然界中大量原材料（如炼铁需用铁矿石；烧水泥需要石灰石和黏土，会毁坏田地；制备混凝土的骨料需要开山采矿、挖掘河床；做木材需要毁林，从而加速土地沙漠化等）。建筑材料的生产、运输需要消耗大量能量（煤、水、电等），产生大量的废气和废渣，从而引发酸雨、温室效应及臭氧层破坏等环境问题，同时还产生噪声、粉尘等。此外，在建筑材料的使用过程中，由于建筑结构的保温、绝热、防水性能问题还会导致能量损耗，释放有害物质（甲苯、苯、甲醛、有机挥发物、人造纤维污染），产生光污染（如热反射玻璃幕墙等）、声污染（如施工噪音等）和热污染等。

美国国家环境保护署对各类建筑室内空气连续监测的结果表明：室内空气中有数千种化学物质，其中有些有毒化学物质含量比室外绿化区高出20多倍，特别是新完工的建筑物，在6个月内，室内空气中有害物质含量比室外高出100多倍。引起室内环境污染的材料主要是以下三类：再生材料和无机材料（如用钢渣、矿渣、煤灰、煤渣制水泥与砖）产生的氡气、辐射、石棉；人造木材、有机涂料及合成胶黏剂释放的苯类、酚类，甚至铅、汞、锰、砷等有毒物；高分子材料释放的有机物，如苯类、甲醛、氨气和挥发性有机物（VOC）等。

近几十年来，随着科学技术的进步和建筑工业的发展，一大批新型建筑材料应运而生，出现了高分子材料、新型建筑陶瓷与玻璃、新型复合材料（纤维增强材料、夹层材料等）。依靠材料科学和现代工业技术，人们正在不断开发更多的新型材料，以满足社会进步、环境保护和节能降耗及建筑业发展的更高、更多的需要。因而，今后一段时间内，建筑材料将向以下几个方向发展：

（1）绿色化材料。将研制和生产低能耗（包括材料生产能耗和建筑使用能耗）的新型节能建筑材料。这对降低建筑材料和建筑物的成本及建筑物的使用能耗，节约能源起到十分有益的作用。充分利用地方资源和工业废渣生产建筑材料，以保护自然资源和环境，维护生态环境平衡。

（2）高性能材料。将研制轻质、高强、高耐久性、高耐火性、高抗震性、高保温性、高吸声性、优异装饰性及优异防水性的材料，以满足提高建筑物的安全性、适用性、艺术性、经济性及延长使用寿命等需要。

（3）复合化、多功能材料。利用复合技术生产多功能材料、特殊性能材料及高性能材料，以满足提高建筑物的使用功能、经济性及加快施工速度等需要。

（4）智能化材料。发展具有自感知、自适应及自修复功能的材料系统，以实现建筑物自控的使用安全性及延长使用寿命等需要。

四、建筑材料的技术标准

为了保证建筑材料的选择和使用规范化，对其控制的标准主要有产品标准和工程建设标准。产品标准用来保证产品适用性，是对其必须达到的某些或全部要求所制定的（品种、规格、技术性能、试验方法、包装、储藏、运输等）。工程建设标准是对基本建设中各类的勘察、规划、设计、施工、安装、验收等需要协调统一的事项所制定的。

目前，我国绝大多数建筑材料都有相应的技术标准，包括产品规格、分类、技术要求、验收规则、代号与标志、运输与储存及抽样方法等。建筑材料生产企业必须按照标准生产，并控制其质量。建筑材料使用部门则按照标准选用、设计、施工，并按标准验收产品。

我国的建筑材料标准分为国家标准和行业标准、地方标准与企业标准。国家标准和行业标准都是全国通用标准，是国家指令性文件，各级生产、设计、施工等部门均必须严格遵照执行。

与建筑材料有关的标准及其代号主要有：国家标准 GB；建工行业标准 JG、建材行业标准 JC、冶金行业标准 YB、石化行业标准 SH、交通行业标准 JT；国家级专业标准 ZB（有关建筑材料的为 ZBQ，专业标准现已改为行业标准）；中国工程建设标准化协会标准 CECS；地方标准 DB；企业标准 Q 等。

国家标准的表示方法由标准名称、部门代号、标准编号、批准年份四部分组成，如《抹灰石膏》（GB/T 28627—2012）。

工程中使用的建筑材料除必须满足产品标准外，有时还必须满足有关的设计规范、施工及验收规范（或规程）等的规定。工程中有时还涉及国际和外国技术标准，包括国际材料与结构试验研究协会 RILEM、美国材料试验协会标准 ASTM、英国标准 BS、日本标准 JIS、德国标准 DIN、国际标准 ISO 等。

五、本课程的目的、任务与学习方法

本课程是土建类各专业的专业基础课。本课程学习的目的是使学生获得有关建筑材料的基本理论、基本知识和基本技能，为学习房屋建筑学、建筑施工技术、钢筋混凝土结构设计等专业课程提供建筑材料的基础知识，并为今后从事建筑设计与施工等相关专业技术工作提供合理选用建筑材料和正确使用建筑材料的基础知识。

建筑材料的内容庞杂、品种繁多，涉及许多学科或课程，其名词、概念和专业术语多，且各种建筑材料相对独立，即各章之间的联系较少。因此，学习建筑材料时，应从以下几个方面进行：

（1）利用好教材及多媒体，尽量采用预习、复习、举一反三等学习方法，更有效率地理解或掌握材料的组成、结构和性质间的关系。掌握建筑材料的特点与应用是学习

的目的，不要死记硬背，应了解或掌握建筑材料的组成、结构与性质间的关系。

（2）运用对比的方法，学习掌握相似和相反的概念、影响因素、改善措施等内容。通过对比各种材料的组成和结构来掌握它们的共性和特性。

（3）通过观察、实习、实验等方式，将理论知识与实际工程设计、施工及生产联系起来。建筑材料是一门实践性很强的课程，学习时应注意理论联系实际，利用一切机会注意观察周围已经建成的或正在施工的建筑工程，提出一些问题，在学习中寻求答案，并在实践中验证所学的基本理论，学会检验常用建筑材料的实验方法，掌握一定的试验技能，并能对试验结果进行正确的分析和判断，这对培养学习、工作能力及严谨的科学态度十分有利。

本 章 小 结

建筑材料是直接构成建筑物的各种材料，其定义可扩展到为建筑服务的附属、临时设施使用的材料。绿色建材应涵盖建筑材料的生产工艺（清洁）、原料选择（节能、省资源、利废）、使用安全、循环再利用这四个重要环节。建筑材料在建筑业中的地位与作用，要从其是建筑工程物质基础，其品质、种类、特点等变化不仅决定、影响着建筑工程的性质，而且还会引导工程技术的突破，其在建筑工程中所占造价比例高三个方面理解。建筑材料目前的重要发展趋势为绿色化、高性能化、多功能化（复合化）、智能化。国家标准、行业标准为国家层面的产品标准，地方标准、企业标准是有一定区域及行业限定特点的国内产品标准；国际暂无完全通用并强制执行的统一建筑材料标准，标准的设定主要按建筑材料的设计、研发及生产实力的水平、能力及影响力，分有大公司、国际区域与联盟及国际标准化组织等几个层次。建筑材料课程学习的目的是为建筑工程应用铺垫材料的基础知识。因此，本课程重点掌握的内容就是建筑材料的主要特点与应用。建议采取的学习方法是理论与实际相结合，运用对比的方法，举一反三地学习。

习题与思考题

0-1　何为建筑材料及绿色建材？

0-2　为什么建筑材料对建筑工程有很重要的影响？

0-3　如何理解建筑材料的发展趋势？

0-4　建筑材料的国家标准由哪些部分组成？

第一章 建筑材料的基本性质

◎**自学时数**

6 学时。

◎**教师导学**

通过学习本章内容，熟悉本课程中经常涉及的各种材料性质的基本概念；了解材料的组成与结构，以及它们与材料性质之间的关系；掌握材料的各种物理性质和力学性质的基本概念及表示方法，并能较熟练地运用；了解材料耐久性的基本概念。

本章的重点是材料的几种密度、与水有关的性质、与热有关的性质和不同力学性质的基本概念、表示方法及相互之间的换算关系。

本章的难点是材料的不同层次结构的概念与表征方法，以及各种材料性质与材料组成、结构之间的相互关系。

建筑材料在实际使用中需要承受不同的力学荷载和环境条件作用（如温度和湿度变化、冻融循环、盐类侵蚀等），因此，不同气候环境条件、不同建筑结构形式中所使用的建筑材料要求具备不同的性质。建筑材料的种类繁多，性质差异很大，只有熟悉和掌握各种材料的基本性质，才能在工程设计与施工中正确选择和合理使用材料。

第一节 材料的组成与结构

材料的组成和结构是决定材料性质的内在因素。要掌握材料的性质，必须先了解材料的组成、结构与材料性质之间的关系。

一、材料的组成

材料的组成即材料的成分，可由化学组成、矿物组成两个层次来表征。

（一）化学组成

化学组成是指材料的化学成分。无机非金属材料的化学成分通常以各种氧化物含量的百分数来表示，金属材料以各化学元素的含量表示，有机材料则以各化合物的含量来表示。

材料的化学成分是决定材料性质的主要因素之一，根据化学组成可以大致判断出材料的一些性质（如密度、耐水性、耐火性、保温性和化学稳定性等）。

（二）矿物组成

矿物组成是指构成材料的矿物种类和相对含量。矿物是具有固定化学组成和特定内部结构的单质或化合物。矿物组成是决定无机非金属材料化学性质、物理性质、力学性能和耐久性的重要因素。

材料的化学组成不同，矿物组成一定不同；材料的化学组成相同时，矿物组成有可能不同，从而表现出不同的性质。例如，同是碳元素组成的石墨和金刚石，同是碳酸钙组成的方解石和霰石，虽然它们化学组成相同，但由于矿物组成不同，表现出的物理性质和力学性质完全不同。另外，硅酸盐水泥的主要化学组成是 CaO、SiO_2，形成的两种矿物硅酸三钙（$3CaO \cdot SiO_2$）和硅酸二钙（$2CaO \cdot SiO_2$）。前者强度增长快，放热量大；后者强度增长缓慢，放热量小。因此，在已知材料化学组成条件下，进一步掌握材料矿物组成对于判断材料的性质具有重要作用。

二、材料的结构

材料的结构是决定材料性质的重要因素之一。根据研究尺度不同，材料结构可以分为宏观结构、细观结构和微观结构三种。

（一）结构层次

1. 宏观结构

宏观结构是指用肉眼或放大镜能够观察到的材料组织和构造状况（毫米级以上）。该层次结构主要研究材料组成的基本单元形状、分布状态、空隙与裂纹大小及数量等。例如，混凝土中的砂、石、气泡、纤维多少及分布状态等就属于材料的宏观结构状态。材料的宏观结构主要有以下几种类型。

（1）致密结构

致密结构是指材料中的宏观孔隙及裂缝量很少或接近于零，如钢材、玻璃、沥青和部分塑料等材料，其主要特性为：吸水率低、抗渗性好、强度较高等。

（2）多孔结构

多孔结构是指材料中的孔隙含量较高，这些孔隙或连通或封闭，如石膏制品、加气混凝土、多孔砖、泡沫混凝土、泡沫塑料等材料，其主要特性为：质轻、吸水率高、抗渗性差，但保温、隔热、吸声性能好。

（3）纤维结构

纤维结构是指由纤维状物质构成的材料结构，纤维之间通常存在相当多的孔隙，如木材、钢纤维、玻璃纤维、岩棉等材料，其主要特性为：平行纤维方向的抗拉强度较高，且大多数具有轻质、保温、吸声性质。

（4）粒状结构

粒状结构是指材料呈松散颗粒状结构，如砂、石子、粉煤灰及各种粉状材料，常用于各类混凝土及保温材料的原材料。

（5）聚集结构

聚集结构是指材料中的颗粒通过胶结材料彼此牢固地结合在一起，如各类混凝土、建筑陶瓷、砖、某些天然岩石等材料，其主要特性为：强度较高，脆性高。

（6）层状结构

层状结构是指天然形成或人工采用黏结等方法将材料叠合成层状的结构，如胶合板、纸面石膏板、各种夹芯板等材料。由于各层材料的性质不同，但叠合后材料的综合性质较好，扩大了材料的使用范围。

材料的宏观结构是影响材料性质的重要因素，改变宏观结构较容易。在材料组成不变的情况下，通过改变材料的宏观结构可以制备不同性质和用途的材料。如通过改变泡沫含量可以制备不同密度等级和保温性能的泡沫混凝土材料，普通混凝土中掺入纤维材料可以明显改善其抗拉强度和脆性。

2. 细观结构

细观结构是指在光学显微镜下能观察到的微米级的材料组织和结构状况，主要用于研究材料内部的晶粒、颗粒的大小和形态、晶界与界面、孔隙与微裂纹的大小及分布等。

材料的细观结构对于材料的性质具有很大影响，改变细观结构相对较容易。

一般来说，材料内部的晶粒越细小，分布越均匀，孔隙越细小，连通孔越少，材料的强度越高，脆性越小，耐久性越好；晶体颗粒或不同材料组成之间的界面（如混凝土中的骨料-水泥石界面）黏结越好，材料的强度和耐久性越高。

3. 微观结构

微观结构是指用电子显微镜或 X 射线衍射仪来研究材料在原子、分子层次的内部结构。微观结构决定了材料的许多物理性质，如强度、硬度、熔点、导热、导电性等。

按组成质点的空间排列或联结方式，材料的微观结构可分为晶体、非晶体和胶体。

（1）晶体

质点（离子、原子或分子）在空间按特定的规则、呈周期性排列的固体称为晶体。晶体具有特定的几何外形和固定的熔点。根据组成晶体的质点及质点间结合键的不同，晶体可分为以下几种。

①原子晶体：中性原子以共价键结合而形成的晶体。这类晶体的主要特性是强度、硬度和熔点均高，密度较小，如金刚石、石英、刚玉等。

②离子晶体：正负离子以离子键结合而形成的晶体。这类晶体的主要特性是强度、硬度和熔点均较高，但波动较大，部分可溶于水，密度中等，如氯化钠、石膏、石灰岩等。

③分子晶体：分子以微弱的分子间力（范德华力）结合而成的晶体。这类晶体的主要特性是强度、硬度和熔点均低，大部分可溶于水，密度小，如冰、石蜡和部分有机化合物。

④金属晶体：金属阳离子与自由电子以较强的金属键结合而形成的晶体。这类晶体的主要特性是强度、硬度变化大，密度大，导电性、导热性、可塑性均高，如铁、铜、铝及其合金等金属材料。

从键的结合力来看，共价键和离子键最强，金属键较强，分子键最弱。如纤维状矿物材料玻璃纤维和岩棉，纤维内链状方向上的共价键力要比纤维与纤维之间的分子键结合力大得多，这类材料易分散成纤维，强度具有方向性；云母、滑石等结构层状材料的层间结合力是分子力，结合较弱，这类材料易被剥离成薄片；岛状材料如石英，硅、氧原子以共价键结合成四面体，四面体在三维空间形成立体空间网架结构，因此质地坚硬，强度高。

（2）非晶体

质点（离子、原子或分子）在空间以无规则、非周期性排列的固体称为非晶体。

非晶体没有固定的熔点和特定的几何外形，且各向同性。相对于晶体，非晶体是化学不稳定结构，容易与其他物质发生化学反应，具有较高的化学活性。如生产水泥熟料时，硅酸盐矿物从高温水泥回转窑急速落入空气中，急冷过程使得它来不及作定向排列，质点间的能量只能以内能的形式储存起来，具有化学不稳定性，很容易与水反应产生水硬性；粉煤灰、水淬粒化高炉矿渣、火山灰等玻璃体材料，能与石膏、石灰在有水的条件下发生水化和硬化，因此，它们常被掺入硅酸盐水泥中代替部分水泥熟料。

（3）胶体

物质以极微小的质点（粒径为 $1 \sim 100nm$）分散在连续相介质（气、水或溶剂）中所形成的均匀混合物体系称为胶体。由于胶体中的分散粒子（胶粒）与分散介质带相反的电荷，胶体能保持稳定。分散介质颗粒细小，使胶体具有吸附性、黏结性。

与晶体结构和非晶体结构的材料相比，具有胶体结构的物质或材料的强度低、变形大。

（二）材料的孔隙结构

大多数建筑材料在宏观或显微结构层次上都含有一定数量和大小的孔隙，如混凝土、砖、石材和陶瓷等，孔隙的存在对材料的各种性质具有重要影响。

1. 孔隙形成的原因

由于不同材料的配比、制备工艺（或天然形成机理）、环境条件等不同，材料中的孔隙形成原因有多种，主要总结如下：

（1）水分的占据作用

许多建筑材料，如各种水泥制品（包括混凝土及砂浆）、石膏制品、墙体材料等，在生产时均需加水拌和，为满足施工或制备工艺要求，用水量通常要超过理论上（胶凝材料与水发生反应）的需水量，从而多余水分所占据的空间在硬化材料中最终形成不同尺寸的孔隙。

（2）外加剂的引气或发泡作用

为了提高水泥混凝土的抗冻性，常采用掺入引气剂引入气泡；为了减轻重量和提高保温性能，在生成加气混凝土、泡沫混凝土及发泡塑料等材料时专门加入各种发泡剂，形成大量孔隙。

（3）火山爆发作用

某些天然岩石如浮石、火山渣等，是火山爆发喷出的熔融岩浆快速冷却形成的，内部含有大量孔隙。

（4）焙烧作用

焙烧形成孔隙的途径有两种：一是材料在高温下熔融的同时，材料内部由于某些成分的作用产生气体而膨胀，形成孔隙，如轻骨料混凝土所用的黏土陶粒中的孔隙；二是材料中掺入的可燃材料（如木屑、煤屑等），在高温下燃烧掉，留下孔隙，如微孔烧结砖中的孔隙。

2. 孔隙的类型

材料中的孔隙，按其基本形态特征可分为如下两种：

（1）开口孔隙

孔隙之间互相连通，且与外界相通，此种孔隙也称连通孔隙，如木材、膨胀珍珠岩等。

（2）闭口孔隙

孔隙是孤立的，彼此不连通，而且孔壁致密，此种孔隙称为封闭孔隙，如泡沫玻璃、发泡聚苯乙塑料等。

开口孔隙和闭口孔隙的区别是相对的，通常将常压下水能自由吸入的孔隙归为开口孔隙或连通孔隙，否则归为封闭孔隙。实际上，随着水压的升高，水也可以进入部分或全部的封闭孔隙中。开口孔隙除了对材料的吸水性和吸声性有利以外，其他性质基本上都是不利的。

3. 孔隙对材料性质的影响

孔隙的数量、尺寸大小及形态特征对材料的许多性质都有重要影响。通常，随着材料中孔隙数量的增多，材料的体积密度减小、强度降低、导热系数和热容量减小、渗透性增大、抗冻性和耐各种有害介质腐蚀作用降低。但是，如果孔隙以孤立的封闭孔隙为主，则可以在孔隙含量较高的情况下，使材料保持低渗透性、高抗冻性和良好的抵抗有害介质腐蚀的能力。

第二节 材料的物理性质

一、密度

通常来说，单位体积材料的质量称为密度。由于不同材料的内部密实程度、孔隙状态和颗粒物堆积间隙量不同，材料密度分为绝对密度、表观密度、体积密度和堆积密度四种。

（一）绝对密度

绝对密度是指材料在绝对密实状态下单位体积的绝干质量，也称为真密度，简称密度，计算式如下：

$$\rho = \frac{m}{V} \tag{1-1}$$

式中：ρ——材料的绝对密度，kg/m^3；

m——材料的绝干质量，kg；

V——材料在绝对密实状态下的体积，m^3。

材料的密度取决于材料的组成和微观结构，与材料所处环境、干湿状态及孔隙含量等无关，是区分不同材料的一个重要特征参数。

由于绝大多数建筑材料内部都含有孔隙，因此在测量密度时，需要先将材料磨细成粉末，再用排开液体方法测量材料的绝对密实体积。

（二）表观密度

表观密度是指材料在自然状态下不含开口孔隙时单位体积的绝干质量，计算式如下：

$$\rho_b = \frac{m}{V_b} = \frac{m}{V + V_{闭}} \tag{1-2}$$

式中：ρ_b——材料的表观密度，kg/m^3；

V_b——材料在自然状态下不含开口孔隙时的体积，m^3；

$V_闭$——材料所含封闭孔隙的体积，m^3。

材料在自然状态下所含孔隙包括两种，即开口孔隙和封闭孔隙，如图 1-1 所示。在测量表观密度时，可以直接采用排水法测定出材料不含开口孔隙的体积，但测量质量时必须是在烘干状态下测量。因此，表观密度不受材料干湿状态的影响。

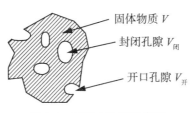

固体物质 V

封闭孔隙 $V_闭$

开口孔隙 $V_开$

图 1-1　材料中孔隙示意图

（三）体积密度

体积密度是指材料在自然状态下单位体积（包括所有孔隙）的质量，计算式如下：

$$\rho_t = \frac{m'}{V_t} = \frac{m'}{V + V_孔} = \frac{m'}{V + V_闭 + V_开} \tag{1-3}$$

式中：ρ_t——材料的体积密度，kg/m^3；

m'——材料在任意含水状态下的质量，kg；

V_t——材料在自然状态下（包括开口孔隙和封闭孔隙）的体积，m^3；

$V_孔$——材料中所有孔隙的体积，m^3。

材料的自然状态体积 V_t，对于规则外形的材料，可通过测量外观尺寸后计算得到；对于不规则外形的材料，可在材料表面裹覆一薄层石蜡后，再用排水法测定。密度相同的材料，当内部孔隙含量越多时，材料的体积密度越小。

测定质量时，材料可以是任意含水状态，含水率越高时，体积密度值越大。根据含水状态不同，体积密度又可分为气干体积密度 ρ_{ta}、绝干体积密度 ρ_{td} 和饱和面干体积密度 ρ_{tsw} 等几种。在不加任何说明的情况下，通常所说的体积密度是指气干状态下的气干体积密度。

（四）堆积密度

堆积密度是指粉状或颗粒材料在自然堆积状态下单位体积的质量，计算式如下：

$$\rho_d = \frac{m'}{V_d} = \frac{m'}{V_t + V_空} = \frac{m'}{V + V_闭 + V_开 + V_空} \tag{1-4}$$

式中：ρ_d——材料的堆积密度，kg/m^3；

V_d——材料在堆积状态下（包括颗粒间空隙）的体积，m^3；

$V_空$——材料颗粒间空隙的体积（图 1-2），m^3。

根据堆积的紧密程度不同，可分为自然堆积密度、捣实堆积密度和振实堆积密度；根据材料的含水率不同，又可以分为气干堆积密度和绝干堆积密度。

由此可见，对于同一种材料来说，由于材料内部存在孔隙和颗粒间空隙的影响，几

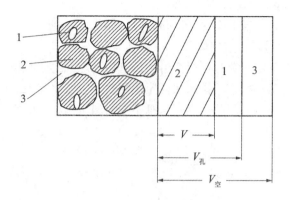

1—$V_{孔}$；2—V；3—$V_{空}$

图 1-2　颗粒或粉状材料堆积状态示意图

种密度的大小关系为：绝对密度≥表观密度≥体积密度≥堆积密度。

二、孔隙率与空隙率

（一）孔隙率

绝大多数建筑材料中含有一定量孔隙，孔隙含量多少常采用孔隙率来表征。

1. 孔隙率与密实度

孔隙率（P）是指材料中所有孔隙体积占材料在自然状态下总体积的百分率，或称总孔隙率，计算式如下：

$$P = \frac{V_{孔}}{V_t} \times 100\% = \frac{V_{孔}}{V + V_{孔}} \times 100\% = \frac{V_{孔}}{V + V_{开} + V_{闭}} \times 100\%$$

$$= \frac{V_t - V}{V_t} \times 100\% = \left(1 - \frac{\rho_t}{\rho}\right) \times 100\% \tag{1-5}$$

相反，材料中固体物质体积占自然状态下总体积的百分率称为密实度 D，计算式如下：

$$D = 1 - P = \frac{V_t - V_{孔}}{V_t} \times 100\% = \frac{V}{V + V_{孔}} \times 100\% = \frac{V}{V + V_{开} + V_{闭}} \times 100\% \tag{1-6}$$

密实度 D 值越大，说明材料被固体物质填充的程度越高，结构越致密，孔隙含量越少。

2. 开口孔隙率与闭口孔隙率

材料中的孔隙分为开口和闭口两种，两者对材料性质的影响有很大差异。因此，孔隙率又可分为开口孔隙率 $P_{开}$ 和闭口孔隙率 $P_{闭}$ 两种，分别指材料中开口孔隙和闭口孔隙体积占自然状态下材料总体积的百分率，计算式如下：

$$P_{开} = \frac{V_{开}}{V_t} \times 100\% = \frac{V_{开}}{V + V_{孔}} \times 100\% = \frac{V_{开}}{V + V_{开} + V_{闭}} \times 100\% \tag{1-7}$$

$$P_{闭} = \frac{V_{闭}}{V_t} \times 100\% = \frac{V_{闭}}{V + V_{孔}} \times 100\% = \frac{V_{闭}}{V + V_{开} + V_{闭}} \times 100\% \tag{1-8}$$

$$P_{开} + P_{闭} = P \tag{1-9}$$

由于水可以自由进入开口孔隙而不能进入闭口孔隙，因此，可以通过测量材料吸水饱和状态时的吸水量得到材料的开口孔隙体积 $V_{开}$。

通常来说，材料的开口孔隙除对吸声性质有利以外，对材料的强度、抗渗、抗冻及其他耐久性均不利；微小而均匀的闭口孔隙对材料抗渗、抗冻等耐久性指标有利，可降低材料表观密度和导热系数，使材料具有轻质隔热的性能。

(二) 空隙率

空隙是散粒状材料颗粒之间的间隙，其多少用空隙率 $P_{空}$ 表示，即散粒状材料在堆积状态下，颗粒间空隙体积占材料堆积总体积的百分率，计算式如下：

$$P_{空} = \frac{V_{空}}{V_d} \times 100\% = \frac{V_{空}}{V_t + V_{空}} \times 100\% = \frac{V_{空}}{V + V_{孔} + V_{空}} \times 100\%$$

$$= \frac{V_{空}}{V + V_{闭} + V_{开} + V_{空}} \times 100\% = \frac{V_d - V_t}{V_d} \times 100\% = \left(1 - \frac{\rho_d}{\rho_t}\right) \times 100\%$$

$$\tag{1-10}$$

空隙率的大小反映了散粒材料的颗粒互相填充的致密程度，在配制混凝土、砂浆和沥青混合料时，基本思路是粗细集料的空隙被胶凝材料填充。因此，采用空隙率小的集料可以降低胶凝材料用量，节约成本。

三、材料与水有关的性质

(一) 材料的亲水性与憎水性

当材料与水接触时，水可以在材料表面铺展开，即材料表面可以被水所润湿，此性质称为亲水性，具有这种性质的材料称为亲水性材料；反之，如果水不能在材料表面上铺展开，即材料表面不能被水润湿，则称为憎水性，具有这种性质的材料称为憎水性材料。

材料的亲水性和憎水性可通过润湿角 θ 区分，如图 1-3 所示。当材料与水接触时，在材料、水和空气的三相交点处，沿水滴表面的切线与水和固体材料接触面所形成的夹角 θ，称为润湿角。当润湿角 $\theta \leqslant 90°$，材料表现为亲水性，θ 值越小，亲水性越强；当润湿角 $\theta > 90°$，材料表现为憎水性，θ 值越大，憎水性越强。

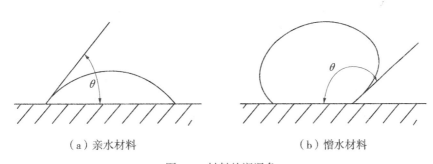

（a）亲水材料　　　　　　　　（b）憎水材料

图 1-3　材料的润湿角

建筑中的多数材料，如集料、墙体砖与砌块、砂浆和混凝土、木材等均属于亲水性材料，表面能被水润湿，水能通过毛细管作用被吸入材料的毛细管内部；多数高分子有机材料，如塑料、沥青、石蜡等属于憎水性材料，表面不易被水润湿，水分难以渗入毛细管中，能降低材料的吸水性，适宜用作防水材料和防潮材料，还可用于涂覆在亲水性材料表面，以降低其吸水性。

（二）材料的吸水性与吸湿性

1. 吸水性

材料的吸水性是指材料与水接触，吸收水分的性质。材料吸水饱和时的含水率称为材料的吸水率。吸水率可分为质量吸水率和体积吸水率两种，分别指在吸水饱和状态下，材料吸水的质量占材料绝干质量的百分率，或材料吸水的体积占材料自然状态下体积的百分率，计算式如下：

$$W_{m} = \frac{m'_{sw} - m}{m} \times 100\% = \frac{m_{sw}}{m} \times 100\% \tag{1-11}$$

式中：W_{m}——材料的质量吸水率，%；

m'_{sw}——材料吸水饱和状态下的质量，kg；

m_{sw}——材料吸水饱和状态下所吸水的质量，kg。

$$W_{v} = \frac{V_{sw}}{V_{t}} \times 100\% = \frac{m_{sw}/\rho_{w}}{V + V_{孔}} \times 100\% \tag{1-12}$$

式中：W_{v}——材料的体积吸水率，%；

V_{t}——材料在自然状态下的体积，m^3；

V_{sw}——材料吸水饱和状态下所吸水的体积，m^3；

ρ_{w}——水的密度，kg/m^3。

材料的质量吸水率与体积吸水率的关系为：

$$W_{v} = \frac{\rho_{td}}{\rho_{w}} \times W_{m} \tag{1-13}$$

材料吸水率的大小主要取决于材料的孔隙率及孔隙特征。具有连通孔隙且孔隙率大的亲水性材料吸水率较大；密实的材料及仅有封闭孔隙的材料是不吸水的。通常情况下，材料含水后，自重增加，强度降低，保温性能下降，抗冻性能变差，有时还会发生明显的体积膨胀。因此，要根据使用环境和用途，选择具有合适吸水性的材料。

建筑材料中，各材料的吸水率相差很大，如花岗岩等致密岩石的吸水率仅为0.5%~0.7%，普通混凝土为2%~3%，黏土砖为8%~20%，而木材或其他轻质材料吸水率可大于100%。

2. 吸湿性

吸湿性指材料在潮湿空气中吸收水蒸气的性质，以含水率表示。吸湿作用一般是可逆的，也就是说材料既可吸收空气中的水分，又可向空气中释放水分。

含水率是指材料中所含水的质量（任意含水状态下）与干燥状态下材料的质量之比，按下式计算：

$$W = \frac{m_{1} - m}{m} \times 100\% \tag{1-14}$$

式中：W——材料的含水率，%；

m——材料在干燥状态下的质量，kg；

m_1——材料在任意含水状态下的质量，kg。

材料的含水率随着空气的温度和相对湿度变化而变化。当材料中的湿度与空气湿度达到平衡时，此时的含水率称为平衡含水率。

除了环境温度和湿度以外，材料的亲水性、孔隙率与孔隙特征对吸湿性都有影响。亲水性材料比憎水性材料有更强的吸湿性，材料中孔隙对吸湿性的影响与其对吸水性的影响相似。

(三) 材料的耐水性

材料的耐水性是指材料抵抗水破坏作用的能力。对于结构材料来说，耐水性常以软化系数表示，即材料在吸水饱和状态下与绝干状态下的抗压强度之比，计算式如下：

$$K_w = \frac{f_{sw}}{f_d} \tag{1-15}$$

式中：K_w——材料的软化系数；

f_{sw}——材料在吸水饱和状态下的抗压强度，MPa；

f_d——材料在干燥状态下的抗压强度，MPa。

通常来说，材料吸水后强度都会有不同程度的降低，如花岗岩长期浸泡在水中，强度将下降 3%，黏土砖和木材吸水后强度降低更大。因此，材料的软化系数为 0~1。玻璃、陶瓷接近于 1，石膏、石灰的软化系数较低。

软化系数的大小，是选择耐水材料的重要依据。通常认为软化系数大于 0.85 的材料为耐水材料。长期受水浸泡或处于潮湿环境的重要建筑物，必须选用软化系数不低于 0.85 的材料建造；受潮较轻或次要建筑物的材料，其软化系数也不宜小于 0.75。

(四) 材料的抗渗性

抗渗性是指材料抵抗压力水或其他液体渗透的性质。抗渗性可用渗透系数或抗渗等级来表示。

1. 渗透系数

根据达西定律，在一定时间 t 内，透过材料试件的水量 Q 与试件断面面积 A 及水头差 H 成正比，而与试件厚度 d 成反比，即

$$Q = K\frac{AtH}{d} \quad \text{或} \quad K = \frac{Qd}{AtH} \tag{1-16}$$

式中：K——渗透系数，m/h；

Q——渗水总量，m^3；

d——试件厚度，m；

A——渗水面积，m^2；

t——渗水时间，h；

H——静水压力水头，m。

材料的渗透系数 K 越小，其抗渗性能越好。

2. 抗渗等级

抗渗等级是指在标准试验条件下，规定尺寸的试件所能承受的最大水压力值。对于混凝土和砂浆材料，如材料承受 0.4MPa、0.6MPa、0.8MPa、1.0MPa 的水压力而不渗水，则分别用 P4、P6、P8、P10 来表示其抗渗等级，抗渗等级中的数值为该材料所能承受的最大水压力（MPa）数的 10 倍值。

材料抗渗性与材料的孔隙率和孔隙特征有密切关系。开口大孔隙，水易渗入，材料的抗渗性能差；微细连通孔隙也易渗入水，材料的抗渗性能差；闭口孔隙水不能渗入，即使孔隙尺寸较大，孔隙含量较多，材料的抗渗性能也良好。

抗渗性是衡量材料耐久性的重要指标。对于地下建筑、压力管道和容器、海工建筑物等，常因受到压力水或其他侵蚀性介质的作用，因此要求选择具有高抗渗性的材料。

（五）材料的抗冻性

抗冻性是指材料在吸水饱和状态下，抵抗冻融循环作用能保持原有性质而不破坏的能力。对于结构材料，主要指保持强度不降低的能力，并以抗冻等级来表示抗冻性。材料抗冻等级的确定有两种方法：一种是慢冻法，以规定尺寸的材料试件在吸水饱和并受冻融循环后，以抗压强度损失率不超过25%并且质量损失率不超过5%时的最大冻融循环次数来确定，表示符号为D，如D25、D50、D100等，分别表示在经受25、50、100次的冻融循环后材料仍可满足使用要求。另一种是快冻法，以规定尺寸的材料试件在吸水饱和并受冻融循环后，以相对动弹性模量下降至不低于60%并且质量损失率不超过5%时的最大冻融循环次数来确定，表示符号为F，如F100、F200、F300等，分别表示在经受100、200、300次冻融循环后材料仍可满足使用要求。快冻法的试验环境比慢冻法更为恶劣，因此同一材料用快冻法评价的抗冻等级低于慢冻法。目前，结构混凝土材料普遍采用快冻法评价。

材料在冻融循环作用下产生破坏的主要原因是材料内部孔隙中的水结冰时体积膨胀约9%。结冰膨胀对材料孔壁产生巨大的冻胀压力，由此产生的拉应力超过材料的抗拉强度极限时，材料内部产生微裂纹，强度下降；在冻融循环条件下，这种微裂纹的产生又会进一步加剧更多水的渗入和结冰，如此反复，材料的破坏愈加严重。

材料抗冻性的好坏，取决于材料的吸水饱和程度（水饱和度）、孔隙形态特征和抵抗冻胀应力的能力（强度）。如果孔隙中充水不多，远未达到饱和，可以为冰膨胀提供充足的自由空间，即使冻胀也不会产生破坏应力；孤立、封闭的小孔一般情况下水分不能渗入，而且对冰冻破坏起缓冲作用而减轻冻害，这也是掺引气剂提高混凝土抗冻性的基本原理。理论上来说，当材料中的水饱和程度低于0.91时，便可以避免冻害。实际上由于材料中孔隙分布不均匀和冰冻程度不一致，必须使水饱和程度更低一些才安全。对于水泥混凝土来说，水饱和程度低于0.80时才会使冻害显著减轻。

就环境条件来说，材料受冻破坏的程度与冻融温度、结冰速度及冻融频繁程度等因素有关，温度越低、降温越快、冻融越频繁，则受冻破坏越严重。另外，无机盐溶液对材料的冻害破坏程度大于水，如使用除冰盐路面的破坏速率往往大于未使用除冰盐路面。

四、材料的热工性质

建筑物墙体、屋顶以及门窗等围护结构需要具有保温和隔热性质，以达到节约建筑使用能耗、维持室内温度的目的，这就需要考虑材料具有一定的热工性质。建筑材料常考虑的热工性质有导热性、热容性等。

（一）材料的导热性

导热性是指材料将热量从温度高的一侧传递到温度低的一侧的能力。

材料导热性用导热系数表示，即厚度为1m的材料，当材料两侧的温度差为1K时，在 1s 时间内通过 $1m^2$ 面积上所传递的热量，计算式如下：

$$\lambda = \frac{Q \cdot d}{A(T_2 - T_1)t}$$ (1-17)

式中：λ——材料的导热系数，W/（m·K）；

　　　Q——通过材料传导的热量，J；

　　　d——材料的厚度，m；

　　　A——材料的传热面积，m^2；

　　　t——传热的时间，h；

　　　$T_2 - T_1$——材料两侧的温度差，K。

导热系数越小，材料的导热性差，保温性和绝热性能越好。各种建筑材料的导热系数差别很大，非金属材料为 0.020~3.0 W/（m·K），如聚氨酯泡沫塑料的导热系数为 0.025 W/（m·K）左右，甚至更低；大理石的导热系数则高达 3.0 W/（m·K）以上。

材料的导热系数与材料的化学组成、显微结构、孔隙率、孔隙形态特征、含水率及导热时的温度等因素有关，主要有以下基本规律：

①无机材料的导热系数大于有机材料，金属材料大于非金属材料，晶体材料大于非晶体材料。

②在含孔隙材料中热量是通过固体骨架和孔隙中的空气而传递的，空气导热系数很小，约为 0.023W/（m·K），而构成固体骨架的物质通常具有较大的导热系数，因此，材料的孔隙率越大，即空气含量越多，导热系数越小。导热系数还与孔隙形态特征有关，含大量微细而封闭孔隙的材料，其导热系数小；而含大量粗大而连通孔隙的材料，其导热系数大。

③材料的含水率越大，导热系数也随之增加，因为水的导热系数为 0.58 W/（m·K），是空气导热系数的 25 倍。当水结冰时，其导热系数约为空气的 100 倍，因此保温材料浸水甚至是结冰后，保温和绝热性能显著变差。

④大多数建筑材料（金属除外）的导热系数随温度升高而增加。

（二）传热系数与热阻

对于建筑围护结构（如墙体、屋面）的传热性能，采用传热系数来表示，即材料导热系数与材料层厚度的比，计算式如下：

$$K = \frac{\lambda}{d}$$ (1-18)

式中：K——材料层的传热系数，W/（m^2·K）。

传热系数的倒数称为热阻。

K 值越大，材料层的传热性能越好，保温和绝热性能越差。因此，要想降低围护结构的传热性能，或提高其热阻，以满足保温绝热要求，可以通过选用低导热系数的材料和增加材料厚度的方法实现，但增加厚度时会增加材料用量和建筑物自重。对冬季最冷月份平均温度不同地区围护结构的 K 值，在《民用建筑热工设计规范》（GB 50176—2002）中都有明确的规定。

（三）材料的热容性

热容性是指材料受热时吸收热量和冷却时放出热量的性质，采用比热容来表征，即单位质量材料在温度升高或降低 1K 时所吸收或释放出的热量，计算式如下：

$$c = \frac{Q}{m(t_2 - t_1)}$$ (1-19)

式中：c——材料的比热容，kJ/kg·K；

Q——材料吸收或释放的热量，kJ；

m——材料的质量，kg；

$t_2 - t_1$——材料受热或冷却前后的温度差，K。

比热容值大小能真实反映不同材料间热容性的好坏。材料比热容 c 与质量 m 的乘积称为热容，采用热容高的材料作为墙体、屋面等围护结构，可以使室内温度保持长时间稳定。

材料的导热系数和热容量是建筑物围护结构热工计算时的重要参数，设计时应选择导热系数较小而热容量较大的材料。

第三节　材料的力学性质

建筑物要达到稳定、安全运行，首先要考虑材料的力学性质是否满足要求。材料的力学性质是指材料在外力作用下的变形性质和抵抗外力破坏的能力。

一、材料的强度

（一）不同荷载形式下的强度

材料抵抗在外力（荷载）作用下而引起破坏的能力称为强度。当材料在外力作用下，其内部就产生了应力，随着外力增加，内部应力不断增大，直到材料发生破坏。材料破坏时的荷载称为破坏荷载或最大荷载，此时产生的应力称为极限强度，即材料的强度，计算式如下：

$$f = \frac{P_{max}}{A}$$ (1-20)

式中：f——材料的强度，MPa；

P_{max}——材料能承受的最大荷载，N；

A——材料的受力面积，mm^2。

材料的强度是在不同荷载作用下进行破坏试验来测定的，根据受力形式不同，材料的强度可分为抗压强度、抗拉强度、抗剪强度和抗弯强度等，如图 1-4 所示。

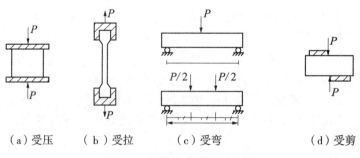

（a）受压　　（b）受拉　　（c）受弯　　（d）受剪

图 1-4　材料受力形式示意图

其中，抗压强度、抗拉强度和抗剪强度可以直接根据受力面积和最大荷载值依据上式计算得到。抗弯强度有三点弯曲和四点弯曲两种测试方法，其对应的抗弯强度计算公式分别如下所示：

$$f_{m} = 3Fl/2bh^2 \tag{1-21}$$

$$f_{m} = Fl/bh^2 \tag{1-22}$$

式中：f_{m}——抗弯强度，MPa；

　　　F——最大荷载值，N；

　　　l——支点间距离，mm；

　　　b——试件断面的宽度，mm；

　　　h——试件断面的高度，mm。

材料的强度与其组成和结构密切相关，不同种类的材料具有不同的抵抗外力破坏的能力。相同组成的材料，其孔隙率及孔隙特征不同，材料的强度也有较大差异，材料的孔隙率越低，强度越高。石材、砖、混凝土和铸铁等材料都具有较高的抗压强度，而其抗拉及抗弯强度很低；木材的强度具有方向性，顺纹方向的抗拉强度大于横纹方向的抗拉强度，钢材的抗拉、抗压强度都很高。

材料的强度大小是通过试验测试得到的，其值主要取决于材料组成和结构，但试验条件等外界因素对材料强度的试验结果也有很大影响，如环境温度、湿度、试件的含水率、形状、尺寸、表面状况及加荷时的速度等，因此必须严格遵照试验标准规定进行操作。

（二）强度等级

由于不同建筑材料的强度差异较大，为了便于合理选择和使用材料，对于以强度为主要指标的材料，通常按材料强度高低划分为若干等级，称为材料的强度等级。如钢材按拉伸试验测得屈服强度确定钢材的强度等级，水泥混凝土则按抗压强度确定强度等级。

（三）比强度

比强度是指材料的强度与其体积密度的比值。比强度值大小用于衡量材料是否轻质高强，比强度值越大，材料轻质高强的性能越好。这对于建筑物保证强度、减小自重、向空间发展及节约材料有重要的实际意义。

二、材料的弹性与塑性

材料在外力作用下，产生变形，当去掉外力作用时，可以完全恢复原始的形状，此性质称为弹性，由此产生的变形称为弹性变形，弹性变形属于可逆变形；明显具有这种特征的材料称为弹性材料。还有些材料，在外力作用下也产生变形，但当去掉外力后，仍然保持其变形后的形状和尺寸，并不产生裂缝，这就是材料的塑性。这种不可恢复的永久变形称为塑性变形，具有较高塑性变形的材料称为塑性材料。

材料在弹性范围内，受力后应力的大小与应变的大小成正比，这个比值称为弹性模量。弹性模量是反映材料抵抗变形能力大小的指标，弹性模量值越大，外力作用下材料的变形越小，材料的刚度也越大。

材料变形总是弹性变形伴随塑性变形，如建筑钢材，当受力不大时，产生弹性变形；当受力达某一值时，则又主要为塑性变形材料。混凝土受力后，同时产生弹性变形和塑性变形。

三、材料的脆性与韧性

材料在外力作用下没有产生明显的塑性变形便发生突然破坏，这种性质称为材料的脆性，具有此性质的材料称为脆性材料。脆性材料具有较高的抗压强度，但抗拉强度和抗弯强度较低，抗冲击能力和抗振能力较差。无机非金属材料，如砖、石、陶瓷、混凝土和玻璃等都属于典型的脆性材料。

材料在冲击、动荷载作用下能吸收大量能量并能承受较大的变形而不突然破坏的性质称为韧性。韧性材料破坏时能吸收较大的能量，其主要表现为在荷载作用下能产生较大变形。材料韧性性质常用冲击试验来测定，即以材料破坏时单位面积吸收的能量作为冲击韧性指标。韧性材料的塑性变形大，抗拉强度接近或高于抗压强度，木材、钢材和橡胶等都属于典型的韧性材料。

四、材料的硬度

硬度是指材料表面抵抗硬物压入或刻画的能力。材料硬度有多种表征和测试方法。无机矿物材料常用莫氏硬度表示，莫氏硬度划分为十个等级，由小到大分别为：滑石1、石膏2、方解石3、萤石4、磷灰石5、正长石6、石英7、黄玉8、刚玉9、金刚石10。金属材料常用洛氏硬度或布氏硬度表示，高分子材料则常用绍氏硬度和巴氏硬度等表征。

强度越高的材料，硬度越大。

五、材料的耐磨性

材料的耐磨性是指材料表面抵抗磨损的能力。材料硬度越大，耐磨性越好。材料耐磨性可用磨损率表示，计算公式如下：

$$K_b = \frac{m_0 - m_1}{A} \tag{1-23}$$

式中：K_b——材料的磨损率，kg/m^2；

m_0——材料磨损前的质量，kg；

m_1——材料磨损后的质量，kg；

A——材料的磨损面积，m^2。

物料的输送管道、溜槽，楼房地面、楼梯台阶、路面等部位，均要求材料具有较高的耐磨性。

第四节 材料的耐久性

材料的耐久性是指材料在使用过程中经受各种内部和外部因素共同作用而保持原有性质的能力。材料在使用过程中，除受到各种力学荷载作用外，还长期受到周围环境和各种自然因素的破坏作用，这些作用包括物理作用、化学作用、机械作用和生物作用等。

物理作用包括环境温度、湿度的交替变化，引起材料热胀冷缩、干缩湿胀、冻融循环，导致材料体积不稳定，产生内应力，如此反复，使材料遭到破坏。

化学作用包括大气、土壤和水中酸、碱、盐以及其他有害物质对材料的侵蚀作用，使材料产生质变而破坏。此外，日光、紫外线对材料也有不利作用。

机械作用包括持续荷载作用、交变荷载作用以及撞击引起材料疲劳、冲击、磨损、磨耗等。

生物作用包括昆虫、菌类等材料所产生的蛀蚀、腐朽、微生物腐蚀等破坏作用。

材料耐久性的好坏在很大程度上决定了材料在具体的气候和使用条件下能够保持正常工作性能的期限。因此，材料的耐久性是影响建筑物使用寿命最重要的因素。

材料耐久性的好坏既取决于材料的组成和结构，又和使用环境条件有关。在干燥气候条件下耐久的材料，在潮湿条件下不一定耐久；在温暖气候下耐久的材料，在严寒地区不一定耐久。材料种类不同，使用环境不同，材料的具体耐久性破坏形式差异很大。因此，材料的耐久性是一个模糊的、综合性的概念。按引起耐久性破坏的主要因素和破坏形式不同，材料的耐久性可以分为抗冻性、抗碳化性、抗老化性、耐化学腐蚀性、抗溶蚀性、耐热性等。

长期以来，人们主要依据结构物要承受的各种力学荷载进行建筑物设计和选用材料。事实上，即便材料力学性能和结构承载力满足要求，越来越多的建筑物却因材料的某项耐久性不足而导致过早破坏或失效，并且成为目前影响结构物破坏的最主要原因。因此，在进行结构物设计和材料选用时，要同时注意材料的力学性质和耐久性达到设计要求。

严格意义上来说，材料的耐久性要根据其在实际使用环境中的各种性质劣化过程进行判断和评价，但这需要很长时间并且会随地域和气候环境变化而不同。因此，为了方便起见，通常在实验室模拟不同的环境条件，进行材料的耐久性测试与评价，并形成统一的试验规程或标准，对试验环境、测试方法与试件尺寸等作了统一的规定和要求，如快速冻融试验、硫酸盐侵蚀试验、碳化试验、钢筋锈蚀试验等。根据实验室评定的材料耐久性参数为结构设计与材料选用提供了重要的参考依据，但是实验室测试结果不能等同于实际使用状态，因而这是一种定性判断方法。

本 章 小 结

材料的性质取决于其组成与结构，掌握材料组成、结构与性质之间的关系是材料研究的基本内容。材料的组成可以分为化学组成和矿物组成两个层次。相同化学组成的材料，其矿物组成可能相同，也可能不同。根据不同研究尺度，材料的结构可以分为宏观结构、显微结构和微观结构三个层次。建筑材料中总会有不同形状和尺寸的孔隙，孔隙尺寸或形态直接影响材料的性质。

材料的四种密度包括绝对密度、表观密度、体积密度和堆积密度。孔隙含量会影响表观密度和体积密度，堆积空隙率会影响堆积密度，含水率会影响材料的体积密度和堆积密度；而材料的绝对密度只取决于其组成和微观结构，与孔隙及含水状态无关。按照与水的亲和力不同，材料可分为亲水性和憎水性两种；材料对于水和水蒸气的吸收能力用吸水性和吸湿性表示；材料在饱和吸水条件下的力学强度衰减或抵抗冻融破坏的能力分别用耐水性和抗冻性表征，而材料抵抗压力水渗透的性质用抗渗性表示。材料的热工性质主要包括材料的导热性、传热系数与热阻和热容性。

材料的强度因受力形式不同可以分为抗压强度、抗拉强度、抗弯强度和抗剪强度；根据材料强度大小不同，可以把材料分成不同强度等级，以方便工程中选用。根据在外力去除后材料的变形能否完全恢复，可分为弹性变形和塑性变形；根据材料在外力作用下是否产生明显的塑性变形之后才发生断裂破坏，可以将材料分为韧性和脆性材料。硬度是指材料表面抵抗硬物压入或刻划的能力，而材料的耐磨性是指材料表面抵抗磨损的能力。材料硬度越大，耐磨性越好。

耐久性是指材料在使用过程中经受各种内部和外部因素共同作用而保持原有性质的能力。材料的耐久性的好坏既取决于材料组成和结构，又和使用环境条件有关。因此，材料的耐久性是一个模糊的、综合性的概念。

习题与思考题

1-1 材料化学组成与矿物组成的概念及相互关系是什么？

1-2 材料的结构可分为哪几个层次进行分析？每层次结构研究的对象有哪些？

1-3 对比分析不同种类晶体材料的主要性能特点，晶体与非晶体材料在材料性质方面有哪些不同？

1-4 材料中孔隙的种类及其对材料性质的影响如何？

1-5 材料的绝对密度、表观密度、体积密度、堆积密度的定义是什么？孔隙、空隙、含水率对不同密度的影响如何？

1-6 孔隙率与空隙率有何区别？开口孔隙与闭口孔隙如何界定？

1-7 材料的亲水性与憎水性如何区分？

1-8 材料的吸水性与吸湿性有何区别？如何表征？

1-9 什么是材料的渗透系数与抗渗等级？

1-10 材料的抗冻性如何表示？主要影响因素有哪些？

1-11 材料的导热系数、传热系数和比热容量的定义、单位及实际意义是什么？

1-12 材料的强度、强度等级、比强度的含义各是什么？常见的不同受力状态下的强度有哪些？

1-13 何谓材料的弹性变形与塑性变形？何谓弹性材料与塑性材料？

1-14 何谓材料的脆性与韧性？常见的脆性材料与韧性材料有哪些？

1-15 影响材料强度的因素有哪些？

1-16 材料的硬度与耐磨性的定义和表征方法各是什么？

1-17 简述材料耐久性的概念及重要性。

1-18 某材料试样的外形不规则，它的绝干质量为 m，表面涂以密度为 $\rho_{蜡}$ 的石蜡后称得质量为 m_1。将涂以石蜡的试样放入水中称得在水中的质量为 m_2，同时水的密度为 ρ_w。试求该材料的绝干体积密度。

1-19 烧结普通砖的尺寸为240mm×115mm×53mm，其孔隙率为37%，干燥质量为2487g，浸水饱和质量为2984g。试求该砖的绝干体积密度、绝对密度、吸水率、开口孔隙率和闭口孔隙率。

1-20 某种材料的密度为2700kg/m³，浸水饱和状态下的体积密度为1862kg/m³，其体积吸水率为46.2%。试求该材料干燥状态下的体积密度及孔隙率。

1-21 破碎的岩石试样经完全干燥后，其质量为482g，将其放入盛有水的量筒中。经一定时间碎石吸水饱和后，量筒中的水面由原来的452cm³刻度上升至630cm³刻度。取出碎石，擦干表面水分后称得质量为487g。试求该岩石的表观密度、体积密度及吸水率。

第二章 气硬性胶凝材料

◎**自学时数**

2 学时。

◎**教师导学**

通过学习本章内容，掌握气硬性胶凝材料的特性，即单独使用时，在水中强度损失严重，软化系数低。该材料体系一般主要作为辅助性胶凝材料，主要用于室内或者湿度较低的环境。气硬性胶凝材料主要包括建筑中常用的四种：石膏、石灰、水玻璃和镁质胶凝材料。因为材料的应用范围受化学组成及结构的影响，所以学习方法是首先熟悉材料的化学组成，然后了解化学组成在形成新的结构过程中发生的变化，最后掌握材料的性能特点。

本章的重点是掌握石膏、石灰的基本性质和应用。

本章的难点是石膏、石灰的化学组成与性能之间的关系，根据性能特点分析材料的应用范围，并了解材料的技术要求，具备可根据工程需要选定材料的能力。

工程中将能够把散粒材料或块状材料胶结为整体并具有一定机械强度的材料称为胶凝材料。按化学成分，胶凝材料分为有机和无机两类胶凝材料。常用的有机胶凝材料有各种沥青、树脂、橡胶等。无机胶凝材料按硬化条件分为气硬性胶凝材料和水硬性胶凝材料。气硬性胶凝材料只能在空气中凝结硬化，也只能在空气中保持和发展其强度，即气硬性胶凝材料的耐水性差，不宜用于潮湿环境，如石膏、石灰、水玻璃、镁质胶凝材料等；水硬性胶凝材料不仅能在空气中硬化，而且能在水中更好地硬化，保持和发展其强度，如各种水泥。

第一节 石 膏

石膏是以硫酸钙为主要成分的气硬性胶凝材料。石膏制品性能优良、制作工艺简单，纸面石膏板、建筑饰面板等石膏制品发展很快，已成为极有发展前途的新型建筑材料之一。

一、石膏的原料、生产及主要品种

生产石膏的原料主要是含硫酸钙的天然石膏（又称生石膏）或含硫酸钙的化工副产品和废渣（如磷石膏、氟石膏、硼石膏等），其化学式为 $CaSO_4 \cdot 2H_2O$，也称二水石膏。

石膏按其化学成分分为二水石膏、半水石膏和无水石膏三种。

石膏按其生产时煅烧温度不同，分为低温煅烧石膏与高温煅烧石膏。低温煅烧时，水分不能完全脱除，因此低温煅烧石膏主要为半水石膏，包含建筑石膏、模型石膏和高强度石膏。本节主要介绍低温煅烧石膏。

低温煅烧石膏是在低温下（107～170℃）煅烧天然石膏或工业副产石膏所获得的产品，主要成分为半水石膏 $\left(CaSO_4 \cdot \dfrac{1}{2}H_2O\right)$。其反应式如下：

$$CaSO_4 \cdot 2H_2O \xrightarrow{107～170℃} CaSO_4 \cdot \frac{1}{2}H_2O + \frac{3}{2}H_2O$$

（一）建筑石膏

建筑石膏是将天然二水石膏在石膏炒锅或沸腾炉内煅烧后经磨细所得的产品。在煅烧时加热设备与大气相通，原料中的水分呈蒸汽排出，由于温度较低，压力较小，生成的半水石膏是细小的晶体，称为 β 型半水石膏 $\left(\beta\text{-}CaSO_4 \cdot \dfrac{1}{2}H_2O\right)$，具有较好的水化性能。此种石膏呈白色或白灰色粉末，密度为 2.6～2.75g/cm^3，堆积密度为 800～1000kg/m^3。多用于建筑抹灰、粉刷、砌筑砂浆及各种石膏制品，是建筑上应用最多的石膏品种，故称建筑石膏。

（二）模型石膏

模型石膏也是 β 型半水石膏，但杂质少、色白。其主要用于陶瓷的制坯工艺，少量用于装饰浮雕。

（三）高强度石膏

将二水石膏在 0.13MPa、124℃的密闭压蒸釜内蒸炼脱水成为 α 型半水石膏，再经磨细制得。由于制备时温度与压力均比建筑石膏的高，与 β 型半水石膏相比，α 型半水石膏的晶体粗大且密实，因此达到一定稠度所需的用水量小（占石膏干重的 35%～45%），只是建筑石膏的一半左右。这种石膏硬化后结构密实、强度较高，硬化 7d 时的强度可达 15～40MPa。

高强度石膏的密度为 2.6～2.8g/cm^3，堆积密度为 1000～1200kg/m^3。由于其生产成本较高，因此主要用于要求较高的抹灰工程、装饰制品和石膏板。另外，掺入防水剂还可制成高强度防水石膏，加入有机材料如聚乙烯醇水溶液、聚醋酸乙烯乳液等，也可配成无收缩的黏结剂。

二、建筑石膏的水化、凝结与硬化

建筑石膏与水拌和后，发生水化反应，最初形成可塑性的浆体，最后浆体逐渐失去可塑性，但尚无强度，此过程为凝结。浆体逐渐具有强度，此过程为硬化。

建筑石膏的水化反应过程如下：

$$CaSO_4 \cdot \frac{1}{2}H_2O + \frac{3}{2}H_2O \longrightarrow CaSO_4 \cdot 2H_2O$$

建筑石膏加水后，首先溶解于水，发生水化反应，生成二水石膏。二水石膏的溶解度较半水石膏的溶解度小许多，很容易出现二水石膏的过饱和，因此二水石膏将不断从过饱和溶液中沉淀析出，并促使一批新的半水石膏溶解和水化，直至半水石膏全部转变为二水石膏为止。随着水化的不断进行,生成的二水石膏胶体微粒不断增多,这些微粒比原来的半水石膏更加细小,比表面积很大,吸附着很多的水分;水化和蒸发使得自由水不断减少,浆体的稠度不断增加,胶体微粒间的搭接、黏结逐步增加,使浆体逐步失去可塑性,逐渐产生凝结。随水化的不断进行,二水石膏胶体微粒凝聚并转变为晶体。晶体颗粒逐渐长大,颗粒间相互搭接、交错、共生(两个以上晶粒生长在一起),使浆体失去可塑性,产生强度,即浆体产生了硬化。这一过程不断进行,直至浆体完全干燥,强度不再增加。

浆体的凝结硬化过程是一个连续进行的过程。从加水开始拌和一直到浆体刚开始失去可塑性,这个过程称为浆体的初凝,对应的时间称为初凝时间;从加水拌和一直到浆体完全失去可塑性并开始产生强度,这个过程称为浆体的终凝,对应的时间称为终凝时间。

三、建筑石膏的性质

1. 凝结硬化快

建筑石膏在加水拌和后,浆体在几分钟内便开始失去可塑性,30min 内完全失去可塑性而产生强度。由于初凝时间短,不能满足施工要求,一般在使用时均需加入缓凝剂,如硼砂、动物胶(需用石灰处理)等,掺量为 0.1% ~ 0.5%。掺缓凝剂后,石膏制品的强度将有所降低。2h 强度可达 3 ~ 6MPa。

2. 凝结硬化时体积微膨胀

石膏浆体在凝结硬化初期会产生微膨胀,体积膨胀率为 0.5% ~ 1.0%。这一性质使石膏制品表面光滑、细腻,尺寸精确、形体饱满、装饰性好,因而特别适合制作建筑装饰制品。

3. 孔隙率大、体积密度小

建筑石膏在拌和时,为使浆体具有施工要求的可塑性,需加入建筑石膏用量的 60% ~ 80% 的水,而建筑石膏水化的理论需水量为 18.6%,因此大量的自由水在蒸发后会在建筑石膏制品内部形成大量的毛细孔隙。其孔隙率达 40% ~ 60%,体积密度为 800 ~ 1000kg/m³,属于轻质材料。因此,石膏制品具有如下特点:

(1)保温性和吸声性好

大孔隙率且为微细的毛细孔使得石膏导热系数小,一般为 0.12 ~ 0.20W/(m·K)。吸声性好,特别是穿孔石膏板(板中贯穿孔的孔径为 6 ~ 12mm)对声波的吸收能力强。

(2)具有一定的调湿性

大量毛细孔隙对空气中的水蒸气具有较强的吸附能力,可以根据空气湿度吸收和释放水分,对室内的空气湿度有一定的调节作用。

(3)强度较低,塑性变形大

建筑石膏强度较低,7d 抗压强度为 8 ~ 12MPa(接近最高强度)。石膏及其制品有明显的塑性变形性能,尤其是在弯曲荷载作用下,形变显得更加严重,因此一般不用于承重构件。

(4)耐水性、抗渗性、抗冻性差

建筑石膏制品孔隙率大，且二水石膏可微溶于水，遇水后强度大大降低，其软化系数只有 0.2~0.3，若吸水后受冻，将因水分结冰而崩裂，故耐水性、抗渗性和抗冻性都较差，一般不宜用于室外。为了提高建筑石膏及其制品的耐水性，可以在石膏中掺入适当的防水剂（如有机硅防水剂），或掺入适量的水泥、粉煤灰、磨细粒化高炉矿渣等。

4. 防火性好、但耐火性差

建筑石膏制品的导热系数小，传热慢，且二水石膏受热脱水产生的水蒸气能阻碍火势的蔓延，起到防火作用。但二水石膏脱水后强度下降，因而不耐火。

四、建筑石膏的技术要求

利用工业副产石膏（或称化学石膏）如磷石膏、烟气脱硫石膏也可生产建筑石膏。因此建筑石膏根据原材料种类不同分为三类，主要为天然建筑石膏（代号 N）、脱硫建筑石膏（代号 S）和磷建筑石膏（代号 P）。建筑石膏组成中 β 半水硫酸钙的含量（质量分数）应不小于 60.0%，建筑石膏的技术要求主要有强度、细度和凝结时间，并按此进行分级。

建筑石膏根据 2h 抗折强度分为 3.0、2.0、1.6 三个等级。产品标记时，按产品名称、代号、等级及标准编号的顺序标记，如 N2.0GB/T 9776—2008 表示等级为 2.0 的天然建筑石膏。建筑石膏的物理力学性能应符合表 2-1 中的要求（强度试件尺寸为 40mm×40mm×160mm）。

表 2-1　　　　　　　　建筑石膏物理力学性能（GB/T 9776—2008）

等级	细度（0.2mm 方孔筛筛余）/%	凝结时间/min		2h 强度/MPa	
		初凝	终凝	抗折	抗压
3.0				≥3.0	≥6.0
2.0	≤10	≥3	≤30	≥2.0	≥4.0
1.6				≥1.6	≥3.0

五、建筑石膏的应用

建筑石膏的用途很广，主要用于室内抹灰、粉刷和生产各种石膏板等。

（一）室内抹灰和粉刷

由于建筑石膏的优良特性，常被用于室内抹灰和粉刷。建筑石膏加水、砂及缓凝剂拌和成石膏砂浆，用于室内抹灰。抹灰后的表面光滑、细腻、洁白美观。石膏砂浆也作为油漆等的打底层，并可直接涂刷油漆或粘贴墙布或墙纸等。建筑石膏加水及缓凝剂拌和成石膏浆体，可作为室内粉刷涂料。

（二）石膏板

石膏板具有轻质、隔热保温、吸声、防火、尺寸稳定及施工方便等优点，在建筑中得到广泛的应用，是一种很有发展前途的建筑材料。常用石膏板有以下几种：

1. 纸面石膏板

纸面石膏板是以建筑石膏为主要原料，掺入适量的纤维材料、缓凝剂等作为芯材，以纸板作为增强护面材料，经搅拌、成型（辊压）、切割、烘干等工序制得。纸面石膏板主要用于室内隔墙、墙面等，其自重仅为砖墙的 1/5。耐水纸面石膏板主要用于厨房、卫生间等潮湿环境。耐火纸面石膏板（耐火极限分为 30min、25min、20min 等）主要用于耐火要求高的室内隔墙、吊顶等。纸面石膏板使用时须采用龙骨（固定石膏板的支架，通常由木材或铝合金、薄钢等制成）。纸面石膏板的生产效率高，但纸板用量大，成本较高。

2. 纤维石膏板

纤维石膏板是以纤维材料（多使用玻璃纤维）为增强材料，与建筑石膏、缓凝剂、水等经特殊工艺制成的石膏板，其生产效率低。纤维石膏板的强度高于纸面石膏板，规格与其基本相同。纤维石膏板可用于内隔墙、墙面，还可用来代替木材制作家具。

3. 装饰石膏板

装饰石膏板是由建筑石膏，适量纤维材料和水等经搅拌、浇注、修边、干燥等工艺制得。装饰石膏板按表面形状分有平板、多孔板、浮雕板。装饰石膏板造型美观，装饰性强，且具有良好的吸声、防火等功能，主要用于公共建筑的内墙、吊顶等。

4. 空心石膏板

空心石膏板是以建筑石膏为主，加入适量的轻质多孔材料、纤维材料和水经搅拌、浇注、振捣成型、抽芯、脱模、干燥而制成。主要用于隔墙、内墙等，使用时不需龙骨。

此外，还有吸声用穿孔石膏板及嵌装式装饰石膏板，后者分为装饰型和吸声型两种。

第二节 石　　灰

石灰作为一种古老的建筑材料，由于其原料来源广泛，生产工艺简单，成本低廉，至今仍被广泛用于建筑工程中。石灰是将以碳酸钙为主要成分的原料经适当的煅烧，排出二氧化碳后所得到的成品，其主要成分是氧化钙。

一、石灰的生产

生产石灰所用的原料主要是含碳酸钙（$CaCO_3$）为主的天然岩石，常用的是石灰石、白云石质石灰石等。一般将上述原料进行高温（900～1100℃）煅烧，即得生石灰（CaO），其反应式如下：

$$CaCO_3 \xrightarrow{900\sim1100℃} CaO+CO_2\uparrow$$

在正常温度下，石灰石煅烧过程中，碳酸钙分解时要失去大量的 CO_2，但是煅烧后石灰的体积比原来石灰石的体积一般缩小 10%～15%，因此得到的石灰具有多孔结构，即内部孔隙率大、晶粒细小、体积密度小，与水反应速度快。生产时，由于火候或温度控制不均，常含有欠火石灰或过火石灰。欠火石灰是由于煅烧温度低或煅烧时间短，内部尚有未分解的石灰石内核，外部为正常煅烧的石灰。在使用过程中，欠火石灰的存在降低了石灰的利用率，对工程不会带来危害。过火石灰是由于煅烧温度过高或煅烧时间过长，使内部晶粒粗大、孔隙率减小、体积密度增大，原料中混入或夹带的黏土成分在高温下熔融，使过火石灰颗粒表面部分被玻璃状物质（釉状物）所包覆，造成过火石灰与水的反应减慢（需数十天至数年），有时会发生体积安定性不良即石灰的缓慢水化引起体积膨胀，导致结构开裂变形等，这对工程使用非常不利。过火石灰在使用后，因为吸收空气中的水蒸气而逐步熟化膨胀，使已硬化的浆体产生隆起、开裂等破坏。所以，在使用前必须使过火石灰熟化或将其去除。

二、石灰的熟化与硬化

（一）石灰的熟化

石灰在使用过程中，首先要进行石灰的熟化。石灰的熟化，又称消解，是生石灰（氧化钙 CaO）与水作用生成熟石灰[氢氧化钙 $Ca(OH)_2$]的过程，伴随着熟化过程，放出大量的热，并且体积迅速增加 1 ~ 2.5 倍，反应式如下：

$$CaO+H_2O \longrightarrow Ca(OH)_2+64kJ$$

根据熟化时加水量的不同，石灰的熟化方式分为以下两种：

1. 石灰膏

向化灰池中生石灰加大量的水（生石灰的 3 ~ 4 倍），熟化成石灰乳，然后经筛网流入储灰池，沉淀除去多余的水分，所得到的膏状物即为石灰膏。石灰膏含水约 50%，体积密度为 1300 ~ 1400kg/m³，1kg 生石灰可熟化成 2.1 ~ 3.0L 石灰膏。

2. 消石灰粉

将生石灰块淋适量的水（生石灰量的 60% ~ 80%），经熟化得到的粉状物称为消石灰粉。加水量以消石灰粉略湿，但不成团为宜。

为避免过火石灰在使用后，因吸收空气中的水蒸气而逐步熟化膨胀，使已硬化的浆体产生隆起、开裂等破坏，在使用前必须使其熟化或将其去除。常采用的方法是在熟化过程中首先将较大尺寸的过火石灰利用小于 3mm×3mm 的筛网等去除（同时也为了去除较大的欠火石灰块，以改善石灰质量），之后使石灰膏在储灰池中存放 2 周以上，即所谓陈伏，以使较小的过火石灰块充分熟化。

（二）石灰的硬化

石灰浆体的硬化包括干燥硬化和碳化硬化。

1. 干燥硬化

石灰浆体[主要成分 $Ca(OH)_2$]的硬化主要是干燥硬化过程。在干燥过程中，毛细孔隙失水。由于水的表面张力作用，毛细孔隙中的水面呈弯月面，产生毛细管压力，使得氢氧化钙颗粒接触紧密，产生一定的强度。干燥过程中因水分的蒸发，氢氧化钙也会在过饱和溶液中结晶，但结晶数量很少，产生的强度很低。若再遇水，因毛细管压力消失，氢氧化钙颗粒间紧密程度降低，且氢氧化钙微溶于水，强度丧失。由此可知，石灰浆体具有硬化慢、硬化后强度低、不耐水的特点。

2. 碳化硬化

氢氧化钙与空气中的二氧化碳化合生成碳酸钙晶体的过程称为碳化硬化。其反应如下：

$$Ca(OH)_2 + CO_2 + H_2O \longrightarrow CaCO_3 + H_2O$$

生成的碳酸钙具有相当高的强度。由于空气中二氧化碳的浓度很低，因此碳化过程极为缓慢。碳化在一定含水量时才会持续进行，当石灰浆体含水量过少或处于干燥状态时，碳化反应几乎停止。石灰浆体含水量多时，孔隙中几乎充满水，二氧化碳气体难以渗透，碳化作用仅在表面进行，生成的碳酸钙达到一定厚度时，阻碍二氧化碳向内渗透和内部水分向外蒸发，从而减慢了碳化速度。因此，在空气中使用时，石灰的碳化硬化速度很慢。从上述硬化过程中可以得出石灰浆体硬化慢、强度低及不耐水的结论，但可以采用加大二氧化碳浓度的方式加速石灰碳化硬化过程。

三、石灰的技术要求

按石灰中氧化镁的含量，将生石灰分为钙质石灰（MgO≤5%）和镁质石灰（MgO>5%）；将消石灰分为钙质消石灰（MgO≤5%）和镁质消石灰（MgO>5%）。

按生石灰的加工情况分为建筑生石灰和建筑生石灰粉。根据化学成分的含量每类分成各个等级，根据建筑生石灰的分类标准（JC/T 479—2013）具体分为钙质石灰 90、85、75 和镁质石灰 85 和 80，代号分别为 CL90、CL85、CL75、ML 85 和 ML80，其中 CL（calcium lime）和 ML（magnesium lime）分别代表钙质石灰和镁质石灰。90 代表 CaO 和 MgO 的质量百分含量总和为 90% 以上。根据建筑消石灰的分类（JC/T 481—2013），建筑消石灰粉按扣除游离水和结合水后 CaO 和 MgO 的百分含量加以分类，也是五个等级，代号分别为 HCL90、HCL85、HCL75、HML85 和 HML80。

建筑生石灰的技术要求包括其化学成分（CaO、MgO、CO_2 和 SO_3 含量）和物理性质（产浆量和细度），两者应符合表 2-2 和表 2-3 中的要求，其中 Q 代表生石灰块，QP 代表生石灰粉。

表 2-2　　　　　　　建筑生石灰的化学成分（JC/T 479—2013）　　　　　单位：%

名　称	CaO+MgO	MgO	CO_2	SO_3
CL 90-Q CL 90-QP	≥90	≤5	≤4	≤2
CL 85-Q CL 85-QP	≥85	≤5	≤7	≤2
CL 75-Q CL 75-QP	≥75	≤5	≤12	≤2
ML 85-Q ML 85-QP	≥85	>5	≤7	≤2
ML 80-Q ML 80-QP	≥80	>5	≤7	≤2

表 2-3　　　　　　　　　建筑生石灰的物理性质（JC/T 479—2013）

名　称	产浆量/（dm³/10kg）	细　度	
		0.2mm 筛余量/%	90μm 筛余量/%
CL 90-Q	≥26	—	—
CL 90-QP	—	≤2	≤7
CL 85-Q	≥26	—	—
CL 85-QP	—	≤2	≤7
CL 75-Q	≥26	—	—
CL 75-QP	—	≤2	≤7
ML 85-Q	—	—	—
ML 85-QP	—	≤2	≤7
ML 80-Q	—	—	—
ML 80-QP	—	≤7	≤2

注：其他物理特性，根据用户要求，可按照 JC/T 478.1 进行测试。

建筑消石灰的技术要求包括其化学成分（CaO、MgO 和 SO_3 含量）应符合表 2-2 和物理性质应满足《建筑消石灰》（JC/T 481—2013）的规定，游离水含量应小于或等于 2%，0.2mm 筛余量小于或等于 2%，90μm 筛余量小于或等于 7%，安定性合格。

四、石灰的性质与应用

（一）石灰的性质

石灰与其他胶凝材料相比具有以下特性：

①保水性、可塑性好。经过熟化生成的氢氧化钙颗粒极其细小，比表面积（材料的总表面积与其质量的比值）很大，有利于氢氧化钙颗粒表面吸附较厚水膜，即石灰的保水性好。由于颗粒间的水膜较厚，颗粒间的滑移较易进行，即可塑性好。这一性质常被用来改善砂浆的保水性，以克服水泥砂浆保水性差的缺点。

②凝结硬化慢、强度低。石灰的凝结硬化过程很慢，且硬化后的强度很低。如 1：3 的石灰砂浆，28d 的抗压强度仅为 0.2～0.5MPa。

③耐水性差。潮湿环境中石灰浆体不会产生凝结硬化。硬化后的石灰浆体的主要成分为氢氧化钙，仅有少量的碳酸钙。由于氢氧化钙微溶于水，所以石灰的耐水性很差，软化系数接近于零，即在水中浸泡后，强度完全丧失。

④干燥收缩大。氢氧化钙颗粒吸附的大量水分，在凝结硬化过程中不断蒸发，并产生很大的毛细管压力，使石灰浆体产生很大的收缩而开裂，因此石灰除粉刷外不宜单独使用。

（二）石灰的应用

石灰在建筑上的主要用途如下：

1. 石灰乳涂料和砂浆

石灰加大量的水所得的稀浆，即为石灰乳。其主要用于要求不高的室内粉刷。

利用石灰膏或消石灰粉可配制成石灰砂浆或水泥石灰混合砂浆，用于抹灰和砌筑。利用生石灰粉配制砂浆时，生石灰粉熟化时放出的热可大大加速砂浆的凝结硬化（提高 30～40 倍），且加水量也较少，硬化后的强度较消石灰配制时高 2 倍。在磨细过程中，由于过火石灰也被磨成细粉，因而克服了过火石灰熟化慢而造成的体积安定性不良的危害，可不经陈伏直接使用，但用于罩面抹灰时，需要进行陈伏，陈伏时间应大于 3h。

2. 灰土和三合土

消石灰粉与黏土拌和后称为灰土或石灰土，再加砂或石屑、炉渣等即成三合土。由于消石灰粉的可塑性好，在夯实或压实下，灰土和三合土的密实度增加，并且黏土中含有少量的活性氧化硅和活性氧化铝与氢氧化钙反应生成了少量的水硬性产物——水化硅酸钙，所以二者的密实程度、强度和耐水性得到改善。因此，灰土和三合土广泛用于建筑物的基础和道路的垫层。

3. 硅酸盐混凝土及其制品

以石灰和硅质材料（如石英砂、粉煤灰、矿渣等）为主要原料，经磨细、配料、拌和、成型、养护（蒸汽养护或压蒸养护）等工序得到的人造石材，其主要产物为水化硅酸钙，因此称为硅酸盐混凝土。常用的硅酸盐混凝土制品有蒸汽养护和压蒸养护的各种粉煤灰砖及砌块、灰砂砖及砌块、加气混凝土等。

4. 碳化石灰板

将磨细的生石灰、纤维状填料（如玻璃纤维）或轻质骨料加水搅拌成型为坯体，然后再通入二氧化碳进行人工碳化（12～24h）而成的一种轻质板材。为减轻自重，提高碳化效果，通常制成薄壁或空心制品。碳化石灰板的可加工性能好，适合做非承重的内隔墙板、天花板等。

第三节　水　玻　璃

水玻璃（俗称泡花碱）是一种气硬性胶凝材料，在耐酸工程和耐热工程中常用来配制水玻璃胶泥、水玻璃砂浆及水玻璃混凝土，也可单独使用水玻璃或以水玻璃为主要原料配制涂料。

一、水玻璃的组成

水玻璃是一种水溶性硅酸盐。其化学式为 $R_2O \cdot nSiO_2$，式中 R_2O 为碱金属氧化物，n 为 SiO_2 与 R_2O 摩尔数的比值，称为水玻璃的模数。n 值越大，则水玻璃的黏度越大、黏结力与强度及耐酸、耐热性越高，但也越难溶于水，且黏度太大不利于施工。同一模数的水玻璃，其浓度（或密度）增加，则黏度增大，黏结力与强度及耐酸、耐热性均提高，但太大时不利于施工。建筑上常用的水玻璃是硅酸钠（$Na_2O \cdot nSiO_2$）的水溶液，要求高时也使用硅酸钾（$K_2O \cdot nSiO_2$）的水溶液。常用水玻璃模数为 2.2～3.2，密度为 1.3～1.5g/cm^3。

二、水玻璃的硬化

水玻璃在空气中吸收二氧化碳，生成无定形的二氧化硅凝胶（又称硅酸凝胶），凝胶脱水转成为二氧化硅而硬化（又称自然硬化），其化学反应如下：

$$Na_2O \cdot nSiO_2 + CO_2 + mH_2O \longrightarrow Na_2CO_3 + nSiO_2 \cdot mH_2O$$

由于空气中的二氧化碳含量极少，上述反应缓慢，因此水玻璃在使用时常加入促硬剂，以加快其硬化速度，常用的促硬剂为氟硅酸钠（Na_2SiF_6）。

氟硅酸钠的适宜掺量一般为水玻璃的 12% ~ 15%，若掺量少于 12%，则其凝结硬化慢，强度低，并且存在有较多的没参加反应的水玻璃，当遇水时，残余水玻璃易溶于水，影响硬化后水玻璃的耐水性；若其掺量超过 15%，则凝结硬化过快，造成施工困难，且抗渗性和强度降低。

三、水玻璃的性质及应用

（一）黏结力强、强度较高

水玻璃在硬化后，其主要成分为二氧化硅凝胶和氧化硅，因而具有较高的黏结力和强度。用水玻璃配制的混凝土的抗压强度可达 15 ~ 40MPa。

（二）耐酸性好

由于水玻璃硬化后的主要成分为二氧化硅，它可以抵抗除氢氟酸、过热磷酸以外的几乎所有的无机酸和有机酸。它用于配制水玻璃耐酸混凝土、耐酸砂浆、耐酸胶泥等。

（三）耐热性好

水玻璃硬化后形成的二氧化硅网状骨架，在高温下强度下降不大。其可用于配制水玻璃耐热混凝土、耐热砂浆、耐热胶泥等。

（四）耐碱性和耐水性差

水玻璃在加入氟硅酸钠后仍不能完全反应，硬化后的水玻璃中仍含有一定量的 $Na_2O \cdot nSiO_2$。由于 SiO_2 和 $Na_2O \cdot nSiO_2$ 均可溶于碱，且 $Na_2O \cdot nSiO_2$ 可溶于水，所以水玻璃硬化后不耐碱，不耐水。为提高耐水性，常采用中等浓度的酸对已硬化的水玻璃进行酸洗处理。

水玻璃除用于耐热和耐酸材料外，还有用于配制涂料，提高抗风化能力，还可用作灌浆材料和速凝防水剂。

水玻璃应在密闭条件下存放。长时间存放后，水玻璃会产生一定的沉淀，使用时应搅拌均匀。

工业中使用的硅酸钠主要分为两类：Ⅰ类是液体硅酸钠，Ⅱ类是固体硅酸钠。工业硅酸钠应符合《工业液体硅酸钠和固体硅酸钠》（GB/T 4209—2008）的要求。

第四节 镁质胶凝材料

镁质胶凝材料又称菱苦土、镁氧水泥、氯氧镁水泥，是以天然菱镁矿（$MgCO_3$）为主要原料，经 700 ~ 850℃煅烧后磨细而得的以氧化镁（MgO）为主要成分的气硬性胶凝材料。

镁质胶凝材料在使用时，若与水拌和，则迅速水化生成氢氧化镁，并放出较多的热量。由于氢氧化镁在水中溶解度很小，生成的氢氧化镁立即沉淀析出，其内部结构松散，且浆体的凝结硬化也很慢，硬化后的强度也低。因此，菱苦土在使用时常用氯化镁水溶液（$MgCl_2 \cdot 6H_2O$，也称卤水）来拌制，其硬化后的主要产物是氧氯化镁与氢氧化镁。

氯化镁的适宜用量为55%～60%（以 $MgCl_2 \cdot 6H_2O$ 计）。采用氯化镁水溶液拌制的浆体，其初凝时间为30～60min，1d强度可达最高强度的60%～80%，7d左右可达最高强度（40～70MPa），体积密度为1000～1100kg/m³。

镁质胶凝材料突出的特点是能与植物纤维及矿物纤维很好地结合，而且碱性较弱，不会腐蚀纤维，因此常将它与刨花、木丝、木屑、亚麻屑或玻璃纤维等复合制成刨花板、木丝板、木屑板、玻璃纤维增强板等，作内墙、隔墙、天花板等用，也可压制成各种构件用作窗台板、门窗框等，也可加工成管材产品。

镁质胶凝材料显著的缺点是吸湿性大、耐水性差，当空气相对湿度大于80%时，制品易吸潮产生变形或翘曲现象，且伴随表面泛霜（返卤）的现象。为克服上述缺陷，可添加少量磷酸或磷酸盐或者水溶性的或水乳型的高分子聚合物等，或者采用硫酸镁代替氯化镁作为调和剂。

本 章 小 结

本章主要讲解四种气硬性胶凝材料的化学组成、性能与应用。根据化学组成和反应过程，可以很容易记忆其性能与应用领域。

气硬性胶凝材料与水硬性胶凝材料相比，在空气中可以硬化，在水中使用时强度下降，一般不适合于潮湿及有水环境，主要包含石膏、石灰、水玻璃及镁质胶凝材料。但是气硬性胶凝材料在与其他材料结合使用时，可以制备成水硬性胶凝材料。

建筑石膏是由半水石膏组成，在凝结硬化时较快，使用时一般需要加入缓凝剂（如动物胶等的组成），形成的产物为二水石膏，在凝结硬化过程中具有体积微膨胀特性，因此可以用于墙面涂刷，使墙面饱满，具有良好的饰面效果。由于孔隙率大，保温、吸声、调湿性好，强度低，防水性差，如果遇到火灾，二水石膏脱水起到防火作用。

生石灰与石膏相比，主要成分为氧化钙，水化过程中放热量大，体积膨胀大，因此凝结硬化慢、强度低，水化后生成氢氧化钙，微溶于水，耐水性差，干燥收缩大，除粉刷外，一般需要与其他材料一起使用。配制的三合土由于生成水硬性胶凝产物，可以用于有水环境。

水玻璃的主要成分为硅酸钠，硬化后的成分主要为二氧化硅凝胶和氧化硅，因此黏结力强、强度较高，耐酸、耐热性好，耐碱和耐水性差，主要用于制备耐热混凝土和砂浆或者灌浆料等。镁质胶凝材料主要成分为氧化镁，为提高反应速度，采用氯化镁水溶液制备，与植物纤维及矿物纤维或木屑等结合良好，可以制备成板材和管件等。

习题与思考题

2-1　什么是气硬性胶凝材料与水硬性胶凝材料？

2-2　石膏的种类有哪些？建筑中常用的石膏是哪种石膏？建筑石膏在使用时，为什么常常要加入动物胶？

2-3　为什么说建筑石膏是一种很好的室内装饰材料？一般建筑石膏及其制品为什么适用于室内，而不适用于室外？

2-4　生石灰和熟石灰的成分是什么？什么是生石灰的熟化？

2-5　过火石灰、欠火石灰分别是什么？它们分别对石灰的性能有什么影响？过火石灰的危害举例：某建筑的内墙使用石灰砂浆抹面，数月后墙面上出现了许多不规则的网状裂纹，同时个别部位还有一部分凸出的呈放射状裂纹。试分析上述现象产生的原因。

2-6　石灰属于气硬性胶凝材料，本身不耐水，但配制成的灰土或三合土却可用于基础的垫层、道路的基层等潮湿部位，为什么？

2-7　使用水玻璃时为什么要用促硬剂？常用的促硬剂是什么？水玻璃的主要性质和用途有哪些？

第三章 水 泥

◎**自学时数**

6 学时。

◎**教师导学**

通过学习本章内容，熟悉硅酸盐水泥的性质，以期在工程中能合理选用；掌握硅酸盐水泥熟料矿物的组成及其特性，了解硅酸盐水泥的水化产物及其特征；掌握硅酸盐水泥的性质与应用；了解硅酸盐水泥凝结硬化过程及技术要求。在此基础上掌握其他通用硅酸盐水泥的特点。对特种水泥有一般了解。

本章的重点是通用硅酸盐水泥中的硅酸盐水泥。

本章的难点是掌握通用硅酸盐水泥的组成、性质与技术要求，根据工程特点正确选用水泥。

水泥是一种在土木工程中应用广泛的水硬性胶凝材料。它不仅能在空气中硬化，而且能在水中更好地硬化，保持和继续发展其强度。以水泥、砂、石和水为主要原料配制而成的混凝土，是当今世界上用量最大的人造材料，混凝土与钢筋混凝土广泛用于建造房屋、桥梁、道路、港口、机场、隧道、水坝、电站、矿山等各类基础设施工程。水泥是混凝土的基础组成材料，水泥水化后形成的水泥石将砂、石等"黏合"在一起，形成具有强度的整体材料。从 1824 年开始，水泥的发明与使用开启了建筑业的新纪元，全球的水泥产量从 1880 年不足 200 万吨，到 2013 年已超过 40 亿吨。我国处于基础设施建设快速发展时期，水泥产量目前居世界首位，占世界产量的 60%。

水泥的品种很多，按其矿物组成可分为硅酸盐类水泥、铝酸盐类水泥及硫铝酸盐类水泥等；按其特性和用途可分为通用水泥、专用水泥和特性水泥等。硅酸盐类水泥能满足大部分工程建设的需求，是建筑工程中使用最多的水泥。本章内容以硅酸盐类通用水泥为主，又称为通用硅酸盐水泥。

第一节 水泥的生产与性能

一、原料与生产

（一）水泥的原料

1. 生产水泥熟料的原料

生产通用硅酸盐水泥的主要原料包括石灰质原料和黏土质原料。石灰质原料主要提供氧化钙，如石灰石、白垩等；黏土质原料主要提供氧化硅、氧化铝、氧化铁，如黏土、黄土、页岩等。有时为调整化学成分还需加入少量铁质和硅质校正原料，如铁矿石、砂岩等。

2. 石膏

为调整硅酸盐凝结时间，在生产的最后阶段还要加入适量石膏。

3. 混合材料

掺入水泥或混凝土中的人工或天然矿物材料称为混合材料。混合材料分为活性混合材料和非活性混合材料。

（1）活性混合材料

常温下能与氢氧化钙和水发生反应，生成水硬性水化产物，并能逐渐凝结硬化产生强度的混合材料称为活性混合材料。活性混合材料的主要作用是改善水泥的某些性能，还具有扩大水泥应用范围、降低水化热和降低成本的作用。活性混合材料主要包括以下几种：

①粒化高炉矿渣。粒化高炉矿渣是高炉炼铁的熔融矿渣，经水或水蒸气急速冷却处理所得到的质地疏松、多孔的粒状物，也称水淬矿渣。粒化高炉矿渣在急冷过程中，熔融矿渣的黏度增加很快，来不及结晶，大部分呈玻璃态，储存有潜在的化学能。如熔融矿渣任其自然冷却，凝固后成结晶态，活性很小，属非活性混合材料。粒化高炉矿渣的活性来源主要是活性氧化硅和活性氧化铝。

矿渣中的 $CaO/SiO_2/Al_2O_3$ 含量占 90% 以上，其化学组成与硅酸盐水泥类似，只是 CaO 含量较低，而 Al_2O_3 含量较高，所以，有的粒化高炉矿渣磨细后本身就有微弱水硬性。

②火山灰质混合材料。泛指以活性氧化硅和活性氧化铝为主要成分的活性混合材料。它的应用是从火山灰开始的，故而得名，其实并不限于火山灰。按其活性主要来源又分为如下三类：

a. 含水硅酸质混合材料。主要有硅藻土、蛋白石、硅质渣等。活性来源为活性氧化硅。

b. 铝硅玻璃质混合材料。主要是火山爆发喷出的熔融岩浆在空气中急速冷却所形成的玻璃质多孔的岩石，如火山灰、浮石、凝灰岩等。活性来源于活性氧化硅和活性氧化铝。

c. 烧黏土质混合材料。主要有烧黏土、炉渣、燃烧过的煤矸石等。其活性来源是活性氧化铝和活性氧化硅。掺这种混合材料的水泥水化后水化铝酸钙的含量较高，其抗硫酸盐腐蚀性差。

③粉煤灰。粉煤灰是火力发电厂以煤粉为燃料燃烧后从烟气中收集下来的灰渣，经急速冷却而形成。粉煤灰多为 $1 \sim 50 \mu m$ 玻璃态的实心或空心球形颗粒。就其活性来源，也属于火山灰质混合材料，但它是大宗的工业废料，急待利用，因此我国水泥标准将其单独列出。

（2）非活性混合材料

常温下不能与氢氧化钙和水发生反应或反应甚微，也不能产生凝结硬化的混合材料称为非活性混合材料。它掺在水泥中主要起填充作用，如扩大水泥强度等级范围，降低水化热，增加产量，降低成本等。

常用的非活性混合材料主要有石灰石、石英砂、自然冷却的矿渣等。

（二）水泥的生产

通用硅酸盐水泥生产的简要过程如图 3-1 所示。首先将原料和校正原料按一定比例混合后在磨机中磨到一定细度，制成生料。然后将生料入窑煅烧。煅烧时，首先生料在 500℃ 以下干燥脱水，然后在 1300～1450℃ 的温度下烧成，形成硅酸钙为主的化合物，最后快速冷却形成硅酸盐水泥熟料矿物。煅烧后获得的黑色球状物即为熟料。熟料与少量石膏或者再加入一定比例的混合材料共同磨细即成通用硅酸盐水泥。水泥生产的主要工艺可概括为"两磨"、"一烧"。

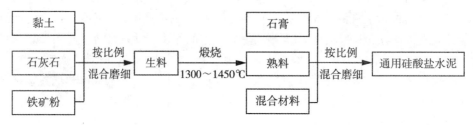

图 3-1 通用硅酸盐水泥生产流程示意图

二、熟料及性能

熟料是通用硅酸盐水泥的主要组成，熟料的水化硬化是水泥强度的主要成因。

硅酸盐水泥熟料的主要矿物的名称和含量如下：

硅酸三钙（$3CaO \cdot SiO_2$，简称 C_3S）含量为 37%～60%；

硅酸二钙（$2CaO \cdot SiO_2$，简称 C_2S）含量为 15%～37%；

铝酸三钙（$3CaO \cdot Al_2O_3$，简称 C_3A）含量为 7%～15%；

铁铝酸四钙（$4CaO \cdot Al_2O_3 \cdot Fe_2O_3$，简称 C_4AF）含量 10%～18%。

前两种统称硅酸钙矿物，一般占总量的 75%～82%。国家标准《通用硅酸盐水泥》（GB 175—2007）中规定硅酸钙矿物含量不小于 66%，氧化钙和氧化硅质量比不小于 2.0。

各种熟料矿物单独的水化特性见表 3-1。

表 3-1　　　　　　　　　　**通用硅酸盐水泥熟料主要矿物的特性**

矿物名称		硅酸三钙	硅酸二钙	铝酸三钙	铁铝酸四钙
水化特性	水化速度	快	慢	很快	快
	放热量	大	小	很大	中
	早期强度	高	低	低	高
	后期强度	高	高	低	低

注：表中的放热量是指单位质量矿物水化放出的热量。

水泥熟料中硅酸三钙含量大，水化速度快，28d内基本水化完毕，硅酸盐水泥的28d强度主要由硅酸三钙的水化决定。硅酸二钙水化较慢，约半年才能达到硅酸三钙28d的强度。铝酸三钙强度低。铁铝酸四钙的强度发展较快，但强度较低。

由上述各种熟料矿物的水化特性可见，改变水泥熟料的矿物组成，可生产各种性能和用途的水泥。例如，适当提高熟料中 C_3S 和 C_3A 的含量，可生产出硬化快、强度高的水泥。

三、水泥的凝结硬化

水泥加水搅拌后，水泥颗粒分散于水中形成具有一定可塑性的浆体，同时水泥颗粒中的熟料矿物与水发生化学反应生成水化产物，并同时放出热量。随着水化反应的进行，水泥浆在一定时间后逐渐变稠并失去可塑性，这一过程称为凝结。随着时间的继续增长产生强度，形成坚硬的水泥石，这一过程称为硬化。水泥的凝结硬化是一个连续的、复杂的物理化学过程。

（一）水泥熟料的水化反应

水泥熟料中主要矿物的水化过程及其产物如下：

1. 硅酸三钙的水化过程

在水泥矿物中，硅酸三钙含量最高，水化反应较快，放热量最大，水化产物为水化硅酸钙凝胶（C–S–H）和氢氧化钙（CH）：

$$2(3CaO \cdot SiO_2) + 6H_2O \longrightarrow 3CaO \cdot 2SiO_2 \cdot 3H_2O(水化硅酸钙凝胶) + 3Ca(OH)_2$$

生成的水化硅酸钙几乎不溶于水，以胶体微粒析出并逐渐聚集而成为凝胶。水化硅酸钙凝胶具有很高的强度。水化生成的氢氧化钙很快在溶液中达到饱和并以晶体析出。氢氧化钙的强度、耐水性及耐腐蚀性很差。

2. 硅酸二钙的水化过程

硅酸二钙的水化反应较慢，水化放热量小，水化产物与硅酸三钙相同，但数量不同。

$$2(2CaO \cdot SiO_2) + 4H_2O \longrightarrow 3CaO \cdot 2SiO_2 \cdot 3H_2O(水化硅酸钙凝胶) + Ca(OH)_2$$

3. 铝酸三钙的水化过程

铝酸三钙的水化反应极快，生成水化铝酸三钙，水化放热量很大。单独水化会引起快凝。

$$3CaO \cdot Al_2O_3 + 6H_2O \longrightarrow 3CaO \cdot Al_2O_3 \cdot 6H_2O$$

水化铝酸三钙为晶体，易溶于水，它在氢氧化钙饱和溶液中，能与氢氧化钙进一步反应，生成水化铝酸四钙($4CaO \cdot Al_2O_3 \cdot 12H_2O$)。二者强度都低，且耐硫酸盐腐蚀性很差。

4. 铁铝酸四钙的水化过程

铁铝酸四钙与水作用反应也较快，水化热中等，生成水化铝酸三钙及水化铁酸钙凝胶。

$$4CaO \cdot Al_2O_3 \cdot Fe_2O_3 + 7H_2O \longrightarrow 3CaO \cdot Al_2O_3 \cdot 6H_2O + CaO \cdot Fe_2O_3 \cdot H_2O(水化铁酸钙)$$

后者强度也很低。

5. 石膏的水化过程

掺入适量石膏（一般为水泥质量的 3% ~ 5%）的目的主要是调节凝结时间。石膏可与水化铝酸三钙反应生成高硫型水化硫铝酸三钙（AFt），也称为钙矾石。水化硫铝酸三钙是难溶于水的针状晶体，它生成后即沉淀在熟料颗粒的周围，阻碍了水化的进行，起到缓凝的作用，其反应如下：

$$3CaO \cdot Al_2O_3 \cdot 6H_2O + 3(CaSO_4 \cdot 2H_2O) + 19H_2O \rightarrow 3CaO \cdot Al_2O_3 \cdot 3CaSO_4 \cdot 31H_2O$$
（高硫型水化硫铝酸三钙）

当石膏消耗完毕后，部分高硫型水化硫铝酸三钙和水化铝酸三钙反应生成单硫型水化硫铝酸钙（AFm）。

综上所述，如果忽略一些次要的和少量的成分，则硅酸盐水泥与水作用后，生成的主要产物有：水化硅酸钙和水化铁酸钙凝胶、氢氧化钙、水化铝酸钙和水化硫铝酸钙晶体。水泥完全水化后，水化硅酸钙约占 70%，氢氧化钙约占 20%，水化硫铝酸钙约占 7%。

（二）活性混合材料的水化反应

磨细的活性混合材料与水拌和后，不会产生水化及凝结硬化（仅某些粒化高炉矿渣有微弱的反应）。但活性混合材料在氢氧化钙饱和溶液中，在常温下就会产生明显的水化反应：

$$xCa(OH)_2 + SiO_2 + m\,H_2O \longrightarrow xCaO \cdot SiO_2 \cdot (x+m)H_2O$$
$$xCa(OH)_2 + Al_2O_3 + n\,H_2O \longrightarrow xCaO \cdot Al_2O_3 \cdot (x+n)H_2O$$

生成的水化硅酸钙和水化铝酸钙是具有水硬性的水化物（式中的系数 x，y 值与介质的石灰浓度、温度和作用时间有关，约为 1 或略大于 1）。当有石膏存在时，水化铝酸钙还可以和石膏进一步反应生成水硬性产物水化硫铝酸钙。

可以看出，活性混合材料的活性是在氢氧化钙和石膏作用下才激发出来的，故称它们为活性混合材料的激发剂。

当掺有活性混合材料的通用硅酸盐水泥与水拌和后，首先的反应是水泥熟料的水化，生成氢氧化钙。然后，它与掺入的石膏作为活性混合材料的激发剂，产生上述的反应（称二次反应）。二次反应的速度较慢，因此可有效降低水化放热速度，适宜于大体积混凝土。但在冬季施工时则需注意。

（三）水泥的凝结硬化过程

水泥的凝结硬化是一个复杂而连续的物理化学过程。水泥与水拌和后，水泥颗粒表面的熟料矿物立即溶于水，并与水发生水化反应，生成水化产物和放热。生成的水化产物溶解度很小，不断沉淀析出。这个时期水化产物生成的速度很快而来不及扩散，便附着在水泥颗粒的表面形成膜层。膜层以水化硅酸钙凝胶为主体，其中分布着氢氧化钙等晶体。在这个阶段水泥颗粒呈分散状态，水泥浆的可塑性基本保持不变。

随着水化反应的进一步进行，水化产物不断增多，自由水分不断减少，颗粒间距离逐渐减小，逐渐相互接触并形成网状凝聚结构。此时，水泥浆体开始变稠，失去可塑性，表现为初凝。

随着水化产物不断增多，水泥之间的空隙逐渐缩小为毛细孔，水化生成物进一步填充毛细孔，毛细孔越来越少，使水泥浆结构更加紧密，逐渐产生强度，表现为终凝。在适宜的温度和湿度条件下，在若干年内水泥强度可继续增长。

（四）水泥石的构造及其强度的影响因素

1. 水泥石的构造

水泥浆体硬化后的石状物称为水泥石。水泥石是由水泥水化产物（凝胶、晶体）、未水化水泥颗粒内核和毛细孔（孔隙）等组成的非均质体，如图 3-2 所示。

①水泥水化产物。水化产物包括凝胶和晶体，其中水化硅酸钙凝胶是水泥石的主要组成成分，它占水化产物的 70% 左右，对水泥石的强度及其他性质起决定作用。

②未水化的水泥颗粒内核。水泥水化是一个长期的过程，水泥石中经常存在未水化完的水泥颗粒内核。

③毛细孔。毛细孔是水泥石中未被水化产物填充的空间，也就是孔隙，对强度和耐久性影响较大。

水泥的水化程度越高，则水化产物的含量越多，未水化的水泥颗粒内核和毛细孔含量越少。

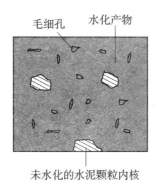

图 3-2　水泥石构造示意图

2. 水泥石强度的影响因素

（1）水灰比

拌和水泥浆时，水与水泥的质量比称为水灰比。水灰比越大，水泥浆流动性越好，但凝结硬化和强度发展越慢，硬化后的水泥石中毛细孔的含量越多，强度也越低。反之，凝结硬化和强度发展越快，强度越高。因此，在保证成型质量的前提下，应降低水灰比，以提高水泥石的硬化速度和强度。

（2）养护时间

水泥的水化程度随养护时间而增加，因此随着养护时间延长，凝胶体数量增加，毛细孔减少，强度不断增长。

（3）温度和湿度

温度升高，水泥水化反应加速，强度增长也快；温度降低则水化减慢，强度增长也趋缓，水完全结冰后水化停止。上述影响主要表现在水化初期，对后期影响不大。

水泥的水化及凝结硬化必须在有足够的水分的条件下进行。如果环境干燥，水分将很快蒸发，水泥浆体中缺乏水泥水化所需的水分，使水化不能正常进行，强度也不再增长，还可能使水泥石或水泥制品表面产生干缩裂纹。因此，水泥水化需进行一定的保湿措施。

四、水泥石的腐蚀及防护

（一）水泥石腐蚀的类型

硅酸盐水泥水化硬化后形成的水泥石在通常情况下具有较高的耐久性，其强度在几年，甚至几十年仍在随水化进行而继续增长。但水泥石在腐蚀性液体或气体的作用下，结构会受到破坏，甚至完全破坏，此即水泥石的腐蚀。下面为几种典型的腐蚀类型。

1. 软水侵蚀（溶出性侵蚀）

软水指硬度低的水，如雨水、雪水、冷凝水、含重碳酸盐少的河水和湖水。

当水泥石长期与软水接触时，其中一些水化物将依照溶解度的大小，依次逐渐被溶解。在各种水化物中，氢氧化钙的溶解度最大，所以首先被溶解。如在静水和无水压的情况下由于周围的水迅速被溶出的氢氧化钙所饱和，溶出作用很快终止。所以溶出仅限于表面，影响不大。但在流动水中，尤其在有压力的水中，或者水泥石渗透性较大的情况下，水流不断将氢氧化钙溶出并带走，降低了周围介质中氢氧化钙的浓度。随着氢氧化钙浓度的降低，其他水化物，如水化硅酸钙、水化铝酸钙，也将发生分解，使水泥石结构遭到破坏，强度不断降低，最后引起整个构筑物毁坏。有人发现，当氢氧化钙溶出5%时，强度下降7%，溶出24%时，强度下降29%。

当环境水的水质较硬，即水中的重碳酸盐含量较高时，它可与水泥石中的氢氧化钙作用，生成几乎不溶于水的碳酸钙：

$$Ca(OH)_2 + Ca(HCO_3)_2 \longrightarrow 2CaCO_3 + 2H_2O$$
$$（重碳酸钙）$$

生成的碳酸钙积集在水泥石的孔隙内，形成密实的保护层。所以，水的暂时硬度越高，对水泥石腐蚀越小；反之，水质越软，侵蚀性越大。对密实度高的混凝土来说，溶出性侵蚀一般发展很慢。

2. 酸类腐蚀

（1）碳酸腐蚀

在某些工业废水和地下水中，常溶有一定量的二氧化碳及其盐类。当水中二氧化碳的浓度较低时，水泥石中的氢氧化钙受其作用，生成碳酸钙：

$$CO_2 + H_2O + Ca(OH)_2 \longrightarrow CaCO_3 + H_2O$$

显然，这不会对水泥石造成腐蚀。但当水中二氧化碳的浓度较高时，它与生成的碳酸钙进一步反应：

$$CO_2 + H_2O + CaCO_3 \longrightarrow Ca(HCO_3)_2$$

生成的重碳酸钙易溶于水。在天然水中常含有一定浓度的重碳酸盐，所以只有当水中二氧化碳的浓度超过反应平衡浓度时，反应才向右进行。即将水泥石微溶的氢氧化钙转变为易溶的重碳酸钙，加剧了溶蚀，孔隙率增加，水泥石受到腐蚀。

（2）一般酸腐蚀

在工业废水、地下水、沼泽水中常含有无机酸和有机酸。它们对水泥石有不同程度的腐蚀作用。它们与水泥石中氢氧化钙反应的生成物，或溶于水，或体积膨胀，使水泥石遭受腐蚀，并且由于氢氧化钙被大量消耗，引起水泥石的碱度降低，促使其水化物分解，使水泥石进一步腐蚀。腐蚀作用最快的无机酸有盐酸、氟酸、硝酸和硫酸，有机酸有醋酸、蚁酸和乳酸。

例如，盐酸与水泥石中的氢氧化钙作用：

$$2HCl+Ca(OH)_2\longrightarrow CaCl_2+2H_2O$$

生成的氯化钙易溶于水。

又如，硫酸与水泥石中的氢氧化钙作用：

$$H_2SO_4+Ca(OH)_2\longrightarrow CaSO_4\cdot 2H_2O$$

生成二水石膏，或者直接在水泥石孔隙中结晶产生膨胀，或再与水泥石的水化硫铝酸钙作用生成高硫型水化硫铝酸钙，其破坏作用更大。

3. 盐类腐蚀

(1)硫酸盐腐蚀

一般的河水和湖水中，硫酸盐含量不多，而在海水、盐沼水、地下水及某些工业污染水中常含有钠、钾、铵等硫酸盐，它们对水泥石有腐蚀作用。

现以含硫酸钠的水为例，说明其对水泥石的腐蚀。硫酸钠与水泥石中的氢氧化钙作用，生成二水硫酸钙：

$$Ca(OH)_2+Na_2SO_4+10H_2O\longrightarrow CaSO_4\cdot 2H_2O+2NaOH+8H_2O$$

然后，生成的硫酸钙和水化铝酸钙作用，生成高硫型水化硫铝酸三钙：

$$3CaO\cdot Al_2O_3\cdot 6H_2O+3(CaSO_4\cdot 2H_2O)+19H_2O\rightarrow 3CaO\cdot Al_2O_3\cdot 3CaSO_4\cdot 31H_2O$$

高硫型水化硫铝酸三钙含有大量的结晶水，其体积较原来体积增加1.5倍，产生巨大的膨胀力，使水泥石遭到破坏。高硫型水化硫铝酸三钙是针状晶体，有人称它为"水泥杆菌"，以形容其对水泥石的危害。

当水中硫酸盐浓度很高时，生成的硫酸钙以二水石膏的形式，在水泥石毛细孔中结晶析出。二水石膏结晶时体积增大，同样也会造成水泥石膨胀破坏。

(2)镁盐腐蚀

海水及地下水中常含有大量镁盐，主要是硫酸镁和氯化镁。它们可与水泥石中的氢氧化钙发生置换反应：

$$MgCl_2+Ca(OH)_2\longrightarrow CaCl_2+Mg(OH)_2$$

$$MgSO_4+Ca(OH)_2\longrightarrow CaSO_4+Mg(OH)_2$$

生成的氢氧化镁松软而无胶结能力，生成的硫酸钙又将产生硫酸盐腐蚀。因此，硫酸镁腐蚀属于双重腐蚀，腐蚀特别严重。

（二）水泥石腐蚀的原因和防腐措施

通过上述几种腐蚀类型，可以得出水泥受腐蚀的基本原因是：

①水泥石中存在的氢氧化钙、水化铝酸钙等水化物是造成腐蚀的内在原因；

②水泥石本身不密实，含有大量的毛细孔，外部介质得以进入。

防止水泥腐蚀的措施主要有以下几点：

1. 合理选择水泥品种

水泥品种的选择必须根据腐蚀介质的种类来确定。例如，水泥石受软水侵蚀时，可选用水化物中氢氧化钙含量较少的水泥；水泥石处于硫酸盐腐蚀的环境中，可选用铝酸三钙含量较少的抗硫酸盐水泥。

2. 提高水泥石的密实度

水泥石越密实抗渗能力越强，侵蚀介质也越难进入。可降低水灰比提高水泥石的密实度。有些工程因水泥石不够密实而过早破坏。相反，水泥石密实度很高，即使所用水泥品种不甚理想，也能减轻腐蚀。提高水泥密实度对抵抗软水侵蚀具有更为明显的效果。

3. 设置保护层

当腐蚀作用较强，采用上述措施也难以满足防腐要求时，可在混凝土等水泥制品表面设置保护层。一般可用耐酸石材、耐酸陶瓷、玻璃、塑料、沥青等。

4. 掺加混合材料

可掺加活性矿物掺合料，改善水泥石的孔隙结构，提高抗渗性。

第二节　通用硅酸盐水泥

国家标准《通用硅酸盐水泥》（GB 175—2007）对通用硅酸盐水泥的定义为：以硅酸盐水泥熟料和适量的石膏及规定的混合材料制成的水硬性胶凝材料。通用硅酸盐水泥按混合材料的品种和掺量分为硅酸盐水泥、普通硅酸盐水泥、矿渣硅酸盐水泥、火山灰质硅酸盐水泥、粉煤灰硅酸盐水泥和复合硅酸盐水泥。

一、硅酸盐水泥

国家标准《通用硅酸盐水泥》（GB 175—2007）对硅酸盐水泥的定义为：凡由硅酸盐水泥熟料、0%～5%的石灰石或粒化高炉矿渣，适量石膏磨细制成的水硬性胶凝材料称为硅酸盐水泥，也称波特兰水泥。硅酸盐水泥分为两种类型，未掺混合材料的称为 Ⅰ 型硅酸盐水泥（代号 P·Ⅰ）；掺加混合材料不超过 5% 的称为 Ⅱ 型硅酸盐水泥（代号 P·Ⅱ）。

（一）硅酸盐水泥的技术要求

按国家标准《通用硅酸盐水泥》（GB 175—2007）对硅酸盐水泥提出如下的技术要求：

1. 细度

细度是指水泥颗粒的粗细程度。细度对水泥的性质有很大的影响，水泥颗粒越细，其比表面积（单位质量的表面积）越大，因而水化较快也较充分，水泥的早期强度和后期强度均较高。但磨制过细将消耗较多的能量，成本提高，而且在空气中硬化时收缩较大，因此水泥的细度要适当。国家标准规定，硅酸盐水泥的细度以比表面积表示，不小于 $300m^2/kg$。

2. 凝结时间

水泥的凝结时间分初凝和终凝。自水泥加水拌和起到水泥浆开始失去可塑性的时间称为初凝时间；自水泥加水拌和算起到水泥浆完全失去可塑性的时间称为终凝时间。

水泥凝结时间在施工中具有重要作用。初凝时间不宜过早，以便有足够的时间对混凝土进行搅拌、运输和浇注。当浇注完毕，则要求混凝土尽快凝结硬化，以利于下道工序的进行。为此，终凝时间又不宜过迟。

水泥凝结时间的测定，是以标准稠度的水泥浆，在规定温度和湿度条件下，用凝结时间测定仪测定的。国家标准规定，初凝时间不得早于 45min，终凝时间不得迟于 390min。初凝时间不合格的为废品，终凝时间不合格的为不合格品。

3. 体积安定性

水泥体积安定性是指水泥在凝结硬化过程中，体积变化的均匀性。如水泥硬化后产生不均匀的体积变化，即体积安定性不良。

引起体积安定性不良的原因是水泥中含有过多的游离氧化钙和游离氧化镁。它们是在高温下生成的，水化很慢，在水泥已经凝结硬化后才进行水化产生体积膨胀，破坏已经硬化的水泥石结构，引起龟裂、弯曲、崩溃等现象。

当水泥中石膏掺量过多时，在水泥硬化后，三氧化硫离子还会继续与固态的水化铝酸钙反应生成高硫型水化硫铝酸钙，体积膨胀，引起水泥石开裂。

国家标准规定，水泥的体积安定性用沸煮法（饼法和雷氏法）来检验。饼法是观察水泥净浆试饼沸煮后的外形变化，目测试饼未出现裂缝，也没有弯曲，即认为体积安定性合格。雷氏法则是测定水泥净浆在雷氏夹中煮沸后的膨胀值，若膨胀值不大于规定值，即认为体积安定性合格。当饼法与雷氏法所得结论有争议时，以雷氏法为准。

游离氧化镁的水化速度比游离氧化钙更缓慢，由游离氧化镁引起的安定性不良，必须采用压蒸法才能检验出来。由三氧化硫造成的体积安定性不良，则需长期浸泡在常温水中才能发现。由于上述原因引起的体积安定性不良不便于检验，在生产时限制水泥中氧化镁含量（质量分数）不得超过 5%（如果水泥压蒸试验合格，则水泥中氧化镁的含量允许放宽至 6.0%），三氧化硫不得超过 3.5%。

体积安定性不合格的水泥属于废品，不得使用。但某些体积安定性不合格的水泥在放置一段时间后，由于水泥中游离氧化钙吸收空气中的水蒸气而水化，变得合格。

4. 硅酸盐水泥强度与强度等级

硅酸盐水泥的强度主要取决于水泥熟料矿物的相对含量和水泥细度。此外，还与试验方法、养护条件及养护时间（龄期）有关。

国家标准《水泥胶砂强度检验方法》（GB/T 17671—2005）规定，水泥的强度是由水泥胶砂试件测定的。将水泥、中国 ISO 标准砂和水按规定的比例和方法拌制成塑性水泥胶砂，并按规定方法成型为 40mm×40mm×160mm 的试件，在标准养护条件（20℃±1℃）下，养护至 3d 和 28d，测定各龄期的抗折强度和抗压强度。据此将硅酸盐水泥分为 42.5、42.5R、52.5、52.5R、62.5、62.5R 六个强度等级，R 代表早强型硅酸盐水泥。各强度等级硅酸盐水泥各龄期的强度应符合表 3-2 中的规定。

（二）硅酸盐水泥的性质与应用

1. 强度等级高，强度发展快

硅酸盐水泥强度等级较高，适用于地上、地下和水中重要结构的高强混凝土和预应力混凝土工程。这种水泥硬化较快，还适用于要求早期强度高和冬季施工的混凝土工程。

2. 水化热高

硅酸盐水泥中含有大量的硅酸三钙和较多的铝酸三钙，其水化放热速度快，放热量高。对大型基础、大坝、桥墩等大体积混凝土，由于水化热聚集在内部不易散发，而形成温差应力，可导致混凝土产生裂纹。所以，硅酸盐水泥不得单独直接用于大体积混凝土。

表 3-2　　　　　各强度等级硅酸盐水泥各龄期的强度值 （GB 175—2007）　　　单位：MPa

强度等级	抗 压 强 度		抗 折 强 度	
	3d	28d	3d	28d
42.5	≥17.0	≥42.5	≥3.5	≥6.5
42.5R	≥22.0	≥42.5	≥4.0	≥6.5
52.5	≥23.0	≥52.5	≥4.0	≥7.0
52.5R	≥27.0	≥52.5	≥5.0	≥7.0
62.5	≥28.0	≥62.5	≥5.0	≥8.0
62.5R	≥32.0	≥62.5	≥5.5	≥8.0

3. 抗冻性好

水泥石抗冻性主要决定于孔隙率和孔隙特征。硅酸盐水泥如果采用较小的水灰比，并经充分养护，可获得密实的水泥石。因此，这种水泥适用于严寒地区遭受反复冻融的混凝土工程。

4. 抗碳化性好

水泥石中的氢氧化钙与空气中二氧化碳作用称为碳化。碳化使水泥的碱度 （pH值） 降低，引起水泥石收缩和钢筋锈蚀。硅酸盐水泥石中含有较多氢氧化钙，碳化时碱度不易降低。这种水泥制成的混凝土抗碳化性好，适合用于空气中二氧化碳浓度较高的环境，如翻砂、铸造车间。

5. 耐腐蚀性差

硅酸盐水泥石中含有较多的易受腐蚀的氢氧化钙和水化铝酸钙，不宜用于受流动的和有压力的软水作用的混凝土工程，也不宜用于受海水及其他腐蚀性介质作用的混凝土工程。

6. 耐热性差

水泥石中水化物在高温下会脱水和分解，导致水泥石遭受破坏。其中，氢氧化钙在高温下分解成氧化钙，若再吸湿或长期放置，氧化钙又会重新熟化，体积膨胀使水泥石再次受到破坏。可见，硅酸盐水泥是不耐热的，不得用于耐热混凝土工程。但应指出，硅酸盐水泥石在受热温度不高 （100～250℃） 时，由于内部存在游离水可使水化继续进行，且凝胶脱水使得水泥石进一步密实，水泥石强度反而提高。当受到短时间火灾时，因混凝土的导热系数相对较小，仅表面受到高温作用，内部温度仍很低，故不致发生破坏。

7. 干缩小

硅酸盐水泥硬化时发生干缩小，不易产生干缩裂纹。可用于干燥环境下的混凝土工程。

8. 耐磨性好

硅酸盐水泥的耐磨性好，且干缩小，表面不易起粉，可用于地面和道路工程。

硅酸盐水泥的运输储存应按国家标准的规定进行。必须指出，水泥应注意防潮，即使是在良好的储存条件下，水泥也不宜久存。因水泥在存放过程中会吸收空气中水蒸气和二氧化碳，产生水化和碳化，使水泥丧失胶结能力，强度下降。一般储存三个月后，强度降低 10% ~ 20%；六个月后降低 15% ~ 30%；一年后降低 25% ~ 40%。超过三个月的水泥须重新试验，确定其强度等级。

二、普通硅酸盐水泥

按国家标准《通用硅酸盐水泥》（GB 175—2007）的定义：凡由硅酸盐水泥熟料、6% ~ 20% 混合材料、适量石膏磨细制成的水硬性胶凝材料，称为普通硅酸盐水泥，简称普通水泥，代号为 P·O。掺活性混合材料时，最大掺量不得超过水泥质量的 20%，其中允许用不超过水泥质量 5% 的窑灰（应符合 JC/T 742 的规定）或不超过水泥质量 8% 的非活性混合材料来代替。掺非活性混合材料时，最大掺量不得超过水泥质量的 8%。

国家标准对普通硅酸盐水泥的技术要求有：

（一）细度

普通硅酸盐水泥以比表面积表示，不小于 $300m^2/kg$。

（二）凝结时间

普通硅酸盐水泥初凝不得早于 45min，终凝不得迟于 600min。

（三）强度等级

根据 3d 和 28d 龄期的抗折和抗压强度，将普通硅酸盐水泥划分为 42.5、42.5R、52.5、52.5R 四个强度等级，其中 R 代表早强型。各强度等级各龄期的强度应符合表 3-3 中的规定。

表 3-3　　**普通硅酸盐水泥各强度等级各龄期的强度值（GB 175—2007）**　　单位：MPa

强度等级	抗压强度		抗折强度	
	3d	28d	3d	28d
42.5	≥17.0	≥42.5	≥3.5	≥6.5
42.5R	≥22.0	≥42.5	≥4.0	≥6.5
52.5	≥23.0	≥52.5	≥4.0	≥7.0
52.5R	≥27.0	≥52.5	≥5.0	≥7.0

普通硅酸盐水泥体积安定性，氧化镁、三氧化硫含量等其他技术要求与硅酸盐水泥相同。

普通硅酸盐水泥中掺入少量混合材料的主要作用是扩大强度等级范围，以利于合理选用。由于混合材料掺量较少，其矿物组成的比例仍在硅酸盐水泥的范围内，所以其性能、应用范围与同强度等级的硅酸盐水泥相近。与硅酸盐水泥比较，早期硬化速度稍慢，强度略低；抗冻性、耐磨性及抗碳化性稍差；而耐腐蚀性稍好，水化热略有降低。

三、矿渣硅酸盐水泥、火山灰质硅酸盐水泥及粉煤灰硅酸盐水泥

这三种水泥可分别简称为矿渣水泥、火山灰水泥和粉煤灰水泥。

（一）矿渣水泥、火山灰水泥及粉煤灰水泥的组成与定义

按国家标准《通用硅酸盐水泥》（GB 175—2007），矿渣水泥的定义为：凡由硅酸盐水泥熟料和粒化高炉矿渣、适量石膏磨细制成的水硬性胶凝材料称为矿渣硅酸盐水泥（代号 P·S）。水泥中粒化高炉矿渣的掺量按质量百分比计为 20%～70%。允许用石灰石、窑灰、粉煤灰和火山灰质混合材料代替粒化高炉矿渣，代替数量不得超过水泥质量的 8%。

火山灰水泥的定义为：凡由硅酸盐水泥熟料和火山灰质材料、适量石膏磨细制成的水硬性胶凝材料称为火山灰质硅酸盐水泥（代号 P·P）。水泥中火山灰质混合材料掺量按质量百分比计为 20%～40%。

粉煤灰水泥的定义为：凡由硅酸盐水泥熟料和粉煤灰、适量石膏磨细制成的水硬性胶凝材料称为粉煤灰硅酸盐水泥（代号 P·F）。水泥中粉煤灰掺量按质量百分比计为 20%～40%。

（二）矿渣水泥、火山灰水泥及粉煤灰水泥的技术要求

1. 细度

矿渣硅酸盐水泥、火山灰质硅酸盐水泥、粉煤灰硅酸盐水泥以筛余表示细度，80μm 方孔筛筛余不大于 10% 或 45μm 方孔筛筛余不大于 30%。

2. 三氧化硫

矿渣水泥中的三氧化硫不得超过 4.0%，火山灰水泥和粉煤灰水泥中的三氧化硫不得超过 3.5%。

3. 氧化镁

水泥中的氧化镁含量（质量分数）不得超过 6%，如超过 6%，需进行水泥压蒸安定性试验并要求合格。

4. 氯离子

所有水泥（包括前文中的硅酸盐水泥、普通硅酸盐水泥）中的氯离子含量不得超过 0.06%。

5. 强度等级

这三种水泥按 3d、28d 抗压及抗折强度分为 32.5、32.5R、42.5、42.5R、52.5、52.5R 六个等级强度，其中 R 代表早强型。各强度等级各龄期的强度应符合表 3-4 中的规定。

（三）矿渣水泥、火山灰水泥和粉煤灰水泥的性质和应用

这三种水泥的组成及所用混合材料的活性来源基本相同，所以这三种水泥在性质和应用上有许多相同点，在许多情况下可以代替使用。但由于混合材料的活性来源和物理性质（如致密程度、需水量大小等）存在着某些差别，故这三种水泥又各有其特性。

表3-4 矿渣水泥、火山灰水泥、粉煤灰水泥各强度等级各龄期的强度值（GB 175—2007）

单位：MPa

强度等级	抗 压 强 度		抗 折 强 度	
	3d	28d	3d	28d
32.5	≥10.0	≥32.5	≥2.5	≥5.5
32.5R	≥15.0	≥32.5	≥3.5	≥5.5
42.5	≥15.0	≥42.5	≥3.5	≥6.5
42.5R	≥19.0	≥42.5	≥4.0	≥6.5
52.5	≥21.0	≥52.5	≥4.0	≥7.0
52.5R	≥23.0	≥52.5	≥4.5	≥7.0

1. 三种水泥性质与应用的相同点

①强度发展受温度影响较大。矿渣水泥、火山灰水泥等三种水泥强度发展受温度的影响，较硅酸盐水泥和普通硅酸盐水泥更为敏感。这三种水泥在低温下水化明显减慢，强度较低。采用高温养护时，加大二次反应的速度，可提高早期强度，且不影响常温下后期强度的发展。而硅酸盐水泥或普通硅酸盐水泥，采用高温养护也可提高早期强度，但其后期强度较一直在常温下养护的强度为低。

②早期强度低，后期强度增进率大。与硅酸盐水泥及普通水泥比较，其熟料含量较少，而且二次反应很慢，所以早期强度低。后期由于二次反应不断进行和水泥熟料的水化产物不断增多，使得水泥强度的增进率加大，后期强度可赶上甚至超过同强度等级的硅酸盐水泥（图3-3）。这三种水泥不宜用于早期强度要求高的混凝土，如现浇混凝土、冬季施工混凝土等，需采取一定的保温措施。

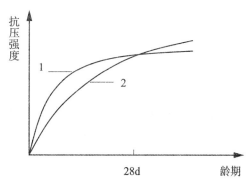

1—硅酸盐水泥 2—矿渣水泥、火山灰水泥、粉煤灰水泥三种水泥

图3-3 矿渣水泥等三种水泥与硅酸盐水泥的强度随龄期发展趋势的比较

③水化热少。由于熟料含量少，因而水化放热量少。适用于大体积混凝土工程。

④耐腐蚀性好。这三种水泥中熟料数量相对较少，水化生成的氢氧化钙数量也较少，而且还要与活性混合材料进行二次反应，使水泥石中易受硫酸盐腐蚀的水化铝酸三

钙含量也相对较低，因而它们的耐腐蚀性较好。但当采用含活性 Al_2O_3 含量较多的混合材料（如烧黏土）时，水化生成较多的水化铝酸钙，因而耐硫酸盐腐蚀性较差。适用于受溶出性侵蚀，以及硫酸盐、镁盐腐蚀的混凝土工程。

⑤抗冻性及耐磨性较差。因水泥石的密实性不及硅酸盐水泥和普通水泥，所以抗冻性和耐磨性较差。不宜用于严寒地区水位升降范围内的混凝土工程及有耐磨要求的混凝土工程。

⑥抗碳化能力较差。由于这三种水泥石中氢氧化钙的含量较少，所以抵抗碳化的能力差。不适合处于二氧化碳浓度高的环境（如铸造、翻砂车间）中的混凝土工程。

2. 三种水泥性质与应用的特点

（1）矿渣水泥

①耐热性好。矿渣水泥硬化后氢氧化钙含量低，矿渣本身又是耐火掺料，当受高温（不高于200℃）作用时，强度不致显著降低。因此，矿渣水泥适用于受热的混凝土工程，若掺入耐火砖粉等材料可制成耐更高温度的混凝土。

②泌水性和干缩性较大。由于粒化高炉矿渣系玻璃体，对水的吸附能力差，即保水性差，成型时易泌水而形成毛细通道粗大的水隙。由于泌水性大，增加水分的蒸发，所以其干缩较大。矿渣混凝土不宜用于要求抗渗的混凝土和受冻融干湿交替作用的混凝土工程。

在三种水泥中矿渣水泥的活性混合材料的含量最多，耐腐蚀性最好、最稳定。

（2）火山灰水泥

①抗渗性高。此种水泥中含有大量较细的火山灰，泌水性小，当在潮湿环境下或水中养护时，生成较多的水化硅酸钙凝胶，使水泥石结构致密，因而具有较高的抗渗性。适用于要求抗渗的水中混凝土。

②干缩大。火山灰水泥在硬化过程中干缩现象较矿渣水泥更显著。若处在干燥的空气中，水泥石中水化硅酸钙会逐渐干燥，产生干缩裂缝。在水泥石表面，由于空气中二氧化碳的作用，可使水化硅酸钙分解成碳酸钙和氧化硅的粉状混合物，使已硬化的水泥石表面产生"起粉"现象。为此，施工时应加强养护，较长时间保持潮湿，以免水泥石产生干缩裂纹和起粉。所以，火山灰水泥不宜用于干燥或干湿交替环境下的混凝土，以及有耐磨要求的混凝土。

（3）粉煤灰水泥

①干缩小，抗裂性高。因粉煤灰吸水能力弱，拌和时需水量较小，因而干缩小，抗裂性高。但球形颗粒保水性差，泌水较快，若养护不当易引起混凝土产生失水裂纹。

②早期强度低。在三种水泥中，粉煤灰水泥的早期强度更低，此因粉煤灰呈球形颗粒，表面致密，不易水化。粉煤灰活性的发挥主要在后期，所以这种水泥早期强度的增进率比矿渣水泥和火山灰水泥更低，但后期可以赶上。

四、复合硅酸盐水泥

（一）复合硅酸盐水泥的组成与性质

凡由硅酸盐水泥熟料、两种或两种以上规定的混合材料、适量石膏磨细而成的水硬性胶凝材料，称为复合硅酸盐水泥（简称复合水泥，代号 P·C）。其中混合材料掺量为20%~50%，允许用不超过8%的窑灰代替部分混合材料，掺矿渣时混合材料掺量不得与矿渣水泥重复。

复合硅酸盐水泥由于掺入两种或两种以上的混合材料，可以取长补短，改善了上述矿渣水泥等三种单一混合材料水泥的性质。其早期强度接近于普通水泥，并且水化热低，耐腐蚀性、抗渗性及抗冻性较好，因而适用范围广。

复合硅酸盐水泥分32.5、32.5R、42.5、42.5R、52.5、52.5R六个强度等级，其中R代表早强型，各强度等级复合硅酸盐水泥各龄期的强度应符合表3-5中的规定。其余技术要求与火山灰水泥相同。

表3-5　　　　各强度等级复合硅酸盐水泥各龄期的强度值（GB 175—2007）　　单位：MPa

强度等级	抗压强度		抗折强度	
	3d	28d	3d	28d
32.5	≥10.0	≥32.5	≥2.5	≥5.5
32.5R	≥15.0	≥32.5	≥3.5	≥5.5
42.5	≥15.0	≥42.5	≥3.5	≥6.5
42.5R	≥19.0	≥42.5	≥4.0	≥6.5
52.5	≥21.0	≥52.5	≥4.0	≥7.0
52.5R	≥23.0	≥52.5	≥4.5	≥7.0

（二）六种通用硅酸盐水泥的性质与应用范围

六种通用硅酸盐水泥的性质与应用范围见表3-6。

表3-6　　　　　　　　六种通用硅酸盐水泥的性质与应用范围

项目	硅酸盐水泥	普通硅酸盐水泥	矿渣硅酸盐水泥	火山灰质硅酸盐水泥	粉煤灰硅酸盐水泥	复合硅酸盐水泥
性质	①早期、后期强度高；②耐腐蚀性差；③水化热高；④抗碳化性好；⑤抗冻性好；⑥耐磨性好；⑦耐热性差	①早期稍低、后期强度高；②耐腐蚀性稍好；③水化热略低；④抗碳化性好；⑤抗冻性好；⑥耐磨性好；⑦耐热性稍好；⑧抗渗性好	早期强度低、后期强度高　①对温度敏感，适合高温养护；②耐腐蚀性好；③水化热低，适合大体积混凝土；④抗冻性较差；⑤抗碳化性较差　①泌水性大、抗渗性差；②耐热性较好；③干缩较大		①保水性好、抗渗性好；②干缩大；③耐磨性差	①泌水性大（快）、易产生失水裂纹、抗渗性差；②干缩小、抗裂性高；③耐磨性差	早期强度稍低、后期强度高　干缩较大

项目		硅酸盐水泥	普通硅酸盐水泥	矿渣硅酸盐水泥	火山灰质硅酸盐水泥	粉煤灰硅酸盐水泥	复合硅酸盐水泥
应用	优先使用	早期强度要求高的混凝土,有耐磨要求的混凝土,严寒地区反复遭受冻融作用的混凝土,抗碳化性能要求高的混凝土,掺混合材料的混凝土		水下混凝土,海港混凝土,大体积耐腐蚀性要求较高的混凝土,高温下养护的混凝土			
		高强度混凝土	普通气候及干燥环境中的混凝土,有抗渗要求的混凝土,受干湿交替作用的混凝土	有耐热要求的混凝土	有抗渗要求的混凝土	受载较晚的混凝土	参照普通硅酸盐混凝土
	可以使用	一般工程	高强度混凝土,水下混凝土,高温养护混凝土,耐热混凝土	普通气候环境中的混凝土			
				抗冻性要求较高的混凝土,有耐磨性要求的混凝土	—	—	早期强度要求较高的混凝土
	不宜或不得使用	大体积混凝土,耐腐蚀性要求高的混凝土		早期强度要求高的混凝土			—
				掺混合材料的混凝土,抗冻性要求高的混凝土,抗碳化要求高的混凝土			—
		耐热混凝土,高温养护混凝土	—	抗渗性要求高的混凝土	干燥环境中的混凝土,有耐磨要求的混凝土		—
				—	—		

第三节　特种水泥

一、铝酸盐水泥

凡以铝酸钙为主的铝酸盐水泥熟料,磨细制成的水硬性胶凝材料称为铝酸盐水泥,代号 CA。这是一种快硬、早强、耐腐蚀、耐热的水泥。

(一) 铝酸盐水泥的矿物组成及水化特点

铝酸盐水泥的主要矿物组成是铝酸一钙(CaO·Al$_2$O$_3$,简写 CA)和其他铝酸盐矿物。铝酸一钙具有很高的水化活性,其凝结正常,但硬化迅速,是铝酸盐水泥的强度来源。铝酸一钙的水化反应因温度不同而异:温度低于 20℃时水化产物为水化铝酸一钙(CaO·Al$_2$O$_3$·10H$_2$O);温度在 20~30℃时水化产物为水化铝酸二钙(2CaO·Al$_2$O$_3$·

$8H_2O$）；温度高于30℃时水化产物为水化铝酸三钙（$3CaO \cdot Al_2O_3 \cdot 6H_2O$）。在上述两种水化物生成的同时有氢氧化铝 $Al_2O_3 \cdot 3H_2O$ 凝胶生成。

水化铝酸一钙和水化铝酸二钙为强度高的片状或针状的结晶连生体，而氢氧化铝凝胶填充于结晶连生体骨架中，形成致密的结构。经 3~5d 后水化产物的数量就很少增加，强度趋于稳定。

水化铝酸一钙和水化铝酸二钙属亚稳定的晶体，随时间的推移将逐渐转化为稳定的水化铝酸三钙，其转化的过程随温度的升高而加剧。晶型转化结果使水泥石的孔隙率增大，耐腐蚀性变差，强度大为降低。一般浇注五年以上的铝酸盐水泥混凝土，其强度仅为早期的一半，甚至更低。因此，在配制混凝土时，必须充分考虑这一因素。

铝酸盐水泥的比表面积不小于 $300m^2/kg$ 或 0.045mm，筛余不大于 20%。

铝酸盐水泥按 Al_2O_3 含量百分数分为以下四类：

CA-50 50%≤Al_2O_3<60%；

CA-60 60%≤Al_2O_3<68%；

CA-70 68%≤Al_2O_3<77%；

CA-80 77%≤Al_2O_3。

铝酸盐水泥强度发展很快，四类水泥各龄期强度应符合表3-7中的规定。

表3-7　　　　　　　　铝酸盐水泥胶砂强度值（GB 201—2000）　　　　　单位：MPa

水泥类型	抗压强度				抗折强度			
	6h	1d	3d	28d	6h	1d	3d	28d
CA-50	≥20	≥40	≥50	—	≥3.0	≥5.5	≥6.5	—
CA-60	—	≥20	≥45	≥85	—	≥2.5	≥5.0	≥10.0
CA-70	—	≥30	≥40		—	≥5.0	≥6.0	
CA-80	—	≥25	≥30		—	≥4.0	≥5.0	

（二）铝酸盐水泥的性质及应用

铝酸盐水泥与硅酸盐水泥比较有如下特点：

①早期强度增长快。1d 强度即可达 3d 强度的 80% 以上，属于快硬型水泥。适用于紧急抢修工程和早期强度要求高的特殊工程，但必须考虑其后期强度的降低。使用铝酸盐水泥应严格控制其养护温度，一般不得超过 25℃，最适宜为 15℃左右。

②水化热高。放热量高而且集中，因此不宜用于大体积混凝土工程。

③耐热性高。铝酸盐水泥在高温下仍能保持较高的强度，甚至高达 1300℃时尚有 50% 的强度。因此可作为耐热混凝土的胶结材料。

④抗硫酸盐腐蚀性强。由于水化时不生成氢氧化钙，且水泥石结构致密，因此具有较好的抗硫酸盐及镁盐腐蚀的作用。铝酸盐水泥对碱的腐蚀无抵抗能力。

⑤铝酸盐水泥如用于钢筋混凝土，保护层厚度不应小于 60mm。

铝酸盐水泥在使用时应避免与硅酸盐水泥混杂使用，以免降低强度和缩短凝结时间。

二、硫铝酸盐水泥

硫铝酸盐水泥是以矾土和石膏、石灰石按适当比例混合磨细后，经煅烧得到以无水硫铝酸钙为主要矿物的熟料，加入适量石膏再经磨细而成的水硬性胶凝材料，称为快硬硫铝酸盐水泥。

以硫铝酸盐水泥为基础，再加入不同数量的二水石膏，这时随石膏量的增加，水泥膨胀量从小到大递增，而成为微膨胀硫铝酸盐水泥、膨胀硫铝酸盐水泥和自应力硫铝酸盐水泥。

硫铝酸盐水泥水化反应生成的钙矾石（高硫型水化硫铝酸钙），大部分均在水泥尚未失去可塑性时形成，迅速构成晶体骨架。

快硬硫铝酸盐水泥按 12h、1d、3d 的强度划分为 42.5、52.5、62.5 三个强度等级。这是一种早期强度很高的水泥，其 12h 强度即可达 3d 强度的 60% ～70%。适用于要求早强、抢修、堵漏和抗硫酸盐腐蚀的混凝土。由于它的碱度较低，用于玻璃纤维增强水泥制品，可防止玻璃纤维腐蚀。

微膨胀和膨胀硫铝酸盐水泥只有 52.5 一个强度等级，主要用来配制结构节点或抗渗用的砂浆或混凝土。

自应力硫铝酸盐水泥的膨胀值较大，只有 37.5 一个强度等级。用这种水泥配制的混凝土，当膨胀时受钢筋的束缚，混凝土产生压应力，即自应力。用它可配制自应力混凝土，如钢筋混凝土压力管。

硫铝酸盐水泥有如下特点，使用时必须注意：①硫铝酸盐系列水泥不能与其他品种水泥混合使用；②硫铝酸盐系列水泥泌水性大，黏聚性差，避免用水量大；③硫铝酸盐水泥耐高温性能差，一般应在常温下使用；④硫铝酸盐水泥对钢筋的保护作用较弱，混凝土保护层薄时则钢筋腐蚀加重，在潮湿环境中使用，必须采取相应措施。

三、白色及彩色硅酸盐水泥

（一）白色硅酸盐水泥

国家标准《白色硅酸盐水泥》（GB/T 2015—2005）规定：由氧化铁含量少的硅酸盐水泥熟料、适量石膏及本标准规定的混合材料（石灰石或窑灰，水泥质量的 0% ～10%），磨细制成水硬性胶凝材料称为白色硅酸盐水泥，简称白水泥。它与硅酸盐水泥的区别在于水泥熟料中氧化铁的含量限制在 0.5% 以下，其他着色氧化物（氧化镁、氧化钛等）含量降至极微。为此，应精选原料，生产应在无着色物玷污的条件下进行。

白水泥的初凝应不早于 45min，终凝应不迟于 10 h。白度是水泥技术要求的主要指标，白度值应不低于 87。

白水泥按 3d, 28d 的强度划分 32.5、42.5、52.5 三个强度等级，各强度等级的强度应符合表 3-8 中的规定。

表3-8　　　　　各强度等级白水泥各龄期的强度值（GB/T 2015—2005）　　　单位：MPa

强度等级	抗 压 强 度		抗 折 强 度	
	3d	28d	3d	28d
32.5	≥12.0	≥32.5	≥3.0	≥6.0
42.5	≥17.0	≥42.5	≥3.5	≥6.5
52.5	≥22.0	≥52.5	≥4.0	≥7.0

（二）彩色硅酸盐水泥

白色硅酸盐水泥熟料与适量的石膏和耐碱矿物颜料共同磨细即成彩色硅酸盐水泥，简称彩色水泥。常用耐碱矿物颜料有氧化铁（着红、黄、褐、黑等色）、氧化锰（黑、褐色）、氧化铬（绿色）等。

彩色水泥也可在白色水泥生料中加入着色氧化物，直接烧成彩色硅酸盐水泥熟料，然后加入适量石膏共同磨细制得。

白色及彩色水泥主要用于建筑装修的砂浆、混凝土，如人造大理石、水磨石、斩假石等。

四、快硬硅酸盐水泥

快硬硅酸盐水泥的原料和生产过程与硅酸盐水泥基本相同，只是为了快硬和早强，生产时适当提高熟料中硅酸三钙和铝酸三钙的含量，适当增加石膏的产量（达8%）和提高粉磨的细度。

快硬硅酸盐水泥的早期、后期强度均高，抗渗性和抗冻性也高，水化热大，耐腐蚀性差，适用于早强、高强混凝土工程，以及紧急抢修工程和冬期施工工程。快硬硅酸盐水泥不得用于大体积混凝土工程和与腐蚀介质接触的混凝土工程。

快硬硅酸盐水泥易吸收空气中的水蒸气，存放时应特别注意防潮，且存放期一般不得超过一个月。

五、道路硅酸盐水泥

国家标准《道路硅酸盐水泥》（GB 13693—2005）规定：由道路硅酸盐水泥熟料、适量石膏，可加入本标准规定的混合材料，磨细制成的水硬性胶凝材料，称为道路硅酸盐水泥，简称道路水泥。它是在硅酸盐水泥基础上，通过对水泥熟料矿物组成的调整及合理煅烧、磨粉，使之达到提高抗折强度及增韧、阻裂、抗冲击、抗冻和抗疲劳等性能。为此，对水泥熟料的组成做如下的限制：$C_3A \leq 5.0\%$，$C_4AF \geq 16.0\%$。

道路水泥的初凝应不早于1.5h，终凝不得迟于10h。

道路水泥有32.5、42.5、52.5三个强度等级，各强度等级相应龄期的强度应符合表3-9中的规定。

表 3-9 　　　　　各强度等级道路水泥相应龄期的强度值（GB 13693—2005）　　　　单位：MPa

强度等级	抗 压 强 度		抗 折 强 度	
	3d	28d	3d	28d
32.5	≥16.0	≥32.5	≥3.5	≥6.5
42.5	≥21.0	≥42.5	≥4.0	≥7.0
52.5	≥26.0	≥52.5	≥5.0	≥7.5

从表 3-9 中可以看出，道路水泥的抗折强度比同强度等级的硅酸盐水泥高，特别是28d 的抗折强度。道路水泥的高强度，可提高其耐磨性和抗冻性；道路水泥的高抗折强度，可使板状混凝土路面在承受车轮之间荷载时，具有更高的抗弯强度。

在道路水泥技术要求中，对初凝时间的规定较长（≥1.5h），这是考虑混凝土的运输浇注需较长的时间。

在道路混凝土的技术要求中，对水泥的干缩性和耐磨性作如下要求：28d 干缩率不大于 0.10%；28d 磨耗量不大于 $3.00kg/m^2$。混凝土路面的破坏，往往是从产生裂缝开始的，干缩率小可减少产生裂缝的几率。磨耗损坏也是路面破坏的一个重要方面，所以设了限制磨耗量的指标。

六、膨胀水泥及自应力水泥

一般硅酸盐类水泥在空气中硬化时，通常都表现为收缩，常导致混凝土内部产生微裂缝，降低了混凝土的耐久性。在浇注构件的节点、堵塞孔洞、修补缝隙时由于水泥石的干缩，也不能达到预期的效果。采用膨胀水泥配制混凝土，可以解决由于收缩带来的不利后果。

膨胀水泥按膨胀值不同，分为膨胀水泥和自应力水泥。膨胀水泥的线膨胀率一般在1% 以下，相当或稍大于一般水泥的收缩率，可以补偿收缩，所以又称补偿收缩水泥或无收缩水泥。自应力水泥的线膨胀率一般为 1% ～3%，膨胀值较大，在限制的条件（如配有钢筋）下，使混凝土受到压应力，从而达到预应力的目的。

膨胀水泥是由强度组分和膨胀组分组成的。强度组分主要起保证水泥强度的作用。膨胀组分是在水泥水化过程中形成膨胀物质，导致体积稍有膨胀。由于膨胀的发生是在水泥浆体完全硬化之前，所以能使水泥石的结构密实而不致引起破坏。目前用得比较多的膨胀组分，是在水泥水化过程中形成的钙矾石。

膨胀水泥及自应力水泥按其强度组分的类型可分为如下几种：

①硅酸盐膨胀水泥：是以硅酸盐水泥为主要组分，外加铝酸盐水泥和石膏配制而成的膨胀水泥。其膨胀作用是由于铝酸盐水泥中的铝酸盐矿物和石膏遇水后生成具有膨胀性的钙矾石晶体，膨胀值的大小可通过改变铝酸盐水泥和石膏的含量来调节。

硅酸盐膨胀水泥中的铝酸盐水泥如用明矾石取代，则称为明矾石膨胀水泥。明矾石的主要成分是 $[K_2SO_4 \cdot Al_2(SO_4)_3 \cdot 4Al(OH)_3]$，它能生成钙矾石。这种水泥被认为是目前使用效果较好的膨胀水泥。

除了膨胀水泥外，我国还生产膨胀剂，如明矾石膨胀剂、铝酸盐膨胀剂等，将它们掺入硅酸盐水泥中也可产生膨胀，获得与膨胀水泥类似的效果。

②铝酸盐膨胀水泥：由铝酸盐水泥和二水石膏混合磨细或分别磨细后混合而成。

③硫铝酸盐膨胀水泥：以含有适量无水硫铝酸钙的熟料，加入较多石膏磨细而成。

本 章 小 结

水泥是一种在土木工程中应用广泛的水硬性胶凝材料。它不仅能在空气中硬化，而且能在水中更好地硬化、保持和继续发展其强度。水泥的品种很多，按其矿物组成可分为硅酸盐类水泥、铝酸盐类水泥及硫铝酸盐类水泥等。硅酸盐类水泥中的通用硅酸盐水泥能满足大部分工程建设的需求，是建筑工程中使用最多的水泥。生产通用硅酸盐水泥的主要原料包括石灰质原料和黏土质原料，以及混合材料。生产的主要工艺就是"两磨"、"一烧"。国家标准规定：凡由硅酸盐水泥熟料，0%～5%的石灰石或粒化高炉矿渣，适量石膏磨细制成的水硬性胶凝材料称为硅酸盐水泥，也称波特兰水泥。

硅酸盐水泥熟料的主要矿物包括硅酸三钙（C_3S），硅酸二钙（C_2S），铝酸三钙（C_3A）和铁铝酸四钙（C_4AF）。前两种统称硅酸钙矿物，一般占总量的75%～82%。水泥水化的主要产物有：水化硅酸钙和水化铁酸钙凝胶、氢氧化钙、水化铝酸钙和水化硫铝酸钙晶体。水泥完全水化后，水化硅酸钙约占70%，氢氧化钙约占20%，水化硫铝酸钙约占7%。熟料中硅酸三钙含量大，水化速度快，是硅酸盐水泥强度的主要来源。水泥石的组成包括水泥水化产物、未水化的水泥颗粒内核、毛细孔；影响水泥石强度发展的因素有：养护时间、温度和湿度、水灰比。

硅酸盐水泥的技术要求包括细度、凝结时间、体积安定性、强度与强度等级等。凝结时间分初凝（不早于45min）和终凝（不迟于390min）时间。体积安定性主要与游离氧化镁、氧化钙有关。硅酸盐水泥强度分为六个等级。水泥石的腐蚀包括软水侵蚀、硫酸盐腐蚀、镁盐腐蚀、碳酸腐蚀等。水泥石腐蚀的基本原因是水泥石中存在氢氧化钙和大量的毛细孔。防止水泥石腐蚀的措施包括合理选择水泥品种，提高水泥石的密实度，设置保护层。硅酸盐水泥的性质主要为强度等级高、强度发展快；抗冻性好；耐腐蚀性差；水化热高；抗碳化性好；耐热性差；干缩小；耐磨性好。

其他通用硅酸盐水泥是由硅酸盐水泥熟料，加入适量混合材料及石膏共同磨细而成的水硬性胶凝材料。混合材料分为活性混合材料和非活性混合材料。活性混合材料的主要作用是改善水泥的某些性能，还具有扩大水泥强度等级范围、降低水化热和降低成本的作用。活性混合材料包括粒化高炉矿渣、火山灰质混合材料、粉煤灰等。活性混合材料可以与水泥水化产物氢氧化钙反应生成硅酸钙凝胶。根据混合材料掺量大小，分为普通硅酸盐水泥、矿渣硅酸盐水泥、火山灰质硅酸盐水泥及粉煤灰硅酸盐水泥。掺混合材料的硅酸盐水泥水化慢、早期强度低、后期强度增进率大，水化热低，适宜于大体积混凝土，不适宜于冬季低温施工。

特种水泥有白色及彩色硅酸盐水泥、快硬硅酸盐水泥、道路硅酸盐水泥、高铝水泥、硫铝酸盐水泥、膨胀水泥及自应力水泥等。

习题与思考题

3-1 现有两种硅酸盐水泥熟料，其矿物组成及其含量见表3-10。

表3-10 两种硅酸盐水泥熟料的矿物组成及其含量 单位:%

组别	C_3S	C_2S	C_3A	C_4AF
甲	53	21	10	13
乙	45	30	7	15

如用来配制硅酸盐水泥，试估计这两种水泥的强度发展、水化热、耐腐蚀性和28d的强度有什么差异。为什么？

3-2 硅酸盐水泥熟料矿物的水化各有何特点？生成的水化物有哪些？其特性如何？掺入水泥中的石膏，其水化反应的产物是什么？特性如何？

3-3 什么是水泥石？其组成成分有哪些？影响水泥强度发展的因素是什么？

3-4 水泥细度和凝结时间的要求是什么？

3-5 何谓水泥的体积安定性？体积安定性不良的原因和危害分别是什么？如何测定？

3-6 硅酸盐强度等级是如何确定的？分哪些强度等级？

3-7 什么是软水侵蚀？

3-8 什么是硫酸盐腐蚀和镁盐腐蚀？

3-9 什么是活性混合材料？分哪几类？

3-10 矿渣水泥、火山灰水泥及粉煤灰水泥的组成如何？这三种水泥的性质与应用的共同点以及各自的特点（与硅酸盐水泥比较）有哪些？

第四章 混 凝 土

◎自学时数

10 学时。

◎教师导学

通过学习本章内容，了解混凝土的主要分类及特点，掌握评定混凝土的基本要求。通过了解混凝土组成、结构特点及其对混凝土性能的影响，掌握对混凝土原材料评价的基本要求，特别要掌握混凝土主要技术性质的内涵、评价标准、影响因素及改善措施。重点掌握普通混凝土配合比设计的原则、方法与要求。了解发展轻混凝土的重要意义，目前轻混凝土的组成、结构特点，主要的性能特点及存在的问题。了解其他功能混凝土的基本组成及性能特点。

本章的重点是混凝土的主要技术性质的影响因素及改善措施。

本章的难点是正确掌握普通混凝土配合比设计的方法与步骤。

混凝土是由胶凝材料将散粒材料（又称骨料或集料）胶结而成的固体复合材料，简称为砼。根据所用胶凝材料的不同分为：水泥混凝土、石膏混凝土、聚合物混凝土、沥青混凝土等。建筑工程中大量使用的是水泥混凝土。

水泥混凝土又按其体积密度分为以下三种：

重混凝土，体积密度大于 2800kg/m³ 的混凝土，采用体积密度大的骨料（如重晶石、铁矿石、铁屑等）配制而成。该混凝土具有良好的防 χ-射线或 γ-射线的功能，故称为防射线混凝土。主要用于核反应堆及其他防射线工程中。

普通混凝土，体积密度为 2000~2800kg/m³ 的混凝土，其主要以普通天然砂、石为骨料配制而成。广泛用于建筑、桥梁、道路、水利、码头、海洋等工程，是各种工程中用量最大的混凝土，故简称为混凝土。

轻混凝土，体积密度小于 1950kg/m³ 的混凝土，其采用多孔轻质骨料配制而成（轻骨料混凝土），也可通过在混凝土内部产生大量孔隙，形成多孔结构制成（多孔混凝土等）。由于其轻质、保温性较好，主要用于保温、结构保温或结构材料。

混凝土还可按其主要功能或结构特征、施工特点来分类，如防水混凝土、耐热混凝土、高强混凝土、泵送混凝土、流态混凝土、喷射混凝土、纤维混凝土等。本章主要介绍以水泥为胶凝材料的普通混凝土。

第一节 普通混凝土组成及基本要求

一、普通混凝土的组成及其作用

水泥混凝土主要是由水泥、细骨料（砂）、粗骨料（石）和水组成的多相复合材料。硬化前的混凝土称为混凝土拌合物，或新拌混凝土，其凝结硬化后，形成了以水泥石、骨料为主的人造石材，即为混凝土。水泥浆和砂浆在混凝土拌合物中主要起到润滑砂、石的作用，使混凝土具有施工要求的流动性，在混凝土硬化后，水泥石主要起将砂、石牢固地胶结为一整体的作用，使混凝土具有所需的强度、耐久性等性能。砂、石在混凝土中由于起到了骨架的作用，故称为骨料或集料。骨料主要对混凝土具有限制收缩、减少水泥用量和水化热、降低成本、提高混凝土强度和耐久性的作用。

混凝土的组成中，骨料一般占混凝土总体积的 70% ~ 80%，水泥石占 20% ~ 30%。此外，还含有少量的气孔。

除上述四种材料外，混凝土中还常加入化学外加剂及矿物掺合料以改善其某些性能。

二、混凝土的基本要求

建筑工程上使用的混凝土，一般须满足以下四项基本要求。

（一）混凝土拌合物的和易性要求

混凝土拌合物的和易性也称工作性，是指混凝土拌合物易于施工，并能获得均匀密实结构的性质。为保证混凝土的质量，混凝土拌合物必须具有与施工条件相适应的和易性。

（二）混凝土的设计强度要求

混凝土在 28d 时的强度或规定龄期时的强度应满足结构设计的要求。

（三）混凝土的耐久性要求

混凝土应具有与环境相适应的耐久性，以保证混凝土结构的使用寿命。

（四）混凝土的经济性

在满足上述三项要求的前提下，混凝土中的各组成材料应经济合理，即应节约水泥用量，以降低成本。

第二节　普通混凝土的组成材料

一、水泥

水泥的品种应根据混凝土工程的性质和混凝土工程所处的环境条件来确定。常用水泥的适用范围见表3-6。

水泥强度等级的选择应根据混凝土的强度等级来确定。用高强度等级水泥配制低强度等级的混凝土时，理论上较少的水泥用量即可满足混凝土的强度，但水泥用量过少，实际会严重影响混凝土拌合物的和易性及混凝土的耐久性；用低强度等级水泥配制高强混凝土时，会因水泥用量过大，不够经济，而且对混凝土拌合物的流动性、水化热、强度及其变形均会产生不利的影响，故水泥强度等级应与混凝土的强度等级相适应。对C30 及其以下的混凝土，水泥强度等级一般应为混凝土强度等级的 1.5 ~ 2.0 倍；对C30 ~ C50 的混凝土，水泥强度等级一般应为混凝土强度等级的 1.1 ~ 1.5 倍；对C60 级以上的混凝土，水泥强度等级与混凝土强度等级的比值可小于 1.0，但不宜低于 0.70。

二、骨料

粒径为 0.15 ~ 4.75mm 的骨料称为细骨料，简称砂。混凝土用砂按产源分为天然砂和机制砂。一般采用天然砂，即自然生成的，经人工开采和筛分的岩石颗粒，包括河砂、湖砂、山砂和淡化海砂，但不包括软质、风化的岩石颗粒；机制砂也称人工砂，是经除土处理，由机械破碎、筛分制成的岩石、矿山尾矿或工业废渣颗粒，但不包括软质、风化的岩石颗粒。山砂等表面粗糙，有棱角，含泥量和有机杂质较多；河砂等表面圆滑，比较洁净，来源广；海砂具有河砂的表面特征，但常混有贝壳碎片和较多盐分。

粒径大于 4.75mm 的骨料称为粗骨料，简称为石子。混凝土用石按表面特征分为碎石和卵石。碎石是由天然岩石、大卵石等经机械破碎、筛分而成的岩石颗粒，其表面粗糙、有棱角，但与水泥石的黏结力强；卵石是天然岩石由于自然风化、水流搬运和分选、堆积而成的岩石颗粒，其表面光滑、少棱角，有机杂质含量较多。

（一）质量要求

1. 泥和泥块

泥是骨料中粒径小于 0.075mm 的颗粒物。泥块是细骨料中原粒径大于 1.18mm，经水洗手捏后成为粒径小于 0.60mm 的颗粒；粗骨料中原粒径大于 4.75mm，经水洗手捏后成为小于 2.36mm 的颗粒。

泥常包覆在骨料表面，会降低骨料与水泥石间的黏结力，使混凝土的强度降低，还会降低混凝土拌合物流动性，或增加拌和用水量和水泥用量以及混凝土的干缩与徐变，并使混凝土的耐久性降低。泥块对混凝土性质的影响与泥基本相同，但由于泥块颗粒较大，在混凝土搅拌时不易散开，因而对混凝土的影响更大。天然砂的泥和泥块的含量应符合表 4-1 中的规定，粗骨料中泥和泥块含量应符合表 4-2 中的规定。

表 4-1　　　　　　　天然砂含泥量和泥块含量（GB/T 14684—2011）

类　别	I	II	III
含泥量（按质量计）/%	≤1.0	≤3.0	≤5.0
泥块含量（按质量计）/%	0	≤1.0	≤2.0

表 4-2　　　　　卵石、碎石含泥量和泥块含量（GB/T 14685—2011）

类　别	I	II	III
含泥量（按质量计）/%	≤0.5	≤1.0	≤1.5
泥块含量（按质量计）/%	0	≤.2	≤0.5

2. 有害物质

骨料中有害物质包括云母、轻物质、有机物、硫化物及硫酸盐、氯盐等。云母及轻物质（密度小于 2.0g/cm³ 的物质）本身强度低，与水泥石的黏结力差，会降低混凝土的强度和耐久性。硫酸盐、硫化物及有机物对水泥石有腐蚀作用。氯盐对钢筋有锈蚀作用。砂中有害物质的含量应符合表4-3中的规定，粗骨料中有害物质的含量应符合表4-4中的规定。

表4-3 　　　　　　　　　　砂中有害物质的含量（GB/T 14684—2011）

类　别	指　标		
	Ⅰ类	Ⅱ类	Ⅲ类
云母（按质量计）/%	1.0	2.0	2.0
轻物质（按质量计）/%	1.0	1.0	1.0
有机物（比色法）	合格	合格	合格
硫化物及硫酸盐（按SO_3质量计）/%	0.5	0.5	0.5
氯化物（以氯离子质量计）/%	0.01	0.02	0.06

表4-4 　　　　　　　　粗骨料中有害物质的含量（GB/T 14685—2011）

类　别	Ⅰ	Ⅱ	Ⅲ
有机物	合格	合格	合格
硫化物及硫酸盐（按SO_3质量计）/%	≤0.5	≤1.0	≤1.0

用矿山废石生产的碎石有害物质除应符合表4-4中的规定外，还应符合我国环保和安全相关的标准和规范，不应对人体、生物、环境及混凝土性能产生有害影响。卵石、碎石的放射性应符合GB 6566—2010建筑材料放射性核素限量的规定。

3. 碱活性矿物

砂中含有以活性氧化硅为代表的碱活性矿物时，其会与水泥、外加剂等混凝土组成物及环境中的碱在潮湿环境下缓慢发生膨胀反应，称为碱-骨料反应。碱-骨料反应会生成导致混凝土开裂的膨胀产物，因而会使混凝土耐久性下降。

（二）颗粒形状

骨料由于形成及加工条件不同，可形成不同的颗粒形状，有球状、块状、柱状、片状、针状等。粗骨料的粒型对混凝土性质影响尤为显著，其中，以球状为代表的三维长度接近的骨料粒型最为合理，其无论对混凝土拌合物的施工和易性，还是对其强度、耐久性都非常有利。相反，以针状及片状为代表的骨料粒型为不合理粒型。针状骨料是其颗粒长度大于该颗粒所属相应粒级的平均粒径2.4倍的骨料，片状骨料是其颗粒厚度小于平均粒径的0.4倍的骨料。由于针、片状骨料的比表面积与空隙率较大，且受力时易折断。因此，针、片状骨料含量高时会增加混凝土的用水量、水泥用量及混凝土的收缩，降低混凝土拌合物的流动性及混凝土的强度与耐久性。粗骨料中针、片状颗粒的含量须满足表4-5中的规定。

表 4-5 碎石针、片状颗粒含量（GB/T 14685—2011）

类 别	Ⅰ	Ⅱ	Ⅲ
针、片状颗粒总含量（按质量计）/%	≤5	≤10	≤15

（三）粗细与级配

骨料粗细是指其粒径大小，级配是指不同粒径骨料的搭配程度。

1. 砂的粗细与级配

砂的粗细是指不同粒径的砂粒混合的平均粗细程度。砂的粒径越大，其比表面积越小，包裹其表面所需的水量和水泥浆用量就越少。因此，采用粗砂配制混凝土，可减少拌和用水量，节约水泥用量，并可降低水化热，减少混凝土的干缩与徐变；若保证用水量不变，则可提高混凝土拌合物的流动性；若保证混凝土拌合物的流动性和水泥用量不变，则可减少用水量，从而可提高混凝土的强度。但砂过粗时，由于粗颗粒砂对石子的黏聚力较低，会引起混凝土拌合物产生离析、泌水现象。

评定砂的粗细，通常采用筛分析法。该法采用一套孔径为 9.50、4.75、2.36、1.18、0.60、0.30、0.15mm 的标准筛，将 500g 干砂由粗到细依次筛分，然后称量每一个筛上的筛余量（G_i），并计算出各筛的分计筛余百分率 a_i（即各筛上的筛余量 G_i 与干砂试样质量 G_0 的百分率）和各筛的累计筛余百分率 A_i（即该筛上的分计筛余百分率与大于该筛的各筛上的分计筛余百分率之和），筛余量、分计筛余、累计筛余的关系见表4-6。

表 4-6 筛余量、分计筛余与累计筛余的关系

筛孔尺寸/mm	筛余量/g	分计筛余%	累计筛余%
4.75	G_1	$a_1 = G_1/G_0$	$A_1 = a_1$
2.36	G_2	$a_2 = G_2/G_0$	$A_2 = A_1 + a_2$
1.18	G_3	$a_3 = G_3/G_0$	$A_3 = A_2 + a_3$
0.60	G_4	$a_4 = G_4/G_0$	$A_4 = A_3 + a_4$
0.30	G_5	$a_5 = G_5/G_0$	$A_5 = A_4 + a_5$
0.15	G_6	$a_6 = G_6/G_0$	$A_6 = A_5 + a_6$

砂的粗细程度用细度模数来表示，计算式如下：

$$M_x = \frac{(A_2 + A_3 + A_4 + A_5 + A_6) - 5A_1}{100 - A_1} \tag{4-1}$$

细度模数越大，表示砂越粗。标准规定 $M_x = 3.7 \sim 3.1$ 为粗砂，$M_x = 3.0 \sim 2.3$ 为中砂，$M_x = 2.2 \sim 1.6$ 为细砂，工程中应优先选用粗砂或中砂。

骨料的颗粒级配是指其大小不同颗粒的搭配程度。颗粒大小均匀的骨料搭配并非为级配好的特征，如图 4-1（a）和（b）所示，级配好的骨料应是较粗骨料的空隙被较细骨料所填充，而较细骨料的空隙被更细的骨料所填充，使骨料间的空隙率尽可能最小，如图 4-1（c）所示。级配良好的砂可减少混凝土拌合物的水泥浆用量，节约水泥，提

高混凝土拌合物的流动性和黏聚性，并可提高混凝土的密实度、强度和耐久性。

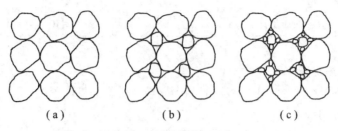

（a） （b） （c）

图 4-1　骨料的颗粒级配

标准规定，砂的级配用级配区来表示。砂的级配区主要以 0.60mm 筛的累计筛余百分率来划分，并分为三个级配区，各级配区的要求见表 4-7。混凝土用砂的颗粒级配应处于三个级配区的任何一个级配区内。除 0.60mm 和 4.75mm 筛的累计筛余外，其他筛的累计筛余允许稍有超出分界线，但其总量百分率超出不得大于 5%，否则为级配不合格。

表 4-7　　　　　　　　　砂的颗粒级配区范围（GB/T 14684—2011）

砂的分类	天然砂			机制砂		
级配区	1 区	2 区	3 区	1 区	2 区	3 区
方筛孔	累计筛余/%					
4.75mm	10 ~ 0	10 ~ 0	10 ~ 0	10 ~ 0	10 ~ 0	10 ~ 0
2.36mm	35 ~ 5	25 ~ 0	15 ~ 0	35 ~ 5	25 ~ 0	15 ~ 0
1.18mm	65 ~ 35	50 ~ 10	25 ~ 0	65 ~ 35	50 ~ 10	25 ~ 0
600μm	85 ~ 71	70 ~ 41	40 ~ 16	85 ~ 71	70 ~ 41	40 ~ 16
300μm	95 ~ 80	92 ~ 70	85 ~ 55	95 ~ 80	92 ~ 70	85 ~ 55
150μm	100 ~ 90	100 ~ 90	100 ~ 90	97 ~ 85	94 ~ 80	94 ~ 75

为了方便使用，以累计筛余百分率为纵坐标，筛孔尺寸为横坐标，将表 4-7 中的数值绘制成砂的级配曲线，如图 4-2 所示。混凝土用砂的颗粒级配曲线应处于图 4-2 中三个级配区中的任意一个级配区围成的区域内。若砂的自然级配不符合级配区的要求，应进行调整，直至合格。

2. 石子的粗细与级配

石子的粗细程度用其最大粒径表示，粗骨料公称粒级的上限称为该粒级的最大粒径。石子的级配是指不同粒径石子的搭配程度。

粗骨料的粒径对混凝土性质的影响与细骨料相同，但影响程度更大。粗骨料最大粒径增大，骨料总表面积减小，因此，其配制的混凝土可减少水泥浆用量，不仅节约水泥，降低混凝土的水化热，而且可对提高混凝土结构密实度、减小混凝土的干缩与徐

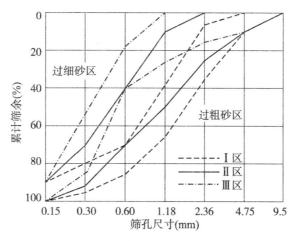

图 4-2　混凝土用砂的级配曲线

变，提高混凝土的强度与耐久性有利。因此，对于混凝土结构，应尽量选择最大粒径较大的粗骨料。《混凝土质量控制标准》（GB 50164—2011）规定，粗骨料最大粒径不得大于结构最小截面尺寸的 1/4，且不得大于钢筋净距的 3/4。对混凝土实心板，骨料的最大公称粒径不宜大于板厚的 1/3，且不得大于 40mm；对于大体积混凝土，粗骨料的最大公称粒径不宜小于 31.5mm。

粗骨料的级配对混凝土性质的影响与细骨料相同，因为粗骨料是混凝土组成中所占比例最多的骨架物质，所以，粗骨料的级配对混凝土的强度、变形、耐久性及经济性影响程度更大，对高强混凝土尤为重要。石的级配也采用筛分析法来分析，是通过各筛上的累计筛余百分率评价级配的，各级配的累计筛余百分率须满足表 4-8 中的规定。

粗骨料的级配分为连续级配和间断级配两种。连续级配（连续粒级）是指颗粒由小到大，每一级粗骨料都占有一定的比例。连续级配的空隙率较小，适合配制各种混凝土，尤其适合配制流动性大的混凝土。连续级配在工程中的应用最多。

间断级配是指骨料粒径不连续，即中间缺少 1～2 级颗粒的粒径搭配。间断级配的空隙率最小，有利于节约水泥用量，但由于骨料粒径相差较大，使混凝土拌合物易产生离析、分层，造成施工困难，故仅适合配制流动性小的混凝土，或半干硬性及干硬性混凝土，或富混凝土（即水泥用量多的混凝土），且宜在预制厂使用，而不宜在工地现场使用。

单粒级是主要由一个粒级组成的骨料颗粒搭配，由于其空隙率最大，一般不宜单独使用。单粒级主要用来配制具有所要求级配的连续级配和间断级配。

（四）强度

为保证混凝土的强度，粗骨料必须具有足够的强度。碎石的强度用岩石的抗压强度和碎石的压碎指标值来表示，卵石的强度用压碎指标值来表示。工程上可采用压碎指标值来进行质量控制。

表 4-8　　　　　　　　　　卵石、碎石的颗粒级配范围（GB/T 14685—2011）

公称粒级 mm		累计筛余/%											
		方孔筛/mm											
		2.36	4.75	9.50	16.0	19.0	26.5	31.5	37.5	53.0	63.0	75.0	90
连续粒级	5~16	95~100	85~100	30~60	0~10	0							
	5~20	95~100	90~100	40~80	—	0~10	0						
	5~25	95~100	90~100	—	30~70	—	0~5	0					
	5~31.5	95~100	90~100	70~90	—	15~45	—	0~5	0				
	5~40	—	90~100	70~90	0	30~65			0~5	0			
单粒粒级	5~10	95~100	90~100	0~15	0~15								
	10~16		95~100	80~100									
	10~20		—	85~100	55~70	0~15	0						
	16~25			95~100	95~100	85~100	25~40	0~10					
	16~31.5							0~10	0				
	20~40			95~100		80~100			0~10	0			
	40~80					95~100			70~100		30~60	0~10	0

岩石的抗压强度是用 50mm×50mm×50mm 的立方体试件或 ϕ50mm×50mm 的圆柱体试件，在吸水饱和状态下测定的抗压强度值。压碎指标值的测定，是将一定质量（G_1）气干状态下的 10~20mm 的粗骨料装入压碎指标测定仪（钢制的圆筒）内，放好压头，在试验机上经 3~5min 均匀加荷至 200kN，卸荷后用 2.5mm 筛筛除被压碎的细粒，之后称量筛上的筛余量 G_2，则压碎指标 Q_e 为：

$$Q_e = \frac{G_1 - G_2}{G_1} \times 100\% \tag{4-2}$$

压碎指标值越大，则粗骨料的强度越小。粗骨料的压碎指标值须满足表 4-9 中的规定。

表 4-9　　　　　　　　　　粗骨料的压碎指标（GB/T 14685—2011）

类　别	I	II	III
碎石压碎指标/%	≤10	≤20	≤30
卵石压碎指标/%	≤12	≤14	≤16

（五）坚固性

骨料在自然风化或外界物理化学因素作用下抵抗破裂的能力称为坚固性。其采用硫酸钠溶液法进行试验（GB/T 14684—2011、GB/T 14685—2011），通过骨料试验前质量 G_1 与试验后其筛余量 G_2 算得的质量损失百分率 P 评价。砂、石的质量损失应分别符合表 4-10、表 4-11 中的规定。

表 4-10 砂的坚固性指标（GB/T 14684—2011）

类　别	Ⅰ	Ⅱ	Ⅲ
质量损失/%	≤8		≤10

表 4-11 卵石、碎石的坚固性指标（GB/T 14685—2011）

类　别	Ⅰ	Ⅱ	Ⅲ
质量损失/%	≤5	≤8	≤12

《混凝土质量控制标准》（GB 50164—2011）还规定，对于有抗渗、抗冻或其他特殊要求的混凝土，砂坚固性检验的质量损失不应大于8%；对于有抗渗、抗冻、抗腐蚀、耐磨或其他特殊要求的混凝土，粗骨料坚固性检验的质量损失不应大于8%。

三、混凝土拌和与养护用水

凡是能饮用的自来水及清洁的天然水都可用于拌制和养护混凝土。污水、pH 值小于4的酸性水、含硫酸盐（按 SO_3 计）超过1%等含有影响水泥正常凝结硬化或腐蚀混凝土结构等有害物质的水不得使用。对于野外水等不明水质或对其有疑问的水，可通过进行实验室（与洁净水分对比）做强度对比试验后，确定是否适用于混凝土。未经处理的海水严禁用于钢筋混凝土或预应力混凝土（《混凝土质量控制标准》（GB 50164—2011）），因为海水中的氯盐、镁盐、硫酸盐会导致水泥石和钢筋被侵蚀。

四、混凝土外加剂

混凝土外加剂是指在混凝土中掺入的，可以改善新拌混凝土及硬化混凝土性能的物质。随着建筑工程的快速发展，特别是建筑功能的不断丰富，外加剂已成为现代混凝土中不可或缺的第五种重要的基本组成。外加剂主要用于改善新拌混凝土和硬化混凝土的性能。

外加剂按其主要功能分四类：

①改善混凝土拌合物流变性能的外加剂，包括减水剂、引气剂和泵送剂等。

②调节混凝土凝结时间、硬化性能的外加剂，包括缓凝剂、早强剂和速凝剂等。

③改善混凝土耐久性的外加剂，包括引气剂、防水剂和阻锈剂等。

④改善混凝土其他性能的外加剂，包括加气剂、膨胀剂和防冻剂等。

每种外加剂按其具有的主要功能命名，例如，减水剂、早强剂、引气剂、防冻剂、阻锈剂，等等。外加剂品种很多，按其化学成分分为无机化合物和有机化合物。无机化合物多为电解质盐类，有机化合物多为表面活性剂。

实践证明：在混凝土中使用少量外加剂来改善性能，往往比采用特种水泥更加方便、灵活和有效。

（一）减水剂

减水剂是在保持混凝土拌合物流动性不变的情况下，能减少拌和用水量的外加剂，也称塑化剂。减水剂是混凝土所有外加剂中使用最广泛、能改善混凝土多种性能的外加剂。混凝土用减水剂大多是表面活性剂。

1. 表面活性剂的基本知识

表面活性剂是可溶于水并定向排列于液体表面或两相界面上，从而显著降低表面张力或界面张力的物质。

表面活性剂具有由憎水基和亲水基两个基团组成的非对称结构特点，如图4-3所示，其在液体、固体或气体界面具有定向吸附的特点，即憎水基指向非极性液体、固体或气体，亲水基指向水，因而使界面张力显著降低。例如，在表面活性剂-水泥-水的体系中，如图4-4所示，表面活性剂分子多吸附在水-气界面上，亲水基指向水，憎水基指向空气，呈定向单分子层排列；或吸附在水-水泥颗粒界面上，亲水基指向水，憎水基指向水泥颗粒，呈定向单分子层排列，使水-气界面或水-水泥颗粒界面的界面能降低。

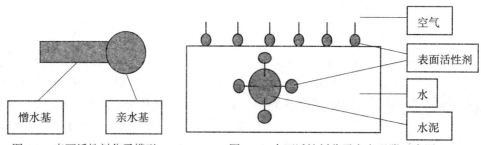

图4-3　表面活性剂分子模型　　　　图4-4　表面活性剂分子定向吸附示意图

根据表面活性剂的亲水基在水中是否电离，分为离子型表面活性剂与非离子型（分子型）表面活性剂。如果亲水基能电离出正离子，本身带负电荷，称为阴离子型表面活性剂；反之，称为阳离子型表面活性剂。如果亲水基既能电离出正离子，又能电离出负离子，则称为两性表面活性剂。

常用减水剂多为阴离子型表面活性剂。

2. 减水剂的作用机理与主要经济技术效果

（1）减水剂的作用机理

水泥加水拌和后，由于水泥颗粒及水化产物间的吸附作用，会形成絮凝结构，如图4-5所示，其中包裹着部分拌和水。

加入减水剂后，减水剂定向吸附在水泥颗粒表面，形成单分子吸附膜，降低了水泥颗粒的表面能，因而降低了水泥颗粒的粘连能力；水泥颗粒表面带有同性电荷，产生静电斥力，使水泥颗粒分开，破坏了水泥浆中的絮凝结构，释放出被包裹着的水，如图4-5所示；减水剂亲水基端吸附水膜，起到了湿润、润滑作用等综合作用，在不增加用水量的条件下，混凝土拌合物流动性得到了提高；或在不影响混凝土拌合物流动性的情况下，可大大减少拌和用水量，且能提高混凝土的强度，这就是减水剂起到的作用。

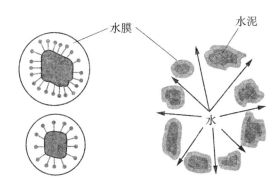

水泥浆中的絮状结构 　　　电斥力、吸附水膜 　　　　　絮状结构破坏

图4-5　减水剂的减水机理示意图

（2）减水剂的主要经济技术效果

在不减少水泥、用水量的情况下，可提高混凝土拌合物的流动性；在保持混凝土拌合物流动性的条件下，可减少水泥、用水量，提高混凝土的强度；在保持混凝土强度的条件下，可少水泥用量，节约水泥；改善混凝土拌合物的可泵性及混凝土的其他物理力学性能；如减少离析、泌水，减缓或降低水泥水化放热等。

3. 常用品种与效果

混凝土用减水剂品种很多。按其减水效果及对混凝土性质的作用分为普通减水剂、高效减水剂、早强减水剂、缓凝减水剂和引气减水剂。按化学成分分为木质素磺酸盐系、萘系、氨基磺酸盐系、三聚氰胺系、聚羧酸盐系等减水剂。

（1）木质素磺酸盐系减水剂

木质素磺酸钙是木质磺酸盐系减水剂的主要品种，使用普遍。而木质素磺酸钠、木质素磺酸镁等，使用较少。

木质素磺酸钙又称 M 型减水剂，简称木钙或 M 剂，它是由生产纸浆或纤维浆的木质废液经处理而得的一种棕黄色粉末。主要成分为木质素磺酸钙，含量60%以上，属阴离子型表面活性剂。

木钙属缓凝引气减水剂，掺量一般为 0.2% ～ 0.3%。在混凝土拌合物流动性和水泥用量不变的情况下，可减少用水量10%，28d 强度提高 10% ～ 20%，并可以使混凝土的抗冻性、抗渗性等耐久性有明显提高；在用水量不变时，可提高坍落度 50 ～ 100mm；在混凝土拌合物流动性和混凝土强度不变时，可节省水泥10%；可延缓凝结时间 1～3h；可使混凝土含气量由不掺时的2%增至3.6%；对钢筋无锈蚀作用。

木钙的生产设备简单，利用工业废物，原料来源广，成本低，广泛用于一般混凝土工程，特别是有缓凝要求的混凝土（大体积混凝土、夏季施工混凝土、滑模施工混凝土等）；不宜用于低温季节（低于5℃）施工或蒸汽养护。

使用木钙时，应严格控制掺量，掺量过多，缓凝严重，甚至几天也不硬化，且含气量增加，强度下降；冬季施工时或气温低于5℃时，要与早强剂复合使用，不宜单独使用；若采用蒸汽养护，应适当延长静停时间，或采用复合早强剂，以及减少木钙掺量，否则，会出现强度下降、结构疏松等现象。

（2）萘系减水剂

萘系减水剂是以萘及萘的同系物经磺化与甲醛缩合而成，主要成分为聚烷基芳基磺酸盐，属阴离子型表面活性剂。

萘系减水剂对水泥的分散、减水、早强、增强作用均优于木钙，属高效减水剂。这类减水剂多为非引气型，且对混凝土凝结时间基本无影响。目前，国内品种已达几十种，常用牌号有 FDN、UNF、NF、NNO、MF、建Ⅰ、JN、AF、HN 等。

萘系减水剂适宜掺量为 0.2%～1.0%，常用掺量为 0.5%～0.75%，可减水 12%～25%，1～3d 强度提高 50% 左右，28d 强度提高 10%～30%，抗折、抗拉及后期强度有所提高，抗冻性、抗渗性等耐久性也有明显的改善，可节省水泥 12%～20%，坍落度提高 100～150mm，且对钢筋无锈蚀作用。若掺引气型的，混凝土含气量为 3%～6%。

萘系减水剂的价格较贵，故一般主要适用于配制高强混凝土、流态混凝土、泵送混凝土、早强混凝土、冬季施工混凝土、蒸汽养护混凝土及防水混凝土等。

在使用引气型减水剂用于增强时，应与消泡剂复合作用，或采用高频振捣，效果更好。

（3）三聚氰胺系减水剂（俗称密胺减水剂）

三聚氰胺系减水剂的主要成分为三聚氰胺甲醛树脂磺酸盐，这类减水剂属非引气型早强高效减水剂。

三聚氰胺系减水剂具有无毒、高效（分散、减水、增强）特点，其使用效果比萘系减水剂好，但价格昂贵。我国常用的 SM 剂，适宜掺量为 0.5%～2.0%，可减水 20%～27%，1d 强度提高 30%～100%，7d 强度提高 30%～70%（可达基准 28d 强度），28d 强度提高 30%～60%，可节省水泥 25% 左右，对钢筋无锈蚀作用。

三聚氰胺系减水剂特别适用于高强、超高强混凝土及以蒸养工艺成型的混凝土构件。

（4）氨基磺酸盐系减水剂

氨基磺酸盐系减水剂是一种非引气可溶性树脂减水剂。其生产工艺较萘系减水剂简单，减水率高，坍落度损失较小，对混凝土抗渗、耐久性改善效果好。但其对水泥较敏感，过量时，易引发泌水，其与萘系减水剂复合使用效果较好，特别对防止混凝土坍落度损失过快的作用效果显著。

（5）聚羧酸盐系减水剂

聚羧酸盐系减水剂可由带羧酸盐基、磺酸盐基聚氧化乙烯侧链基的烯类单体按一定比例在水溶液中共聚而成，其特点是在主链上带有多个极性较强的活性基团，同时侧链上则带有较多的分子链较长的亲水性活性基团。因此，聚羧酸盐系减水剂具有以下特征：掺量低（0.2%～0.5%），但分散性好，坍落度损失小；相同流动度下，可延缓水泥的凝结；与水泥及其他混凝土外加剂相容性好；可多利用矿物掺合料，对水泥取代率提高；环保性好等特点。

聚羧酸盐系减水剂宜用于高强混凝土、自密实混凝土、泵送混凝土、清水混凝土、预制构件混凝土、钢管混凝土、具有高体积稳定性、高耐久性及高和易性要求的混凝土。

（二）早强剂

早强剂是指能加速混凝土早期强度发展的外加剂。由于早强剂的主要功能是提高混凝土早期强度，因此，其主要适用于有早强要求、冬季施工、有防冻要求或蒸汽养护的混凝土中。

1. 早强剂的早强机理

绝大多数早强剂由于参与水泥的水化反应，可快速生成大量难溶性复盐，且可促使水泥自身水化加速，复盐的生成及水化产物的增多，使水泥浆中固体物质的比例增大，加速了水泥石结构的形成，因而凝结硬化快，早期强度高。

2. 常用品种与效果

目前，普遍使用的早强剂有：氯盐系、硫酸盐系、硝酸盐、碳酸盐等无机盐类，三乙醇胺等有机化合物类。

（1）氯盐系早强剂

氯盐系早强剂主要有氯化钙（$CaCl_2$）和氯化钠（$NaCl$），其中氯化钙是国内外使用最早、应用最为广泛的一种早强剂。

氯化钙具有早强作用的主要原因是参与了水泥的水化反应，生成了不溶于水及氯化钙溶液的水化氯铝酸钙（$C_3A \cdot CaCl_2 \cdot 10H_2O$）和氧氯化钙（$CaCl_2 \cdot 3Ca(OH)_2 \cdot 12H_2O$），复盐的生成及水化产物的增多，使水泥浆中固体物质的比例增大，加速了水泥石结构的形成。

氯化钙除具有促凝、早强作用外，还具有降低冰点的作用。在混凝土中掺入适量的氯化钙，可使 1d 强度提高 70% ~140%，3d 强度提高 40% ~70%，对后期强度影响较小，且可提高防冻性。但是，因其含有氯离子（Cl^-），能促进钢筋锈蚀，故掺量必须严格控制。《混凝土结构工程施工质量验收规范》（GB 50204—2002（2011 修订））规定，在钢筋混凝土结构中，当使用含氯化物的外加剂时，混凝土中氯化物的总含量应符合现行国家标准《混凝土质量控制标准》（GB 50164）的规定。预应力混凝土结构中，严禁使用含氯化物的外加剂。

氯化钙主要适宜于冬季施工混凝土、早强混凝土，不适宜于蒸汽养护混凝土。

氯化钠的掺量、作用及应用同氯化钙的基本相似，但作用效果稍差。

（2）硫酸盐系早强剂

硫酸钠是硫酸盐系早强剂之一，是应用较多的一种早强剂。

硫酸钠 Na_2SO_4，又称元明粉，具有缓凝、早强作用。硫酸钠掺入混凝土中，能与水泥的水化产物 $Ca(OH)_2$ 发生反应：

$$Na_2SO_4 + Ca(OH)_2 + 2H_2O \longrightarrow CaSO_4 \cdot 2H_2O + 2NaOH$$

生成的 $CaSO_4 \cdot 2H_2O$ 晶粒细小，比直接掺入石膏粉分散度大、活性大，因而加快与 C_3A 的水化反应速度；同时，能使水化硫铝酸钙迅速生成，大大加快了硬化速度；而且 $Ca(OH)_2$ 被消耗后，又促进 C_3S 的水化，使水化产物增多，因而提高了水泥石的密实度，起到早强作用。

硫酸钠 Na_2SO_4 的掺量一般为 0.5% ~2.0%，可使 3d 强度提高 20% ~40%，28d 后的强度基本无差别，抗冻性及抗渗性有所提高，对钢筋无锈蚀作用。掺量应严格控制，掺量较大时，易产生碱-骨料反应。当骨料中含有活性 SiO_2 时（如蛋白石、磷石英及玉髓等骨料），不能掺加硫酸钠 Na_2SO_4，以防止碱-骨料反应。掺量过多时，会引起硫酸盐腐蚀。

硫酸钠的应用范围较氯盐系早强剂广。

（3）三乙醇胺

三乙醇胺为无色或淡黄色油状液体，无毒，呈碱性，属非离子型表面活性剂。

三乙醇胺的早强作用机理与前两种早强剂不同，它不参与水化反应，不改变水泥的水化产物。它是一种表面活性剂，能降低水溶液的表面张力，使水泥颗粒更易于润湿，且可增加水泥的分散程度，因而加快了水泥的水化速度，对水泥的水化起到催化作用。水化产物增多，使水泥石的早期强度提高。

三乙醇胺掺量一般为 0.02% ~ 0.05%，可使 3d 强度提高 20% ~ 40%，对后期强度影响较小，抗冻、抗渗等性能有所提高，对钢筋无锈蚀作用，但会增大干缩。

上述三种早强剂在使用时，通常复合使用效果更佳。氯化钙（或氯化钠）、硫酸钠、二水石膏、亚硝酸钠、三乙醇胺、重铬酸钠等复合制成二元、三元或四元的复合早强剂，以提高早强剂的效果。复合组成中，按有无氯盐，相应地分为"甲型"和"乙型"两种，甲型适用于一般混凝土和钢筋混凝土，乙型适用于蒸汽养护混凝土、预应力混凝土及不允许掺加氯盐的钢筋混凝土。此外，掺早强剂，混凝土早期强度提高幅度很大，但后期强度提高幅度很小，甚至稍有下降。若将早强剂与减水剂复合使用，既可进一步提高早期强度，又可使后期强度增长，并可改善混凝土的施工性质。因此，早强剂与减水剂的复合使用，特别是无氯盐早强剂与减水剂的复合早强减水剂发展迅速，如硫酸钠与木钙、糖钙及高效减水剂等的复合早强减水剂得到广泛应用。

（三）引气剂

引气剂是在搅拌混凝土过程中，能引入大量均匀分布、稳定而封闭的微小气泡的外加剂。引气剂的主要功能是改善混凝土拌合物和易性，减少混凝土拌合物泌水、离析；提高混凝土抗渗耐久性。主要适用于有抗冻、抗渗要求的混凝土；抗盐类结晶破坏及抗碱腐蚀的混凝土；泵送及大流动度混凝土；骨料质量较差及轻骨料混凝土。

引气剂的作用机理是：引气剂属憎水性表面活性剂，由于它的表面活性，能定向吸附在水-气界面上，且显著降低水的表面张力，使水溶液易形成众多的新的表面（即水在搅拌下易产生气泡）；同时，引气剂分子定向排列在气泡上，形成单分子吸附膜，使液膜坚固而不易破裂；此外，水泥中的微细颗粒以及氢氧化钙与引气剂反应生成的钙皂，被吸附在气泡膜壁上，使气泡的稳定性进一步提高，因此，可在混凝土中形成稳定的封闭球型气泡，其直径为 0.05 ~ 1.0mm。

常用引气剂品种为松香热聚物和松香皂，此外还使用烷基苯磺酸钠、脂肪醇硫酸钠等。

混凝土拌合物中，气泡的存在增加了水泥浆的体积，相当于增加了水泥浆量；同时，形成的封闭、球型气泡有"滚珠轴承"的润滑作用，可提高混凝土拌合物的流动性，或可减水。而且在混凝土硬化后，这些微小气泡具有缓解水分结冰产生的膨胀压力的作用，以及阻塞混凝土中毛细管渗水通路的作用，即可提高混凝土的抗冻性和抗渗性。由于气泡的弹性变形，使混凝土弹性模量降低。气泡的存在减少了混凝土承载面积，使强度下降。如保持混凝土拌合物流动性不变，由于减水，可补偿一部分由于承载面积减少而产生的强度损失。

引气剂掺量很少，通常为 0.5/万 ~ 1.5/万（以引气剂干物质计算），可使混凝土的含气量达到 3% ~ 6%，并可显著改善混凝土拌合物的黏聚性和保水性，减水 8% ~ 10%，提高抗冻性 1 ~ 6 倍，提高抗渗性 1 倍。含气量每增加 1%，混凝土强度下降约 3% ~ 5%。

引气剂适宜于配制抗冻混凝土、泵送混凝土、港口混凝土、防水混凝土、轻骨料混凝土以及骨料质量差、泌水严重的混凝土，不适宜蒸汽养护混凝土。

使用引气剂时，含气量控制在 3% ~ 6% 为宜。否则，含气量太小时，对混凝土耐久性改善不大；含气量太大时，则使混凝土强度下降过多。

（四）缓凝剂

能延缓混凝土凝结时间，并对混凝土后期强度发展无不利影响的外加剂，称为缓凝剂。其质量应满足《混凝土外加剂》（GB 8076—2008）的规定。

高温季节施工的混凝土、泵送混凝土、滑模施工混凝土及远距离运输的商品混凝土，为保持混凝土拌合物具有良好的和易性，要求延缓混凝土的凝结时间；大体积混凝土工程，需延长放热时间，以减少混凝土结构内部的温度裂缝；分层浇筑的混凝土，为消除冷接缝，常须在混凝土中掺入缓凝剂。

缓凝剂的品种繁多，常采用木钙、糖钙及柠檬酸等表面活性剂。这些表面活性剂吸附在水泥颗粒表面，并在水泥颗粒表面形成一层较厚的溶剂化水膜，因此起到缓凝作用。特别是含糖分较多的缓凝剂，糖分的亲水性很强，溶剂化水膜厚，缓凝作用更强，故糖钙缓凝效果更好。

缓凝剂掺量一般为 0.1% ~ 0.3%，可缓凝 1 ~ 5h，可降低水泥水化初期的水化放热。此外，还具有增强作用。

缓凝剂适宜于配制大体积混凝土、水工混凝土、夏季施工混凝土、远距离运输的混凝土拌合物及夏季滑模施工混凝土。

（五）防冻剂

防冻剂是能使混凝土在负温下硬化，并在规定养护条件下达到预期性能的外加剂。其质量应满足《混凝土防冻剂》（JC 475—2004）的规定。

在我国北方，冬季施工混凝土为防止早期受冻，常掺加防冻剂。防冻剂能降低水的冰点，使水泥在负温下仍能继续水化，提高混凝土早期强度，以削弱水结冰产生的膨胀压力，起到防冻作用。

常用防冻剂有亚硝酸钠、亚硝酸钙、氯化钙、氯化钠、氯化铵、碳酸钾及尿素等。亚硝酸钠和亚硝酸钙的适宜掺量为 1.0% ~ 8.0%，具有降低冰点、阻锈、早强作用。氯化钙和氯化钠的适宜掺量为 0.5% ~ 1.0%，具有早强、降低冰点的作用，但同时对钢筋有锈蚀作用。

防冻剂主要用于冬季施工（5℃以下）。为提高防冻剂的防冻效果，防冻剂多与减水剂、早强剂及引气剂等复合，使其具有更好的防冻性。目前，工程上使用的都是复合防冻剂。

此外，混凝土外加剂还包括阻锈剂、膨胀剂、防水剂、泵送剂等。

五、混凝土掺合料

配制混凝土时，掺加到混凝土中的磨细混合材料称为混凝土掺合料。通常使用的为具有活性的掺合料，如粉煤灰、硅灰、磨细粒化高炉矿渣、磨细自燃煤矸石及其他工业废渣，有时也使用磨细沸石粉、磨细硅质页岩粉等天然矿物材料。

混凝土掺合料可取代部分水泥，减少水泥用量，降低水化热与混凝土成本，并可改善混凝土拌合物的和易性，提高混凝土的强度与耐久性等，其经济、技术及社会效益十分显著。

第三节　混凝土的主要技术性质

混凝土的主要技术性质主要包括新拌混凝土的性质和硬化混凝土的性质两大部分。新拌混凝土的性质主要评价混凝土对施工及后期质量的影响，主要指混凝土拌合物的和易性；硬化混凝土的性质主要评价混凝土力学性质、凝结硬化及其在应用过程中的体积稳定性和长期寿命，主要包括强度、变形和耐久性。

一、混凝土拌合物的和易性

（一）和易性的含义

混凝土拌合物的和易性也称工作性或工作度，是指混凝土拌合物易于施工，并能获得均匀密实结构的性质。为保证混凝土的质量，混凝土拌合物必须具有与施工条件相适应的和易性。混凝土拌合物的和易性包括以下三方面的含义：

①流动性，指混凝土拌合物在自重力或机械振动力作用下，易于产生流动、易于运输、易于充满混凝土模板的性质。一定的流动性可保证混凝土构件或结构的形状与尺寸以及混凝土结构的密实性。流动性过小，不利于施工，并难以达到密实成型，易在混凝土内部造成孔隙或孔洞，影响混凝土的质量；流动性过大，虽然成型方便，但水泥浆用量大，不经济，且可能会造成混凝土拌合物产生离析和分层，影响混凝土的均质性。流动性是和易性中最重要的性质，对混凝土的强度及其他性质有较大影响。

②黏聚性，指混凝土拌合物各组成材料具有一定的黏聚力，在施工过程中保持整体均匀一致的能力。黏聚性差的混凝土拌合物在运输、浇注、成型等过程中，石子容易与砂浆产生分离，即易产生离析、分层现象，造成混凝土内部结构不均匀。黏聚性对混凝土的强度及耐久性有较大影响。

③保水性，指混凝土拌合物在施工过程中保持水分的能力。保水性好可保证混凝土拌合物在运输、成型和凝结硬化过程中，不发生大的或严重的泌水。泌水会在混凝土内部产生大量的连通毛细孔隙，成为混凝土中的渗水通道。上浮的水会聚集在钢筋和石子的下部，增加了石子和钢筋下部水泥浆的水灰比，形成薄弱层，即界面过渡层，严重时会在石子和钢筋的下部形成水隙或水囊，即孔隙或裂纹，从而严重影响它们与水泥石之间的界面黏结力。上浮到混凝土表面的水，会大大增加表面层混凝土的水灰比，造成混凝土表面疏松，若继续浇注混凝土，则会在混凝土内形成薄弱的夹层。保水性对混凝土的强度和耐久性有较大的影响。

（二）和易性的测定与选择

1. 和易性的测定

混凝土拌合物的和易性是一项综合性质，目前还没有一种能够全面反映和易性的测定方法。通常是测定混凝土拌合物的流动性，而黏聚性和保水性则凭经验目测评定。混凝土拌合物的流动性（稠度）通常采用坍落度、维勃稠度及坍落流动度法测试。

（1）坍落度法

坍落度法是用来测定混凝土拌合物在自重力作用下的流动性，适用于流动性较大的混凝土拌合物。测定时，将混凝土拌合物按规定的方法装入混凝土坍落度筒（截圆锥筒）内，刮平后将坍落度筒垂直向上提起，混凝土拌合物因自重力作用而产生坍落，坍落的高度（以 mm 计）称为坍落度，如图4-6所示。坍落度越大，则混凝土拌合物的流动性越大。该法在工程中应用最多，适用于坍落度大于等于10mm，且最大粒径小于40mm 的混凝土拌合物。

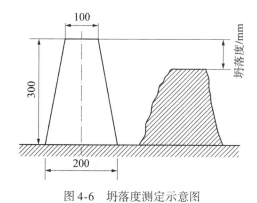

图 4-6　坍落度测定示意图

评定混凝土拌合物黏聚性的方法是用插捣棒轻轻敲击已坍落的混凝土拌合物锥体的侧面，如混凝土拌合物锥体保持整体缓慢、均匀下沉，则表明黏聚性良好，如混凝土拌合物锥体突然发生崩塌或出现石子离析，则表明黏聚性差。

评定保水性的方法是观察混凝土拌合物锥体的底部，如有较多的稀水泥浆或水析出，或因失浆而使骨料外露，则说明保水性差；如果混凝土拌合物锥体的底部没有或仅有少量的水泥浆析出，则说明保水性良好。

（2）维勃稠度法

维勃稠度法用来测定混凝土拌合物在机械振动力作用下的流动性，适用于流动性较小的混凝土拌合物。测定时，将混凝土拌合物按规定的方法装入坍落度筒内，并将坍落度筒垂直提起，之后将规定的透明有机玻璃圆盘放在混凝土拌合物锥体的顶面上（图4-7），然后开启振动台，记录当透明圆盘的底面刚刚被水泥浆所布满时所经历的时间（以 s 计），称为维勃稠度。维勃稠度越大，则混凝土拌合物的流动性越小。该法适用于维勃稠度在 5～30s，且最大粒径小于 40mm 的混凝土拌合物。

（3）坍落流动度法

坍落流动度法广泛用于自密实混凝土和水下不分散混凝土的和易性测试，适用于流

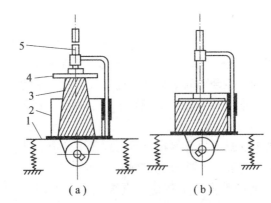

1—振动台 2—容器 3—坍落度桶 4—透明圆盘 5—测杆

图 4-7 维勃稠度测定示意图

动度较大的混凝土拌合物。测定时，先在刚性、不吸水的地板上放置坍落度筒，将混凝土拌合物按规定的方法装入坍落度筒内，提筒后，混凝土自由坍落，测试混凝土水平扩展值和混凝土扩展到直径 500mm 时的时间 T50。我国在进行高性能混凝土研究时，常采用混凝土完全坍开后，测定坍落度和坍落流动度，即混凝土水平流动圆圈的直径。

（三）影响和易性的因素

1. 用水量与水灰比

在水灰比（水与水泥用量的比值）不变的情况下，混凝土拌合物的用水量（1m³ 混凝土的用水量）越多，则水泥浆的数量越多，包裹在砂、石表面的水泥浆层越厚，对砂、石的润滑作用越好，因而混凝土拌合物的流动性越大。但用水量过多（即水泥浆的数量过多），会产生流浆、泌水、离析和分层等现象，使混凝土拌合物的黏聚性和保水性变差，并使混凝土的强度和耐久性降低，从而加重了混凝土的干缩与徐变，同时也增加了水泥用量和水化热。用水量过少（即水泥浆数量过少），则不能填满砂、石骨料的空隙，且水泥浆的数量不足以很好地包裹砂、石的表面，润滑作用和黏聚力均较差，因而混凝土拌合物的流动性、黏聚性降低，易产生崩塌现象，且使混凝土的强度、耐久性降低。故混凝土拌合物的用水量（或水泥浆数量）不能过多，也不宜过少，应以满足流动性为准。

水灰比越大，则水泥浆的稠度越小，混凝土拌合物的流动性越强、黏聚性与保水性越差，并使混凝土的强度与耐久性降低，从而加重了混凝土的干缩与徐变。水灰比过大时，则水泥浆过稀，会使混凝土拌合物的黏聚性与保水性明显变差，并产生流浆、泌水、离析和分层等现象，从而使混凝土的强度和耐久性大大降低，混凝土的干缩和徐变情况显著增加。水灰比过小时，则水泥浆的稠度过大，使混凝土拌合物的流动性明显变差，并使黏聚性也因混凝土拌合物发涩而变差。且在一定施工条件下难以成型或不能保证混凝土密实成型。故混凝土拌合物的水灰比应以满足混凝土的强度和耐久性为宜，并且在满足强度和耐久性的前提下，应选择较大的水灰比，以节约水泥用量。

实践证明，当砂、石的品种和用量一定时，混凝土拌合物的流动性主要取决于混凝土拌合物用水量的多少。混凝土拌合物的用水量一定时，即使水泥用量有所变动（增减 50～100kg/m³），混凝土拌合物的流动性也基本上保持不变。这种关系称为混凝土的恒定用水量法则。由此可知，在用水量相同的情况下，采用不同的水灰比可以配制出流动性相同而强度不同的混凝土。这一法则给混凝土配合比设计带来了很大的方便。混凝土的用水量可通过试验来确定或根据施工要求的流动性及骨料的品种与规格来选择。缺乏经验时，可按表4-12、表4-13选择。

表4-12　　　　　　　干硬性混凝土的用水量（JGJ 55—2011）　　　　单位：kg/m³

拌合物稠度		卵石最大公称粒径（mm）			碎石最大粒径（mm）		
项目	指标	10.0	20.0	40.0	16.0	20.0	40.0
维勃稠度（s）	16～20	175	160	145	180	170	155
	11～15	180	165	150	185	175	160
	5～10	185	170	155	190	180	165

表4-13　　　　　　　塑性混凝土的用水量（JGJ 55—2011）　　　　单位：kg/m³

拌合物稠度		卵石最大粒径（mm）				碎石最大粒径（mm）			
项目	指标	10.0	20.0	31.5	40.0	16.0	20.0	31.5	40.0
坍落度（mm）	10～30	190	170	160	150	200	185	175	165
	35～50	200	180	170	160	210	195	185	175
	55～70	210	190	180	170	220	105	195	185
	75～90	215	195	185	175	230	215	205	195

注：①本表用水量系采用中砂时的取值。采用细砂时，每立方米混凝土用水量可增加5～10kg；采用粗砂时，可减少5～10kg。

②掺用矿物掺合料和外加剂时，用水量应相应调整。

调整坍落度时，一般每增减坍落度值10mm，需相应增减用水量2%左右。

2. 骨料的品种、规格与质量

骨料的品种、规格与质量对混凝土拌合物的和易性有较大的影响。

卵石和河砂的表面光滑，因而采用卵石、河砂配制混凝土时，混凝土拌合物的流动性大于用碎石、山砂和破碎砂配制的混凝土。采用粒径粗大，级配良好的粗、细骨料时，由于骨料的比表面积和空隙率较小，因而混凝土拌合物的流动性大，黏聚性及保水性好，但细骨料过粗时，会引起黏聚性和保水性下降。采用含泥量、泥块含量、云母含量及针、片状颗粒含量较少的粗、细骨料时，混凝土拌合物的流动性较大。

3. 砂率

砂率（β_s）是指砂用量（m_s）与砂、石（m_g）总用量的质量百分比，即

$$\beta_s = \frac{m_s}{m_s + m_g} \times 100\% \tag{4-3}$$

砂率表示混凝土中砂、石的组合或配合程度。砂率对粗、细骨料总的比表面积和空隙有很大的影响。砂率大，则粗、细骨料总的比表面积和空隙率大，在水泥浆数量一定

的前提下，削薄了起到润滑骨料作用的水泥浆层的厚度，使混凝土拌合物的流动性减弱。若砂率过小，则粗、细骨料总的空隙率大，混凝土拌合物中砂浆量不足，包裹在粗骨料表面的砂浆层的厚度过薄，对粗骨料的润滑程度和黏聚力不够，甚至不能填满粗骨料的空隙。因而砂率过小会降低混凝土拌合物的流动性（图4-8），特别是使混凝土拌合物的黏聚性及保水性大大减弱，产生离析、分层、流浆及泌水等现象，并对混凝土的其他性能也产生不利的影响。若要保持混凝土拌合物的流动性不变，则须增加水泥浆的数量，即必须增加水泥用量及用水量，同时对混凝土的其他性质也造成不利的影响（图4-9）。从图4-8与图4-9可以看出，砂率既不能过大，也不能过小，中间存在一个合理砂率。合理砂率应是砂子体积填满石子的空隙后略有富余，以起到较好的填充、润滑、保水及黏聚石子的作用。因此，合理砂率是指在用水量及水泥用量一定的情况下，使混凝土拌合物获得最佳的流动性及良好的黏聚性与保水性时的砂率值；或合理砂率是指在保证混凝土拌合物具有所要求的流动性及良好的黏聚性与保水性条件下，使水泥用量最少的砂率值。

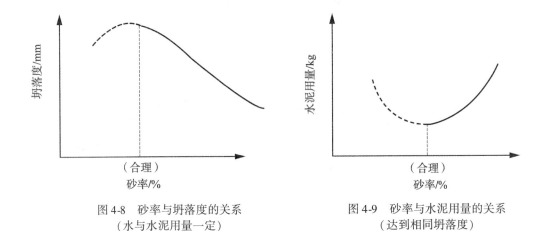

图4-8　砂率与坍落度的关系　　　　　　图4-9　砂率与水泥用量的关系
（水与水泥用量一定）　　　　　　　　　　（达到相同坍落度）

　　确定或选择砂率的原则是，在保证混凝土拌合物的黏聚性及保水性的前提下，应尽量使用较小的砂率，以节约水泥用量，提高混凝土拌合物的流动性。对于混凝土量大的工程，应通过试验确定合理砂率。当混凝土量较小，或缺乏经验及缺乏试验条件时，可根据骨料的品种（碎石、卵石）、骨料的规格（最大粒径与细度模数）及所采用的水灰比，参考表4-14确定。

　　4. 外加剂

　　混凝土拌合物中掺入减水剂时，可明显提高其流动性。掺入引气剂时，可显著提高混凝土拌合物的黏聚性和保水性，且流动性也有一定的改善。

　　5. 其他影响因素

　　在条件相同的情况下，用火山灰质硅酸盐水泥拌制的混凝土拌合物的流动性较小，而用矿渣硅酸盐水泥拌制的混凝土拌合物的保水性较差。

　　掺入粉煤灰等掺合料，可提高混凝土拌合物的黏聚性和保水性，特别是在水灰比和流动性较大时，同时对流动性也有一定的改善。

表 4-14	混凝土砂率选用表（JGJ 55—2011）				单位:%	
水灰比（W/C）	卵石最大粒径（mm）			碎石最大粒径（mm）		
	10	20	40	16	20	40
0.40	26～32	25～31	24～30	30～35	29～34	27～32
0.50	30～35	29～34	28～33	33～38	32～37	30～35
0.60	33～38	32～37	31～36	36～41	35～40	33～38
0.70	36～41	35～40	34～39	39～44	38～43	36～41

注：①表中数值系中砂的选用砂率。对细砂或粗砂，可相应地减小或增加砂率。

②本砂率适用于坍落度为 10～60mm 的混凝土。坍落度大于 60mm 或小于 10mm 时，应相应地增加或减少砂率。

③只用一个单粒级粗骨料配制混凝土时，砂率值应适当增加。

④掺有各种外加剂或掺合料时，其合理砂率应经试验或参照其他有关规定选用。

混凝土拌合物的流动性随时间的延长，由于水分的蒸发、骨料的吸水及水泥的水化与凝结而变得干稠，流动性逐渐降低。温度越高，流动性损失越大，且温度每升高 10℃，坍落度下降 20～40mm。掺加减水剂时，流动性的损失较大。施工时应考虑到流动性损失这一因素。拌制好的混凝土拌合物一般应在 45min 内成型完毕。

（四）改善和易性的措施

调整混凝土拌合物的和易性时，一般应先调整黏聚性和保水性，然后调整流动性，且调整流动性时，须保证黏聚性和保水性不受大的损害，并不得损害混凝土的强度和耐久性。

1. 改善黏聚性和保水性的措施

改善混凝土拌合物黏聚性和保水性的措施主要有：

①选用级配良好的粗、细骨料，并选用连续级配；

②适当限制粗骨料的最大粒径，避免选用过粗的细骨料；

③适当增大砂率或掺加粉煤灰等掺合料；

④掺加减水剂和引气剂。

2. 改善流动性的措施

改善混凝土拌合物流动性的措施主要有：

①尽可能选用较粗大的粗、细骨料；

②采用泥及泥块等杂质含量少，级配好的粗、细骨料；

③尽量降低砂率；

④在上述基础上，保持水灰比不变，适当增加水泥用量和用水量；如流动性太大，则保持砂率不变，适当增加砂、石用量；

⑤掺加减水剂。

二、混凝土强度

（一）混凝土的抗压强度与强度等级

1. 混凝土的立方体抗压强度

《普通混凝土力学性能试验方法》（GB/T 50081—2002）规定，将混凝土制作成边长为150mm的立方体试件，在标准养护条件（温度为20±2℃，相对湿度为95%以上或温度为20±2℃的不流动的 Ca（OH）₂ 饱和溶液中）下，养护到28d 龄期，测得的抗压强度值称为混凝土标准立方体抗压强度，简称混凝土抗压强度。测定混凝土的抗压强度时，也可采用非标准尺寸的试件，但应乘以换算系数以换算成标准尺寸试件的强度值。对于强度等级低于C60的混凝土，边长为100mm、200mm的非标准立方体试件的换算系数分别为0.95、1.05，当混凝土强度等级不低于C60时，宜采用标准尺寸试件；使用非标准尺寸试件时，尺寸折算系数应由试验确定。

工程中常将混凝土试件放在与工程中混凝土构件相同的养护条件下进行养护，如常用的自然养护（须采取一定的保温与保湿措施）、蒸汽养护等。自然养护、蒸汽养护条件下测得抗压强度，分别称为自然养护抗压强度和蒸汽养护抗压强度，但确定混凝土强度等级或进行材料性能研究时，必须采用标准养护。

2. 混凝土的强度等级

《混凝土强度检验评定标准》（GB/T 50107—2010）规定，混凝土的强度等级按立方体抗压强度标准值划分。混凝土的立方体抗压强度标准值（简称抗压强度标准值）是测得的抗压强度总体分布中的一个值，强度低于该值的百分率不超过5%，或具有95%强度保证率的抗压强度值。混凝土的强度等级用符号 C 和立方体抗压强度标准值来表示，普通混凝土划分为 C15，C20，C25，C30，C35，C40，C45，C50，C55，C60，C65，C70，C75，C80 十四个等级(依据《混凝土结构设计规范》(GB 50010—2010))。

3. 混凝土的其他强度

混凝土的轴心抗压强度又称棱柱体抗压强度，是以 150mm×150mm×300mm 的试件在标准养护条件下，养护至28d 龄期测得的抗压强度值。

混凝土的轴心抗压强度较立方体抗压强度能更好地反映混凝土在受压构件中的实际情况。混凝土结构设计中计算轴心受压构件时，以混凝土的轴心抗压强度为设计取值。实验结果表明，轴心抗压强度与立方体抗压强度的比值为0.7～0.8。

混凝土属于脆性材料，抗拉强度只有抗压强度的1/10～1/20，且比值随混凝土抗压强度的提高而减少。在混凝土结构设计中，通常不考虑混凝土承受拉力，但混凝土的抗拉强度与混凝土构件的裂缝有着密切的关系，是混凝土结构设计中确定混凝土抗裂性的重要依据。

（二）普通混凝土的受压破坏特点

由于水化热、干燥收缩及泌水等原因，混凝土在受力前就在水泥石中有微裂纹，特别是在骨料的表面处存在部分界面微裂纹。当混凝土受力后，在微裂纹处产生应力集中，使这些微裂纹不断扩展，数量不断增多，并逐渐汇合连通，最终形成若干条可见的裂缝而使混凝土破坏。

在荷载达到"比例极限"（约为极限荷载的30%）以前，混凝土的应力较小，界面微裂纹无明显的变化，荷载超过"比例极限"后，界面微裂纹的数量、宽度和长度逐渐增大，但尚无明显的砂浆裂纹，当荷载超过"临界荷载"（为极限荷载的70%～90%）时，界面裂纹继续产生与扩展，同时开始出现砂浆裂纹，部分界面裂纹汇合，此时变形速度明显加快，荷载与变形曲线明显弯曲，达到极限荷载后，裂纹急剧扩展、汇合,并贯通成若干条宽度很大的裂纹,同时混凝土的承载力下降,变形急剧增大,直至混凝土破坏。

由此可见,混凝土的受力变形与破坏是混凝土内部微裂纹产生、扩展、汇合的结果,且只有当微裂纹的数量、长度与宽度达到一定程度时,混凝土才会完全破坏。

(三) 影响混凝土强度的因素

1. 水泥强度等级与水灰比

从混凝土的结构与混凝土的受力破坏过程可知,混凝土的强度主要取决于水泥石的强度和界面黏结强度。普通混凝土的强度主要取决于水泥强度等级与水灰比。水泥强度等级越高,水泥石的强度越高,对骨料的黏结作用也越强。水灰比越大,在水泥石内造成的孔隙越多,混凝土的强度越小。在能保证混凝土密实成型的前提下,混凝土的水灰比越小,混凝土的强度越高。当水灰比过小时,水泥浆稠度过大,混凝土拌合物的流动性过小,在一定的施工成型工艺条件下,混凝土不能密实成型,反而导致强度严重降低,如图4-10所示。

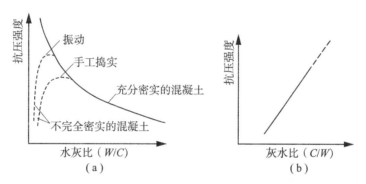

图 4-10 混凝土强度与水灰比及灰水比的关系

大量试验表明,在材料相同的条件下,混凝土的强度随水灰比的增加而有规律地降低,并近似呈双曲线关系,如图4-10所示,而混凝土的强度与灰水比(C/W)的关系近似呈直线关系,这种关系可用下式表示:

$$f_{cu,0} = \alpha_a f_{ce} \left(\frac{C}{W} - \alpha_b \right) \tag{4-4}$$

式中:$f_{cu,0}$ ——混凝土28d龄期的抗压强度,MPa;

f_{ce} ——水泥的实际强度,MPa。在无法取得水泥的实际强度时,可按 $f_{ce} = \gamma_c f_{ce,g}$ 确定,γ_c 为水泥强度等级的富余系数,该值应按各地区的统计资料确定,无统计资料时,对于强度等级为 32.5、42.5 和 52.5 的水泥,可分别按 1.12、1.16 和 1.10 选取《普通混凝土配合比设计规程》(JGJ 55—2011)。$f_{ce,g}$ 为水泥强度等级,MPa。

α_a、α_b ——回归系数,与骨料和水泥的品种及工艺条件等有关。该值应通过试验确定。无统计资料时,可按《普通混凝土配合比设计规程》(JGJ 55—2011)提供的选取:

碎石:$\alpha_a = 0.53$、$\alpha_b = 0.20$;卵石:$\alpha_a = 0.49$、$\alpha_b = 0.13$

上式称为混凝土的强度公式,又称保罗米公式。该式适用于流动性较大的混凝土,即适用于低塑性与塑性混凝土，不适用于干硬性混凝土。

利用该公式，可根据所用水泥的强度和水灰比来估计混凝土的强度。

2. 骨料的品种、规格与质量

在水泥强度等级与水灰比相同的条件下，碎石混凝土的强度往往高于卵石混凝土，特别是在水灰比较小时。如水灰比低于 0.40 时，碎石混凝土较卵石混凝土的强度高 20%～38%，而当水灰比大于 0.65 时，二者的强度不再显示差异。其原因是水灰比小时，界面黏结是主要矛盾，而水灰比大时，水泥石强度成为主要矛盾。

泥及泥块等杂质含量少、级配好的骨料，有利于骨料与水泥石间的黏结，充分发挥骨料的骨架作用，并可降低用水量及水灰比，因而有利于强度。二者对高强混凝土尤为重要。

粒径粗大的骨料，可降低用水量及水灰比，有利于提高混凝土的强度。对高强混凝土，较小粒径的粗骨料可明显改善粗骨料与水泥石的界面黏结强度，可提高混凝土的强度。

3. 养护温度、湿度

养护温度高，水泥的水化速度快，早期强度高，但 28d 及 28d 以后的强度与水泥的品种有关。普通硅酸盐水泥混凝土与硅酸盐水泥混凝土在高温养护后，再转入常温养护至 28d，其强度较一直在常温或标准养护温度下养护至 28d 的强度低 10%～15%；而矿渣硅酸盐水泥以及其他掺活性混合材料多的硅酸盐水泥混凝土，或掺活性掺合料的混凝土经高温养护后，28d 强度可提高 10%～40%。当温度低于 0℃时，水泥水化停止后，混凝土强度停止发展，同时还会受到冻胀破坏作用，严重影响混凝土的早期强度和后期强度。受冻越早，冻胀破坏作用越大，强度损失越大（图 4-11），因此，应特别注意防止混凝土早期受冻。所以，混凝土冬季施工的基本原则就是设法使混凝土受冻前达到一定的强度，即临界强度，其具体规定应按混凝土冬季施工规范相应规定进行。

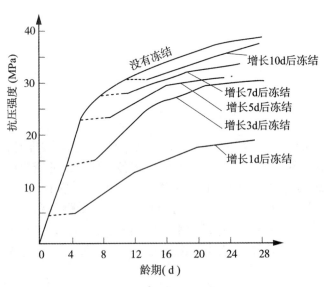

图 4-11　混凝土强度与冻结龄期的关系

环境湿度越高，混凝土的水化程度越高，混凝土的强度越高。如环境湿度低，则由于水分大量蒸发，使混凝土不能正常水化，严重影响混凝土的强度。受干燥作用的时间越早，造成的干缩开裂越严重（因早期混凝土的强度较低），结构越疏松，混凝土的强度损失越大（图 4-12）。GB 50204—2002（2011 年版）规定，混凝土在浇注后的 12h 内，加以覆盖，并保湿养护；并应按规定进行浇水养护，使用硅酸盐水泥、普通硅酸盐水泥、矿渣硅酸盐水泥时，保湿时间不得少于 7d；对掺用缓凝型外加剂或有抗渗性要求的混凝土，不得少于 14d。高强混凝土则在成型后须立即覆盖或采取保湿措施。

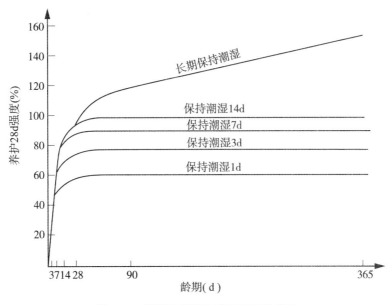

图 4-12　混凝土强度与养护湿度的关系

4. 龄期

在正常养护条件下，混凝土强度随龄期的增加而增大，最初 7d 内强度增长较快，28d 以后增长缓慢。

用中等强度等级普通硅酸盐水泥（非 R 型）配制的混凝土，在标准养护条件下，其强度与龄期（$n \geqslant 3d$）的对数成正比，其关系为：

$$\frac{f_{cu}}{f_n} = \frac{\lg 28}{\lg n} \tag{4-5}$$

式中：f_n——龄期为 n（d）时混凝土的抗压强度。

此式可用于估计混凝土的强度，但由于影响混凝土强度的因素很多，故结果只能作参考。掺加粉煤灰等掺合料时，混凝土的早期强度可能有所降低，但后期强度增长大。

5. 施工方法、施工质量及其控制

采用机械搅拌可使拌合物的质量更加均匀，特别是对水灰比较小的混凝土拌合物。在其他条件相同时，采用机械搅拌的混凝土与采用人工搅拌的混凝土相比，强度可提高约 10%。采用机械振动成型时，机械振动作用可暂时破坏水泥浆的凝聚结构，降低水泥浆的黏度，从而提高混凝土拌合物的流动性，有利于获得致密结构，这对水灰比小的混凝土或流动性小的混凝土尤为显著。

此外，计量的准确性、搅拌时的投料次序与搅拌制度、混凝土拌合物的运输与浇灌方式（不正确的运输与浇灌方式会造成离析、分层）对混凝土的强度也有一定的影响。

（四）提高混凝土强度的措施

1. 采用高强度等级水泥或快硬早强型水泥

采用高强度等级水泥可提高混凝土 28d 龄期的强度；采用快硬早强型水泥可提高混凝土的早期强度，即 3d 或 7d 龄期的强度。

2. 采用干硬性混凝土或较小的水灰比

干硬性混凝土的用水量小，即水灰比小，因而硬化后混凝土的密实度高，故可显著提高混凝土的强度。但干硬性混凝土在成型时需要较大、较强的振动设备，适合在预制厂使用，在现浇混凝土工程中一般无法使用。

3. 采用级配好、质量高、粒径适宜的骨料

级配好，泥、泥块等有害杂质少以及针、片状颗粒含量较少的粗、细骨料，有利于降低水灰比，可提高混凝土的强度。对中低强度的混凝土，应采用最大粒径较大的粗骨料；对高强混凝土，则应采用最大粒径较小的粗骨料。同时应采用较粗的细骨料。

4. 采用机械搅拌和机械振动成型

采用机械搅拌和机械振动成型可进一步降低水灰比，并能保证混凝土密实成型。在低水灰比的情况下，效果尤为显著。

5. 加强养护

混凝土在成型后应及时进行养护以保证水泥能正常水化与凝结硬化。对自然养护的混凝土应保证一定的温度与湿度，同时应特别注意混凝土的早期养护，即在养护初期必须保证有较高的湿度，并应防止混凝土早期受冻。采用湿热处理，可提高混凝土的早期强度，可根据水泥品种对高温养护的适应性和对早期强度的不同要求，选择适宜的高温养护温度。

6. 掺加外加剂

掺加减水剂，特别是高效减水剂，可大幅度降低用水量和水灰比，使混凝土的强度显著提高。掺加高效减水剂是配制高强混凝土的主要措施之一。掺加早强剂可显著提高混凝土的早期强度。

7. 掺加混凝土掺合料

掺加比表面积大的活性掺合料，如硅灰、磨细粉煤灰、沸石粉、硅质页岩粉等可提高混凝土的强度，特别是硅灰可大幅度提高混凝土的强度。

特殊情况下，可掺加合成树脂或合成树脂乳液，这对提高混凝土的强度及其他性能十分有利。

三、混凝土变形

混凝土在硬化和使用过程中，由于受物理、化学及其他因素的作用，会产生各种变形，这些变形是导致混凝土产生裂纹的主要原因之一，从而进一步影响了混凝土的强度和耐久性。

（一）非荷载作用下的混凝土变形

1. 化学变形

混凝土在硬化过程中，由于水泥水化产物的体积小于反应物（水泥与水）的体积，导致混凝土在硬化时产生收缩，称为化学收缩。混凝土的化学收缩是不可恢复的，收缩量随混凝土的硬化龄期的延长而增加，一般在40d内逐渐趋向稳定。化学收缩值很小，一般对混凝土的结构没有破坏作用。需指出的是，虽然系统的体积减小了，但水泥水化产物的体积大于反应物水泥和水的体积，即随反应的进行，固相体积增大，密实度提高。

2. 塑性变形

混凝土浇注后，尚未硬化前，颗粒间的空间完全充满着水，当由于受外界影响水在浆体中移动，因其表面水分蒸发而引起的收缩，称为塑性收缩。开裂情况由于高风速、低相对湿度、高气温和高的混凝土温度等的组合作用所加剧。这些情况在夏季最为普遍，但在任何时候都可能发生。塑性收缩开裂在路面和平板的水平面最普遍，水在这些面上可能会快速蒸发，裂缝出现将破坏表面的完整性，降低耐久性。

3. 干湿变形

混凝土在环境中会产生干缩湿胀变形。水泥石内吸附水和毛细孔水蒸发时，会引起凝胶体紧缩和毛细孔负压，从而使混凝土产生收缩。当混凝土吸湿时，由于毛细孔负压减小或消失而产生膨胀。

混凝土在水中硬化时，由于凝胶体中胶体粒子表面的水膜增厚，胶体粒子间的距离增大，混凝土产生微小的膨胀，此种膨胀对混凝土一般没有危害。混凝土在空气中硬化时，首先失去主毛细孔水。继续干燥时，则失去吸附水，引起凝胶体紧缩（此部分变形不可恢复）。干缩后的混凝土再遇水时，混凝土的大部分干缩变形可恢复，但有30%~50%不可恢复。混凝土的湿胀变形很小，一般无破坏作用。混凝土的干缩变形对混凝土的危害较大。干缩可使混凝土的表面产生较大的拉应力而引起开裂，从而使混凝土的抗渗性、抗冻性、抗侵蚀性等变差。

影响混凝土干缩变形的因素主要有：

①水泥用量、细度、品种。水泥用量越多，水泥石含量越多，干燥收缩越大。水泥的细度越大，混凝土的用水量越多，干燥收缩越大。高强度等级水泥的细度往往较大。故使用高强度等级水泥的混凝土干燥收缩较大。使用火山灰质硅酸盐水泥时，混凝土的干燥收缩较大；而使用粉煤灰硅酸盐水泥时，混凝土的干燥收缩较小。

②水灰比。水灰比越大，混凝土内的毛细孔隙数量越多，混凝土的干燥收缩越大。一般用水量每增加1%，混凝土的干燥率增加2%~3%。

③骨料的规格与质量。骨料的粒径越大，级配越好，水与水泥用量越少，混凝土的干燥收缩越小。骨料的含泥量及泥块含量越少，水与水泥用量越少，混凝土的干燥收缩越小。针、片状骨料含量越少，混凝土的干燥收缩越小。

④养护条件。养护湿度高，养护的时间长，则推迟混凝土干燥收缩的产生与发展，可避免混凝土在早期产生较多的干缩裂纹，但对混凝土的最终干缩率没有显著的影响。采用湿热养护时可降低混凝土的干缩率。

4. 自收缩

混凝土在养护期间，由于水泥水化消耗水分，混凝土内部相对湿度就会降低，造成毛细孔、凝胶孔的液面弯曲，体积减小引起的收缩，称为自收缩。当混凝土被密封或在密实的混凝土中（如低水灰比和加有硅灰）才会发生自收缩。

5. 温度变形

对大体积混凝土工程，在凝结硬化初期，由于水泥水化放出的水化热不易散发而聚集在内部，造成混凝土内外温差很大，有时可达 40~50℃ 以上，从而导致混凝土表面开裂。为降低混凝土内部的温度，应采用水化热较低的水泥和最大粒径较大的粗骨料，并应尽量降低水泥用量，也可掺加缓凝剂或采取人工降温等措施。

混凝土在正常使用条件下也会随温度的变化而产生热胀冷缩变形。混凝土的热膨胀系数与混凝土的组成材料及用量有关，但影响不大。混凝土的热膨胀系数一般为 $(0.6~1.3) \times 10^{-5}/℃$，即温度每升降 1℃，1m 混凝土的胀缩约为 0.01mm。温度变形对大体积混凝土工程、大面积混凝土及纵长的混凝土结构等极为不利，易使混凝土产生温度裂纹。对纵长的混凝土结构及大面积的混凝土工程，应每隔一段长度设置一温度伸缩缝。

（二）荷载作用下的混凝土变形

1. 混凝土在短期荷载作用下的变形

（1）混凝土的弹塑性变形

混凝土是一种非均质材料，属于弹塑性体。在外力作用下，既产生弹性变形，又产生塑性变形，即混凝土的应力与应变的关系不是直线而是曲线，如图 4-13（a）所示。应力越大，混凝土的塑性变形越大，应力与应变曲线的弯曲程度越大，即应力与应变的比值越小。混凝土的塑性变形是内部微裂纹产生、增多、扩展与汇合等的结果。

（2）混凝土的弹性模量

混凝土的应力与应变的比值随应力的增大而降低，即弹性模量随应力增大而降低。实验结果表明，混凝土以 40%~50% 的轴心抗压强度 f_a 为荷载值，经三次以上循环加荷、卸荷的重复作用后，应力与应变关系基本上是直线关系，如图 4-13（b）所示。严格说来，由此测得的弹性模量为割线 $A'C'$ 的弹性模量，故又称割线弹性模量。

混凝土的弹性模量在结构设计中主要用于结构的变形与受力分析。对于 C10~C60 的混凝土，其弹性模量为 $(1.75~3.60) \times 10^4 MPa$。

影响混凝土弹性模量的主要因素有：

①混凝土的强度。混凝土的强度越高，则其弹性模量越高。

②混凝土的水泥用量与水灰比。混凝土的水泥用量越少，水灰比越小，粗细骨料的用量越多，则混凝土的弹性模量越大。

③骨料的弹性模量、骨料的质量。骨料的弹性模量越大，则混凝土的弹性模量越大。骨料中泥及泥块等杂质含量越少，级配越好，则混凝土的弹性模量越高。

④养护和测试时的湿度。混凝土养护和测试时的湿度越高，则测得的弹性模量越高。湿热处理混凝土的弹性模量高于标准养护混凝土的弹性模量。

⑤引气混凝土的弹性模量较非引气的混凝土低 20%~30%。

2. 混凝土在长期荷载作用下的变形——徐变

混凝土在长期荷载作用下，沿作用力方向随时间而产生的塑性变形称为混凝土的徐

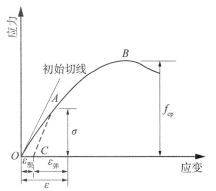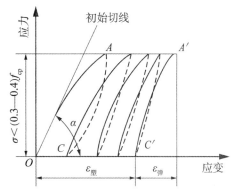

（a）混凝土在压应力作用下的应力-应变关系　（b）混凝土在低应力重复荷载下的应力-应变关系

图 4-13　混凝土在应力作用下的应力-应变曲线图

变。图 4-14 为混凝土的变形与荷载作用时间的关系。混凝土随受荷时间的延长，混凝土又产生变形，即徐变变形。徐变变形在受力初期增长较快，之后逐渐减慢，2～3 年时才趋于稳定。徐变变形可达瞬时变形的 2～4 倍。普通混凝土的最终徐变为（3～15）×10^{-4}。卸除荷载后，部分变形瞬时恢复，还有部分变形在卸荷一段时间后逐渐恢复，称为徐变恢复。最后残留下的不能恢复的变形称为残余变形。

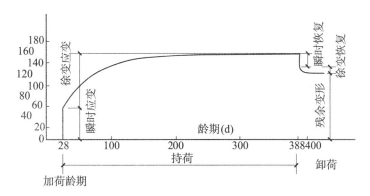

图 4-14　混凝土的徐变与恢复

产生徐变的原因是水泥石中凝胶的黏性流动，并向毛细孔中移动的结果，以及凝胶体内的吸附水在荷载作用下向毛细孔迁移的结果。

影响混凝土徐变的因素主要有：

①水泥用量与水灰比。水泥用量越多，水灰比越大，则混凝土中的水泥石含量及毛细孔数量越多，混凝土的徐变越大。

②骨料的弹性模量与骨料的规格与质量。骨料的弹性模量越大，混凝土的徐变越小。骨料的级配越好，粒径越大，泥及泥块的含量越少，则混凝土的徐变越小。

③养护湿度。养护湿度越高，混凝土的徐变越小。

④养护龄期。混凝土受荷载作用时间越早，徐变越大。

徐变可消除混凝土、钢筋混凝土中的应力集中程度，使应力重分配，从而使混凝土结构中局部应力集中得到缓和。对大体积混凝土工程可降低或消除一部分由于温度变形所产生的破坏应力。但在预应力混凝土中，徐变将会使钢筋的预应力值受到损失。

（三）混凝土耐久性

1. 混凝土耐久性的含义

混凝土耐久性是指混凝土结构及其构件在自然环境、使用环境及材料内部因素的作用下，在设计要求的目标使用期内，不需要花费大量资金加固处理而能够长期维持其所需功能的能力。环境作用下影响混凝土结构耐久性的材料劣化现象主要是钢筋锈蚀和混凝土腐蚀。所以，评价混凝土耐久性应该从混凝土本身的组成（抗侵蚀性、抗碳化性、碱–骨料反应等）与结构（抗渗性、抗冻性等）两方面综合分析。

（1）抗渗性

抗渗性是混凝土的一项重要性质，它还直接影响混凝土的抗冻性及抗侵蚀性等。

混凝土的抗渗性用抗渗等级 Pn 来表示。《普通混凝土长期性能和耐久性试验方法》（GB/T 50082—2009）规定，在标准试验条件下，以 6 个标准试件（厚度为 150mm）中 4 个试件未出现渗水时，试件所能承受的最大水压力来确定和表示。分为 P6、P8、P10、P12 等级别，分别表示混凝土可抵抗 0.6、0.8、1.0、1.2MPa 的水压力。对于抗渗性高的高性能混凝土，目前采用电通量法、快速氯离子迁移系数法，通过评价抗氯离子渗透性能进行分析。

混凝土的抗渗性主要与水泥品种和混凝土的孔隙率，特别是开口孔隙率以及成型时造成的蜂窝、孔洞等结构有关。混凝土的抗渗性与水灰比有着密切的关系。水灰比大于 0.60 时，混凝土的渗透系数急剧增加，即抗渗性急剧减弱。因而配制有抗渗性要求的混凝土时，水灰比必须小于 0.60。为提高混凝土的抗渗性应采用级配好、泥及泥块等杂质含量少的骨料，并应加强振捣成型和养护。掺加引气剂、减水剂、防水剂、膨胀剂等可大幅度提高混凝土的抗渗性。

地下工程及有防水或抗渗要求的工程应考虑混凝土的抗渗性。

（2）抗冻性

混凝土的抗冻性常用抗冻等级 Fn 来表示。《普通混凝土长期性能和耐久性试验方法》（GB/T 50082—2009）规定，在标准试验条件下，混凝土的抗冻性是以 28d 龄期的试件，在吸水饱和状态下反复冻结（−18 ～ −20℃的空气中）与融化（18 ～ 20℃的水中），以混凝土的抗压强度损失不超过 25%，并且质量损失不超过 5% 时混凝土所能经受的最多冻融循环次数来表示。混凝土的抗冻性分为 F15、F25、F50、F100、F150、F200、F250、F300 等九个级别，分别表示可抵抗 15、25、50、100、150、200、250、300 次的冻融循环。

混凝土的抗冻性还可用快冻法（属于非破损法）进行，该法适用于抗冻性高的混凝土。快冻法是以经快速冻融循环后，混凝土的相对动弹性模量不小于 60%，且质量损失不大于 5% 时，混凝土所能承受的最多冻融循环次数来表示。

混凝土的抗冻性主要与水泥品种、骨料的坚固性和混凝土内部的孔隙率有关。提高混凝土的抗渗性可显著提高其抗冻性。采用较低的水灰比，级配好、泥及泥块含量少的骨料，可提高混凝土的抗冻性。加强振捣成型和养护，掺加减水剂，特别是掺加引气剂可显著提高混凝土的抗冻性。

处于受冻环境，特别是处于水位变化区的受冻混凝土，应考虑混凝土的抗冻性。

（3）抗侵蚀性

混凝土所处的环境含有侵蚀介质时，则必须对混凝土有抗侵蚀性要求。混凝土的抗侵蚀性主要取决于水泥的品种与混凝土的密实度。特殊情况下，混凝土的抗侵蚀性也与所用骨料的性质有关，如环境中含有酸性物质时，应采用耐酸性高的骨料（石英岩、花岗岩、安山岩、铸石等）；如环境中含有强碱性的物质时，应采用耐碱性高的骨料（石灰岩、白云岩、花岗岩等）。

（4）碳化

空气中的二氧化碳与水泥石中的氢氧化钙作用，生成碳酸钙和水的过程称为碳化，又称中性化。

未碳化的混凝土内含有大量的氢氧化钙，毛细孔内氢氧化钙水溶液的 pH 值可达到 12.6～13，这种强碱性环境能在钢筋表面形成一层钝化膜，因而对钢筋具有良好的保护能力。碳化使混凝土的碱度降低，当碳化深度超过钢筋的保护层时，由于混凝土的中性化，钢筋表面的钝化膜被破坏，钢筋产生锈蚀。钢筋锈蚀还会引起体积膨胀，使混凝土保护层开裂或剥落。混凝土的开裂和剥落又会加速混凝土的碳化和钢筋的锈蚀。因此，碳化作用的最大危害是对钢筋的保护作用减弱，使钢筋容易锈蚀。

碳化还会引起混凝土表面产生微裂纹，从而降低混凝土的抗拉强度、抗折强度及抗渗性等。但碳化产生的碳酸钙使混凝土的表面更加致密，因而对混凝土的抗压强度有利。总体来讲，碳化对混凝土弊大于利。

混凝土的碳化过程是由表及里地逐渐进行的过程。混凝土的碳化深度 D（mm）随时间 t（d）的延长而增大，在正常大气中，二者的关系为：

$$D = a\sqrt{t} \tag{4-6}$$

式中：a ——碳化速度系数，与混凝土的组成材料及混凝土的密实程度等有关。

影响混凝土碳化速度的因素有：

①二氧化碳的浓度。二氧化碳的浓度高，则混凝土的碳化速度快。如室内混凝土的碳化较室外快，翻砂及铸造车间混凝土的碳化则更快。

②湿度。湿度为 50%～70% 时，混凝土的碳化速度最快。湿度过小时，由于缺乏水分而停止碳化；湿度过大时，由于孔隙中充满了水分，不利于二氧化碳向内扩散。

③水泥品种。掺混合材料数量多的硅酸盐水泥，由于碱度低，因而抗碳化能力弱于不掺或只掺少量混合材料的硅酸盐水泥，即硅酸盐水泥和普通硅酸盐水泥混凝土的抗碳化能力强。

④水灰比。水灰比越大，毛细孔越多，碳化速度越快。

⑤骨料的质量。骨料的级配越好，泥及泥块含量越少，混凝土的水灰比越小，抗碳化能力越强。

⑥养护。混凝土的养护越充分，抗碳化能力越好。采用湿热处理的混凝土，其碳化速度较标准养护时的碳化速度快。

⑦外加剂。掺加减水剂和引气剂时，可明显降低混凝土的碳化速度。

对普通工业与民用建筑中的钢筋混凝土，不论使用何种水泥，不论配合比如何，只要混凝土的成型质量较好，钢筋外部的 20～30mm 的混凝土保护层完全可以保证钢筋在使用期限内（约 50 年）不发生锈蚀。但对薄壁钢筋混凝土结构，或二氧化碳浓度较高环境中的钢筋混凝土结构，须专门考虑混凝土的抗碳化性。

（5）碱-骨料反应

碱-骨料反应是指混凝土内水泥石或外加剂中的碱（Na_2O、K_2O）与骨料中活性氧化硅间的反应，该反应的产物为碱-硅酸凝胶，吸水后会产生巨大的体积膨胀而使混凝土开裂。碱-骨料反应破坏的特点是，混凝土表面产生网状裂纹，活性骨料周围出现反应环，裂纹及附近孔隙中常含有碱-硅酸凝胶等。碱-骨料反应的速度极慢，其危害需几年或十几年时间才逐渐表现出来。

碱-骨料反应只有在水泥中的碱含量大于 0.60%（以 Na_2O 计）的情况下，骨料中含有活性氧化硅时，并且在有水存在或潮湿环境中才能进行。

含活性氧化硅的矿物有蛋白石、玉髓、鳞石英等，这些矿物常存在于流纹岩、安山岩、凝灰岩等天然岩石中。当骨料中含有活性氧化硅，而又必须使用时，应采取以下措施：

①使用碱含量小于 0.60% 的水泥。

②掺加磨细的活性掺合料。利用活性掺合料，特别是硅灰与火山灰质混合材料可吸收和消耗水泥中的碱，使碱-骨料反应的产物均匀分布于混凝土中，而不致集中于骨料的周围，以降低膨胀应力。

③掺加引气剂，利用引气剂在混凝土内产生的微小气泡，使碱-骨料反应的产物能分散嵌入到这些微小的气泡内，以降低膨胀应力。

2. 提高混凝土耐久性的措施

尽管引起混凝土抗冻性、抗渗性、抗侵蚀性、抗碳化性等耐久性下降的因素或破坏介质不同，但却均与混凝土所用水泥、骨料等组成质量以及混凝土孔隙率、孔隙特征等结构有关。因而可采取以下措施来提高混凝土的耐久性：

①选择适宜的水泥品种和水泥强度等级，见表 4-15。也可根据使用环境条件，掺加适量的活性掺合料。

②采用较小的水胶比，并限制最大水胶比和最小胶凝材料用量，见表 4-16，以保证混凝土的结构密实性。

表 4-15 设计使用年限为 50 年的混凝土结构的耐久性基本要求（GB 50010—2010）

环境类别	环 境 条 件	最大水灰比	最低强度等级	最大氯离子含量（%）	碱含量（kg/m^3）
一	室内干燥环境、无侵蚀性静水浸没环境	0.60	0.20	0.30	不限制
二 a	室内潮湿环境、非严寒和非寒冷地区的露天环境、非严寒和非寒冷地区与无侵蚀性的水或土壤直接接触的环境、严寒和寒冷地区的冰冻线以下与无侵蚀性的水或土壤直接接触的环境	0.55	C25	0.20	

环境类别	环 境 条 件	最大水灰比	最低强度等级	最大氯离子含量（%）	碱含量（kg/m³）
二 b	干湿交替环境、水位频繁变动环境、严寒和寒冷地区的露天环境、严寒和寒冷地区冰冻线以上与无侵蚀性的水或土壤直接接触的环境	0.50（0.55）	C30（C25）	0.15	
三 a	严寒和寒冷地区冬季水位变动区环境、受除冰盐影响环境、海风环境	0.45（0.50）	C35（C30）	0.15	3.0
三 b	盐渍土环境、受除冰盐作用环境、海岸环境	0.40	C40	0.10	
四	海水环境	—	—	—	
五	受人为或自然的侵蚀性物质影响的环境	—	—	—	

注：①氯离子含量系指其占胶凝材料总量的百分比；

②预应力构件混凝土中的最大氯离子含量为0.05；最低混凝土强度等级应按表中的规定提高两个等级；

③素混凝土构件的水胶比及最低强度等级的要求可适当放松；

④有可靠工程经验时，二类环境中的最低混凝土强度等级可降低一个等级；

⑤处于严寒和寒冷地区二 b、二 a 类环境中的混凝土应使用引气剂，并可采用括号中的有关参数；

⑥当使用非碱活性骨料时，对混凝土中的碱含量可不作限制。

表 4-16 混凝土的最大水胶比和最小胶凝材料用量 （JGJ 55—2011）

最大水胶比	最小胶凝材料用量（kg/m³）		
	素混凝土	钢筋混凝土	预应力混凝土
0.60	250	280	300
0.55	280	300	300
0.50	320		
≤0.45	330		

③采用杂质少，级配好，粒径适中，坚固性好的粗、细骨料。

④掺加减水剂和引气剂。

⑤加强养护，特别是早期养护。

⑥采用机械搅拌和机械振动成型。

⑦必要时，可适当增大砂率，以减小离析、分层。

第四节　普通混凝土配合比设计

一、混凝土配合比的表示方法

混凝土配合比是指混凝土各组成材料之间的比例关系。混凝土配合比的表示方法主要有两种：一种是以 $1m^3$ 混凝土中各组成材料的用量（kg）来表示，例如：水泥300kg、水190kg、砂690kg、石子1270kg；另一种是以单位质量的水泥与各材料间的用量比来表示，如前例配比用此法可表示为：水泥：砂：石 = 1：2.3：4.2，水灰比 = 0.63。当掺加外加剂或混凝土掺合料时，其用量以水泥用量的质量百分比来表示。极个别情况下，混凝土的配合比也用各材料间的体积比来表示。

二、混凝土配合比设计的基本要求

混凝土配合比设计的任务，就是合理设计各组成材料的比例关系，使得混凝土应满足以下要求：

①满足施工要求的和易性；

②满足设计要求的强度等级；

③满足与使用条件相适应的耐久性；

④满足经济上合理，即水泥用量要少。

三、混凝土配合比设计前需明确的基本资料

（一）工程要求与施工水平

首先需明确设计要求的和易性、强度等级、耐久性的混凝土所要求的技术性能指标；混凝土工程所处的使用环境条件；混凝土构件或混凝土结构的断面尺寸和配筋情况；混凝土的施工方法与施工质量水平。

（二）原材料

根据混凝土工程与施工水平要求，确定水泥的品种、强度等级、密度等性能；粗、细骨料的规格（粗细或最大粒径），品种，表观密度，级配，含水率及杂质与有害物的含量等；水质情况；外加剂与掺合料的品种、性能等组成材料的基本性能指标。

四、混凝土配合比设计步骤

混凝土配合比设计是根据配合比设计的基本要求和原材料的品种、规格、质量等条件，先以干燥状态骨料为基准（细骨料的含水率小于0.5%，粗骨料的含水率小于0.2%），凭经验直接选取或从各种配合比手册中查得，或通过计算法求得（本书以计算法为例）混凝土初步配合比，经过试拌、检验与调整而获得满足和易性、强度、耐久性及经济性等设计要求的混凝土配合比。设计步骤具体如下：

（一）确定初步配合比

1. 确定配制强度 $f_{cu,0}$

为保证混凝土强度具有 GB/T 50081—2002 所要求的95%保证率，混凝土的配制强

度 $f_{cu,0}$ 必须大于设计要求的强度等级。令 $f_{cu,0} = \overline{f_{cu}}$，代入概率度 t 计算式，即得

$$t = \frac{f_{cu,k} - f_{cu,0}}{\sigma} \tag{4-7}$$

式中：$\overline{f_{cu}}$——混凝土抗压强度平均值，MPa；

$f_{cu,k}$——混凝土强度等级，MPa；

σ——混凝土强度标准差。

由此，得混凝土配制强度 $f_{cu,0}$ 为：

$$f_{cu,0} = f_{cu,k} - t\sigma \tag{4-8}$$

保证率 $P = 95\%$ 时，对应的概率度 $t = -1.645$，因而上式可写为：

$$f_{cu,0} = f_{cu,k} + 1.645\sigma \tag{4-9}$$

式中 σ 可由混凝土生产单位的历史统计资料得到，无统计资料时，可按表4-17取值。

表4-17 　　　　　　　　　混凝土的 σ 取值（JGJ 55—2011）

混凝土强度标准值	≤C20	C25 ~ C45	C50 ~ C55
σ	4.0	5.0	6.0

2. 确定水胶比 W_0/B_0

对于普通混凝土而言，其使用胶凝材料主要是水泥，水与水泥的用量比值称为水灰比（W_0/C_0）；对于高性能混凝土，其所用的胶凝材料是由水泥和粉煤灰等矿物掺合料混合而成，水与胶凝材料的用量比值称为水胶比（W_0/B_0）。确定水胶比的原则是在满足强度和耐久性的前提下，应选择较大的水胶比以节约水泥用量。水胶比可凭经验确定或从各种配合比手册中直接选取，缺乏经验时可通过计算法确定（本书以计算法为例），根据保罗米公式，计算过程如下：

$$f_{cu,0} = f_{28} = \alpha_a f_b\left(\frac{B_0}{W_0} - \alpha_b\right) = \alpha_a \gamma_f \gamma_s f_{ce}\left(\frac{B_0}{W_0} - \alpha_b\right) = \alpha_a \gamma_f \gamma_s \gamma_{cf} f_{ce,g}\left(\frac{B_0}{W_0} - \alpha_b\right) \tag{4-10}$$

得

$$\frac{B_0}{W_0} = \frac{f_{cu,0}}{\alpha_a f_b} + \alpha_b = \frac{f_{cu,0}}{\alpha_a \gamma_f \gamma_s f_{ce}} + \alpha_b = \frac{f_{cu,0}}{\alpha_a \gamma_f \gamma_s \gamma_{cf} f_{ce,g}} + \alpha_b \tag{4-11}$$

即

$$\frac{W_0}{B_0} = \frac{\alpha_a f_b}{f_{cu,0} + \alpha_a \alpha_b f_b} = \frac{\alpha_a \gamma_f \gamma_s f_{ce}}{f_{cu,0} + \alpha_a \alpha_b \gamma_f \gamma_s f_{ce}} = \frac{\alpha_a \gamma_f \gamma_s \gamma_{cf} f_{ce,g}}{f_{cu,0} + \alpha_a \alpha_b \gamma_f \gamma_s \gamma_{cf} f_{ce,g}} \tag{4-12}$$

式中：γ_f、γ_s——分别为粉煤灰影响系数、粒化高炉矿渣粉影响系数，可按表4-18选取。

回归系数 α_a、α_b 应使用本单位的统计值，无统计资料时，可按《普通混凝土配合比设计规程》JGJ 55—2011 提供的选取：

碎石：$\alpha_a = 0.53$、$\alpha_b = 0.20$；卵石：$\alpha_a = 0.49$、$\alpha_b = 0.13$。

表 4-18　　　　　粉煤灰影响系数、粒化高炉矿渣粉影响系数（JGJ 55—2011）

掺量（%）	种类	粉煤灰影响系数 γ_f	粒化高炉矿渣粉影响系数 γ_s
0		1.00	1.00
10		0.90 ~ 0.95	1.00
20		0.80 ~ 0.85	0.95 ~ 1.00
30		0.70 ~ 0.75	0.90 ~ 1.00
40		0.60 ~ 0.65	0.80 ~ 0.90
50		—	0.70 ~ 0.85

注：①采用 I 级、II 级粉煤灰宜取上限值；

②采用 S75 级粒化高炉矿渣粉宜取下限值，采用 S95 级粒化高炉矿渣粉宜取上限值，采用 S105 级粒化高炉矿渣粉可取上限值加 0.05。

③当超出表中的掺量时，粉煤灰和粒化高炉矿渣粉影响系数应经试验确定。

为保证混凝土的耐久性，计算出的水胶比须小于表 4-14、表 4-15 中规定的最大水胶比。如计算得出的水胶比大于表中规定的最大水胶比，则取得表中规定的最大水胶比值。

3. 确定用水量 m_{w0}

干硬性或塑性的用水量，可凭经验直接选取。

①水胶比在 0.40 ~ 0.80 范围时，根据粗骨料的品种、粒径及施工要求的流动性指标，查表 4-13、表 4-14 确定；

②水胶比小于 0.40 时，可根据试验确定；

③掺外加剂时，可按下式计算：

$$m_{w0} = m_{w0'}(1 - \beta) \tag{4-13}$$

式中：m_{w0}——满足实际坍落度要求的每立方米混凝土的用水量，kg；

$m_{w0'}$——未掺外加剂时推定的满足实际坍落度要求的每立方米混凝土用水量，kg；

β——外加剂的减水率，经试验确定。

4. 确定胶凝材料用量 m_{b0}

每立方米混凝土中胶凝材料用量 m_{b0} 可按下式计算：

$$m_{b0} = m_{w0} \frac{B_0}{W_0} \quad 或 \quad m_{b0} = \frac{m_{w0}}{\dfrac{W_0}{B_0}} \tag{4-14}$$

每立方米混凝土中矿物掺合料用量 m_{f0} 可按下式计算：

$$m_{f0} = m_{b0}\beta_f \tag{4-15}$$

式中：β_f——矿物掺合料掺量。

每立方米混凝土中水泥用量 m_{c0} 可按下式计算：

$$m_{c0} = m_{b0} - m_{f0} \tag{4-16}$$

为保证混凝土的耐久性，计算得到的水泥（或胶凝材料）用量须大于表4-15、表4-16中规定的最小用量。当计算得出的水泥（或胶凝材料）用量少于最小规定用量时，应按表中规定的最小用量选取。

5. 确定砂率 β_s

应根据骨料的技术指标、混凝土拌合物性能和施工要求，参考既有历史资料确定。当缺乏历史资料时，应按下列规定确定：

①坍落度小于10mm的混凝土，砂率应经试验确定；

②坍落度为 10~60mm 的混凝土，砂率可根据粗骨料的品种、最大公称粒径及水灰比按表4-16选取；

③坍落度大于60mm的混凝土，可经试验确定，也可在表4-14的基础上，按坍落度每增大20mm，砂率增大1%的幅度予以调整。

6. 计算砂用量 m_{s0}、石用量 m_{g0}

（1）体积法

该法假定混凝土各组成材料的体积（指各材料排开水的体积，即水泥与水以密度计算体积，砂、石为表观密度体积计算）与拌合物所含的少量空气的体积之和等于混凝土拌合物的体积，即 $1m^3$，或 1000L。由此假定和砂率，即有以下方程组：

$$\begin{cases} \dfrac{m_{c0}}{\rho_c} + \dfrac{m_{f0}}{\rho_f} + \dfrac{m_{w0}}{\rho_0} + \dfrac{m_{s0}}{\rho_s'} + \dfrac{m_{g0}}{\rho_g'} + 0.01\alpha = 1 \\ \beta_s = \dfrac{m_{s0}}{m_{s0} + m_{g0}} \times 100\% \end{cases} \tag{4-17}$$

式中：ρ_c、ρ_f、ρ_w——分别为水泥、矿物掺合料、水的密度，g/cm^3 或 kg/L；

ρ_s'、ρ_g'——分别为砂、石的表观密度，g/cm^3 或 kg/L；

α——混凝土含气量，%。不掺引气型外加剂时，α 取1。

（2）体积密度法（质量法）

该法假定每立方米混凝土中各组成材料的质量之和等于混凝土拌合物的体积密度 m_{cp}，其可在 2350~2450kg/m^3 选取。由此假定和砂率，即有以下方程组：

$$\begin{cases} m_{c0} + m_{f0} + m_{w0} + m_{s0} + m_{g0} = m_{cp} \\ \beta_s = \dfrac{m_{s0}}{m_{s0} + m_{g0}} \times 100\% \end{cases} \tag{4-18}$$

解方程组，即得每立方米混凝土中砂用量 m_{s0} 和石用量 m_{g0}。

（二）试拌检验与调整和易性及确定基准配合比

初步配合比是根据一些经验公式或表格通过计算得到的，或是直接选取的，因而不一定符合实际情况，故须进行检验与调整，并通过实测的混凝土拌合物体积密度 ρ_{0t} 进行校正。

试拌时，若流动性大于要求值，可保持砂率不变，适当增加砂用量和石用量；若流动性小于要求值，可保持水灰比不变，适当增加水泥用量和水用量，其数量一般为5%或10%，若黏聚性或保水性不合格，则应适当增加砂用量。和易性合格后，测定混凝土拌合物的体积密度 ρ_{0t}，并计算出各组成材料的拌和用量：水泥 m_{c0b}、矿物掺合料

m_{f0b}、水 m_{w0b}、砂 m_{s0b}、石 m_{g0b}，则拌合物的总用量 m_{tb} 为：

$$m_{tb} = m_{c0b} + m_{f0b} + m_{w0b} + m_{s0b} + m_{g0b}$$

混凝土的基准配合比，按下式计算：

$$m_{cr} = \frac{m_{c0b}}{m_{tb}} \times \rho_{0t}, \quad m_{fr} = \frac{m_{f0b}}{m_{tb}} \times \rho_{0t}, \quad m_{wr} = \frac{m_{w0b}}{m_{tb}} \times \rho_{0t}, \quad m_{sr} = \frac{m_{s0b}}{m_{tb}} \times \rho_{0t}, \quad m_{gr} = \frac{m_{g0b}}{m_{tb}} \times \rho_{0t}$$

需要说明的是即使混凝土拌合物的和易性不需调整，也必须用实测的体积密度 ρ_{0t} 按上式校正配合比。

（三）检验强度与确定实验室配合比

检验强度时应采用不少于三组的配合比。其中一组为基准配合比；另两组的水胶比分别比基准配合比减小或增加 0.05，而用水量、砂用量、石用量与基准配合比相同（必要时，也可适当调整砂率）。三组混凝土的水胶比、水泥、水、砂、石用量分别为：

三组配合比分别成型、养护、测定 28d 龄期的抗压强度 $f_{\mathrm{I}}\left(\dfrac{W_0}{B_0} + 0.05\right)$，$f_{\mathrm{II}}\left(\dfrac{W_0}{B_0}\right)$，$f_{\mathrm{III}}\left(\dfrac{W_0}{B_0} - 0.05\right)$。由三组配合比的胶水比和抗压强度，绘制 f_{28}-B/W 关系图（图4-15）。

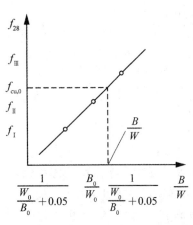

图 4-15　f_{28} – B/W 关系图

由图 4-15 可得满足配制强度 $f_{cu,0}$ 的胶水比 B/W，称为实验室胶水比，该胶水比既满足强度要求，又满足水泥用量最少的要求，因此，也称最佳胶水比。此时，满足配制强度 $f_{cu,0}$ 要求的四种材料的用量分别为：胶凝材料为 $m_{wr} \cdot \dfrac{B}{W}$、水为 m_{wr}、砂为 m_{sr}、石为 m_{gr}。因四者的体积之和不等于 $1\mathrm{m}^3$，须根据混凝土的实测体积密度 $\rho_{c,t}$ 和计算体积密度 $\rho_{c,c}$ 折算为 $1\mathrm{m}^3$。计算体积密度按下式计算：

$$\rho_{c,c} = m_{wr} \cdot \frac{B}{W} + m_{wr} + m_{sr} + m_{gr} \qquad (4\text{-}19)$$

则校正系数 δ 为：

$$\delta = \frac{\rho_{c,t}}{\rho_{c,c}}$$

混凝土的实验室配合比为：

$$m_c = \delta \cdot m_{wr} \cdot \frac{B}{W}(1 - \beta_f), \quad m_f = \delta \cdot m_{wr} \cdot \frac{B}{W} \cdot \beta_f$$

$$m_w = \delta \cdot m_{wr}, \quad m_s = \delta \cdot m_{sr}, \quad m_g = \delta \cdot m_{gr}$$

上述配合比一般均能满足耐久性要求，如对混凝土的耐久性有专门要求时（如抗渗性、抗冻性等），还应将上述配合比进行相应的检验，若合格即为混凝土的实验室配合比，若不合格还应做相应的调整。

实际配制时，在和易性检验及调整合格后，不必计算基准配合比，而是直接配制三组不同水胶比的混凝土由此确定混凝土的实验室配合比，方法如下：

强度检验时，三组混凝土的水灰比及水泥、水、砂、石的拌和用量分别为：

I. $\left(\dfrac{W_0}{B_0} + 0.05\right)$，$\dfrac{m_{w0b}}{\left(\dfrac{W_0}{B_0} + 0.05\right)}$，$m_{w0b}$，$m_{s0b}$，$m_{g0b}$；

II. $\dfrac{W_0}{B_0}$，m_{c0b}，m_{w0b}，m_{s0b}，m_{g0b}；

III. $\left(\dfrac{W_0}{B_0} - 0.05\right)$，$\dfrac{m_{w0b}}{\left(\dfrac{W_0}{B_0} - 0.05\right)}$，$m_{w0b}$，$m_{s0b}$，$m_{g0b}$。

三组混凝土分别成型、养护，并测定 28d 龄期的抗压强度 $f_{\mathrm{I}}\left(\dfrac{W_0}{B_0} + 0.05\right)$，$f_{\mathrm{II}}\left(\dfrac{W_0}{B_0}\right)$，$f_{\mathrm{III}}\left(\dfrac{W_0}{B_0} - 0.05\right)$。由三组配合比的胶水比和抗压强度，绘制 $f_{28} - B/W$ 关系图（图 4-15）。由图 4-15 可得满足配制强度 $f_{cu,0}$ 要求，有节约水泥用量的实验室胶水比 B/W，此时四种材料的拌和用量：胶凝材料为 $m_{wr} \cdot \dfrac{B}{W}$、水为 m_{wr}、砂为 m_{sr}、石为 m_{gr}，则拌合物的总用量 m_{tb} 为：

$$m_{tb} = m_{w0b} \cdot \frac{B}{W} + m_{w0b} + m_{s0b} + m_{g0b} \tag{4-20}$$

混凝土的实验室配合比为：

$$m_c = \frac{m_{w0b} \cdot \dfrac{B}{W}}{m_{tb}}(1 - \beta_f) \times \rho_{0t}, \qquad m_f = \frac{m_{w0b} \cdot \dfrac{B}{W}}{m_{tb}}\beta_f \cdot \rho_{0t}$$

$$m_w = \frac{m_{w0b}}{m_{tb}}\rho_{0t}, \qquad m_s = \frac{m_{s0b}}{m_{tb}}\rho_{0t}, \qquad m_g = \frac{m_{g0b}}{m_{tb}}\rho_{0t}$$

（四）确定施工配合比

工地的砂、石均含有一定数量的水分，为保证混凝土配合比的准确性，应根据实测的砂含水率 w'_s、石子含水率 w'_g，将实验室配合比换算为施工配合比（又称工地配合比），即

$$m'_c = m_c, \qquad m'_f = m_f, \qquad m'_s = m_s(1 + w'_s), \qquad m'_g = m_g(1 + w'_g)$$
$$m'_w = m_w - m_s \cdot w'_s - m_g \cdot w'_g$$

施工配合比应根据骨料含水率的变化，随时做相应的调整。

五、普通混凝土配合比设计实例

（一）确定初步配合比

处于严寒地区受冻部位的钢筋混凝土构件，其设计强度等级为 C25，施工要求的坍落度为 35~50mm，采用机械搅拌和机械振动成型。施工单位无历史统计资料。试确定混凝土的配合比。原材料条件为：强度等级为 32.5 的普通硅酸盐水泥，密度为 3.1 g/cm³；级配合格的中砂（细度模数为 2.3），表观密度为 2.65g/m³，含水率为 3%；级配合格的碎石，最大粒径为 31.5mm，表观密度为 2.70g/cm³，含水率为 1%，饮用水。

解： 1. 确定配制强度 $f_{cu,0}$

查表 4-17，$\sigma = 5.0\text{MPa}$。

$$f_{cu,0} = f_{cu,k} + 1.645\sigma = 25 + 1.645 \times 5.0 = 33.2\text{MPa}$$

2. 确定水胶比 W_0/B_0

因该混凝土未掺矿物掺合料，所以，水胶比（W_0/B_0）即为水灰比（W_0/C_0）。

由水泥强度等级 32.5，按《普通混凝土配合比设计规程》选取其富余系数 γ_c 为 1.12；粗骨料为碎石，回归系数 $\alpha_a = 0.53$，$\alpha_b = 0.20$。

$$\frac{W_0}{C_0} = \frac{\alpha_a \gamma_c f_{ce,k}}{f_{cu,0} + \alpha_a \alpha_b \gamma_c f_{ce,k}} = \frac{0.53 \times 1.12 \times 32.5}{33.2 + 0.53 \times 0.20 \times 1.12 \times 32.5} = 0.52$$

查表 4-15，该值大于所规定的最大值，即取表中规定值 $W_0/C_0 = 0.50$。

3. 确定用水量 m_{w0}

根据坍落度为 35～50mm、碎石且最大粒径为 31.5mm、中砂，查表 4-13，并考虑砂为中砂偏细，选取混凝土的用水量 $m_{w0} = 190\text{kg}$。

4. 确定水泥用量 m_{c0}

$$m_{c0} = \frac{m_{w0}}{\dfrac{W_0}{C_0}} = \frac{190}{0.50} = 380\text{kg}$$

查表 4-16，该值大于所规定的最小值，即取 $m_{c0} = 380\text{kg}$。

5. 确定砂率 β_s

根据水灰比 $W_0/C_0 = 0.50$、碎石最大粒径为 31.5mm、中砂，查表 4-14，并考虑砂为中砂偏细，故选取混凝土的砂率 $\beta_s = 33\%$。

6. 计算砂用量 m_{s0}、石用量 m_{g0}

（1）体积法

$$\begin{cases} \dfrac{m_{c0}}{\rho_c} + \dfrac{m_{w0}}{\rho_0} + \dfrac{m_{s0}}{\rho_s'} + \dfrac{m_{g0}}{\rho_g'} + 0.01\alpha = 1 \\ \beta_s = \dfrac{m_{s0}}{m_{s0} + m_{g0}} \times 100\% \end{cases}$$

因未掺引气剂，故 α 取 1。

$$\begin{cases} \dfrac{380}{3100} + \dfrac{190}{1000} + \dfrac{m_{s0}}{2650} + \dfrac{m_{g0}}{2700} + 0.01 \times 1 = 1 \\ 33\% = \dfrac{m_{s0}}{m_{s0} + m_{g0}} \times 100\% \end{cases}$$

求解该方程组，即得 $m_{s0} = 599\text{kg}$，$m_{g0} = 1216\text{kg}$

（2）体积密度法

$$\begin{cases} m_{c0} + m_{w0} + m_{s0} + m_{g0} = m_{cp} \\ \beta_s = \dfrac{m_{s0}}{m_{s0} + m_{g0}} \times 100\% \end{cases}$$

假定混凝土拌合物的体积密度 $\rho_{0t} = 2400\text{kg/m}^3$，则有

$$\begin{cases} 380 + 190 + m_{s0} + m_{g0} = 2400 \\ 33\% = \dfrac{m_{s0}}{m_{s0} + m_{g0}} \times 100\% \end{cases}$$

求解该方程组，即得 $m_{s0} = 604\text{kg}$，$m_{g0} = 1226\text{kg}$

两种方法的结果接近，这里取体积法的结果，即初步配合比为：

$m_{c0} = 380\text{kg}$，$m_{w0} = 190$，$m_{s0} = 599\text{kg}$，$m_{g0} = 1216\text{kg}$。

（二）试拌检验、调整及确定实验室配合比

按初步配合比试拌 15L 混凝土拌合物，其各材料用量为：水泥 5.70kg、水 2.85kg、砂 8.99kg、石 18.24kg。搅拌均匀后，检验和易性，测得坍落度为 20mm，黏聚性和保水性合格。

水泥用量和水用量增加 5%后（水灰比不变），测得坍落度为 35mm，且耐久性和保水性均合格。此时，拌合物的各材料用量：水泥 $m_{c0b} = 5.70$（1+5%）= 5.99kg、水 $m_{w0b} = 2.85$（1+5%）= 2.99kg、砂 $m_{s0b} = 8.99\text{kg}$、石 $m_{g0b} = 18.24\text{kg}$

以 0.55、0.50、0.45 的水灰比分别拌制三组混凝土，对应的水灰比、水泥用量、水用量、砂用量及石用量分别为：

Ⅰ. 0.55，5.44kg，2.99kg，8.99kg，18.24kg

Ⅱ. 0.50，5.99kg，2.99kg，8.99kg，18.24kg

Ⅲ. 0.45，6.64kg，2.99kg，8.99kg，18.24kg

养护至 28d，测得的抗压强度分别为：$f_{\text{I}} = 29.9\text{MPa}$。$f_{\text{II}} = 34.4\text{MPa}$、$f_{\text{III}} = 39.2\text{MPa}$。绘制灰水比与抗压强度线性关系图（图 4-15）。由图 4-15 可得配制强度 $f_{\text{cu,0}} = 33.2\text{MPa}$ 所对应的灰水比 $W_0 / C_0 = 1.98$。此时混凝土的各材料用量：水泥 $2.99 \times 1.98 = 5.92\text{kg}$、水用量 2.99kg、砂用量 8.99kg，石用量 18.24kg，拌合物的总用量 m_{tb} 为：

$$m_{\text{tb}} = 5.92 + 2.99 + 8.99 + 18.24 = 36.14\text{kg}$$

并测得拌合物的体积密度 $\rho_{0t} = 2390\text{kg/m}^3$。因而混凝土的实验室配合比为：

$$m_c = \frac{5.92}{36.14} \times 2390 = 391\text{kg}$$

$$m_w = \frac{2.99}{36.14} \times 2390 = 198\text{kg}$$

$$m_s = \frac{8.99}{36.14} \times 2390 = 595\text{kg}$$

$$m_g = \frac{18.24}{36.14} \times 2390 = 1206\text{kg}$$

（三）确定施工配合比

$$m_c' = m_c = 391\text{kg}$$

$$m_s' = m_s（1 + w_s'）= 595 \times（1 + 3\%）= 613\text{kg}$$

$$m_g' = m_g（1 + w_g'）= 1206 \times（1 + 1\%）= 1218\text{kg}$$

$$m_w' = m_w - m_s \cdot w_s' - m_g \cdot w_g' = 198 - 595 \times 3\% - 1206 \times 1\% = 168\text{kg}$$

混凝土的生产质量由于受各种因素的作用或影响总是有所波动。引起混凝土质量波动的因素主要有原材料质量的波动，组成材料计量的误差，搅拌时间、振捣条件与时间、养护条件等的波动与变化，以及试验条件等的变化。

为减小混凝土质量的波动程度，即将其控制在小范围内波动，应采取以下措施：

①严格控制各组成材料的质量。各组成材料的质量均须满足相应的技术规定与要求，且各组成材料的质量与规格应满足工程设计与施工等的要求。

②严格计量。各组成材料的计量误差须满足 GB 50164—2011 的规定，即水泥、掺合料、水、外加剂的误差不得超过 2%，粗细骨料的误差不得超过 3%，且不得随意改变配合比。并应随时测定砂、石骨料的含水率，以保证混凝土配合比的准确性。

③加强施工过程的管理。采用正确的搅拌与振捣方式，并严格控制搅拌与振捣时间。按规定的方式运输与浇注混凝土。加强对混凝土的养护，严格控制养护温度与湿度。

④绘制混凝土质量管理图。对混凝土的强度，可通过绘制质量管理图来掌握混凝土质量的波动情况。利用质量管理图分析混凝土质量波动的原因，并采取相应的对策，从而达到控制混凝土质量的目的。

第五节　轻混凝土

随着建筑节能要求的不断提高及建筑业的工业化、机械化和装配化的不断推广，以及建筑结构不断向高层、大跨度方向发展，混凝土作为建筑工程的主要材料，轻质高强、抗震、节能、绿色环保的性能特点，是其发展的必然趋势，轻混凝土即是该发展的重要形式。轻混凝土是体积密度小于 1950kg/m³ 的混凝土，其轻质化的主要途径包括：采用轻骨料、增大孔隙率等。轻混凝土按原料与生产方法的不同可分为：轻骨料混凝土（也称轻集料混凝土）、多孔混凝土和大孔混凝土。

一、轻骨料混凝土

采用轻粗骨料、轻细骨料（或普通砂）、水泥和水配制而成的混凝土，其干体积密度不大于 1950kg/m³ 者，称为轻骨料混凝土。

按细集料种类，轻骨料混凝土分为全轻（粗、细骨料均为轻骨料）混凝土和砂轻（粗骨料为轻骨料，细集料全部或部分为普通砂）混凝土。

按用途，轻骨料混凝土可分为：保温轻骨料混凝土、结构保温轻骨料混凝土和结构轻骨料混凝土。

（一）轻骨料的分类与品种

1. 轻骨料的种类

轻骨料可分为轻粗骨料和轻细骨料。凡粒径大于 5mm、堆积密度小于 1000kg/m³ 的轻质骨料，称为轻粗骨料；凡粒径不大于 5mm、堆积密度小于 1200kg/m³ 的轻质骨料，称为轻细骨料（或轻砂）。

按轻骨料来源分为三类：

①天然轻骨料。天然形成的多孔岩石，经加工而成的轻骨料砂。

②工业废料轻骨料。以工业废料为原料，经加工而成的轻骨料，如粉煤灰陶粒、自然煤矸石、膨胀矿渣珠、炉渣及其轻砂。

③人造轻骨料。以地方材料为原料，经加工而成的轻骨料，如页岩陶粒、黏土陶粒、膨胀珍珠岩及其轻砂。

按轻骨料粒型可分为：圆球型、普通型、碎石型等。

2. 轻骨料技术要求

（1）最大粒径与级配

轻骨料粒径越大，强度越低。因此，保温及结构保温轻骨料混凝土用轻骨料，其最大粒径不宜大于 40mm；结构轻骨料混凝土用轻骨料，其最大粒径不宜大于 20mm，且其自然级配的空隙率不宜大于 50%。

轻砂的细度模数不宜大于 4.0；其大于 5mm 的累计筛余量不宜大于 10%。

（2）堆积密度

轻骨料的堆积密度越小，强度越低，而且它直接影响所配制的轻骨料混凝土拌合物的和易性以及硬化后的体积密度、强度等性质。

根据轻骨料的绝干堆积密度，轻粗骨料划分为 300、400、500、600、700、800、900、1000 八个密度等级，将轻细骨料划分为 500、600、700、800、900、1000、1100、1200 八个密度等级。

（3）强度

轻骨料混凝土的强度与轻粗骨料本身的强度、砂浆强度及轻粗骨料与砂浆界面的黏结强度有关。由于轻粗骨料多孔、粗糙，界面黏结强度较高，故轻骨料混凝土的强度取决于轻粗骨料本身的强度和砂浆强度。

轻骨料的强度采用"筒压法"来测定。它是将粒径为 10 ~ 20mm 烘干的轻骨料装入 $\phi115×100mm$ 的带底圆筒内，上面加上 $\phi113×70mm$ 的冲压模，取冲压模被压入深度为 20mm 时的压力值，除以承压面积（10000mm^2），即为轻骨料的筒压强度值。

筒压强度是一项间接反映轻粗骨料强度的指标，并没有反映出轻骨料在混凝土中的真实强度，因此，技术规程还规定采用强度等级来评价轻粗骨料的强度。

（4）吸水率

轻骨料的吸水率较普通骨料大，且吸水速度快，同时，由于毛细管的吸附作用，释放水的速度却很慢。轻骨料的吸水性显著影响轻骨料混凝土拌合物的和易性和水泥浆的水灰比以及硬化后的强度。轻骨料的堆积密度越小，吸水率越大。轻砂和天然轻粗骨料的吸水率不作规定，其他轻粗骨料的 1h 吸水率不应大于 22%。

此外，对轻骨料的抗冻性、体积安定性、有害成分含量等，国家标准也作了具体规定。

（二）轻骨料混凝土的性质

1. 和易性

由于轻骨料一般多孔、表面粗糙，易吸收混凝土拌合料中的水分（被轻骨料吸收的水量称为附加用水量），所以，其对混凝土拌合物和易性的影响更加明显，表现为：拌和用水多，轻骨料上浮，拌合物分层、泌水；拌和用水少，拌合物黏稠，施工困难。轻骨料混凝土拌合物和易性也受砂率的影响，当采用易破碎的轻砂时（如膨胀珍珠岩），砂率明显较高，且粗、细骨料的总体积（两者堆积体积之和）也较大，采用普通砂时，流动性较高，且可提高轻骨料混凝土的强度，降低干缩与徐变变形，但会明显增大其绝干体积密度，并降低其保温性。影响轻骨料混凝土和易性的因素同普通混凝土的相似，但其中轻骨料对和易性有很大的影响。

2. 强度

轻骨料混凝土强度根据其标准抗压强度划分为：LC5.0、LC7.5、LC10、LC15、LC20、LC25、LC30、LC35、LC40、LC45、LC50、LC55、LC60 等强度等级。

轻骨料的品种多、性能差异大。因此，影响轻骨料混凝土强度的因素也较为复杂，主要为水泥强度等级、净水灰比和轻粗骨料本身的强度。

轻骨料表面粗糙或多孔，且吸水性较大的特征，使得轻骨料与水泥石的界面黏结强度大大提高，界面不再是最薄弱环节，轻骨料混凝土在受力破坏时，裂纹首先在水泥石或轻粗骨料中产生。因此，轻骨料混凝土的强度随着水泥石强度的提高而提高，但提高到某一强度值即轻粗骨料的强度等级后，即使再提高水泥石强度，由于受轻粗骨料强度的限制，轻骨料混凝土的强度提高甚微。在水泥用量和水泥石强度一定时，轻骨料混凝土的强度随着轻骨料本身强度的降低而降低。轻骨料用量越多、堆积密度越小、粒径越大，则轻骨料混凝土强度越低。轻骨料混凝土的体积密度越小，强度越低。

3. 轻骨料混凝土的其他性质

轻骨料混凝土按绝干体积密度，划分为 800、900、1000、1100、1200、1300、1400、1500、1600、1700、1800、1900 十二个等级。

由于轻骨料本身弹性模量低，因而轻骨料混凝土的弹性模量较低，为同强度等级普通混凝土的 50% ~70%，即轻骨料混凝土的刚度小，变形较大，但这一特征使轻骨料混凝土具有较高的抗震性或抵抗动荷载的能力。

轻骨料混凝土导热系数较小，具有较好的保温能力，适合用作围护材料或结构保温材料。

轻骨料混凝土的净水灰比小，水泥石的密实度高，而且水泥石与轻骨料界面的黏结良好，故轻骨料混凝土的耐久性较同强度等级的普通混凝土高。

二、多孔混凝土

多孔混凝土是内部均匀分布着大量细小的气孔而无骨料的轻混凝土。多孔混凝土由于具有孔隙率大，体积密度小，导热系数小，保温、节能效果好，且可加工性强等特点，因此在现代建筑中广泛应用。

根据气孔产生的方法不同，多孔混凝土分为加气混凝土和泡沫混凝土。目前，加气混凝土应用较多。

（一）加气混凝土

加气混凝土是由磨细的硅质材料（石英砂、粉煤灰、矿渣、尾矿粉、页岩等）、钙质材料（水泥、石灰等）、发气剂（铝粉）和水等经搅拌、浇注、发泡、静停、切割和压蒸养护而得的多孔混凝土，属硅酸盐混凝土。

其成孔是因为发气剂在料浆中与氢氧化钙发生反应，放出氢气，形成气泡，使浆体形成多孔结构，反应式如下：

$$2Al+3Ca（OH）_2+6H_2O \longrightarrow 3CaO \cdot Al_2O_3 \cdot 6H_2O+3H_2$$

加气混凝土的体积密度一般为 $300 \sim 1200kg/m^3$，抗压强度为 $0.5 \sim 15MPa$，导热系数为 $0.081 \sim 0.29W/（m \cdot K）$。用量最大的为 500 级（即 $\rho_{0d} =500kg/m^3$），其抗压强度为 $2.5 \sim 3.5MPa$，导热系数为 $0.12W/（m \cdot K）$。加气混凝土可钉、刨，施工方便。

加气混凝土可制成砌块和条板，条板中配有经防腐处理的钢筋或钢丝网，用于承重或非承重的外墙、内墙或保温屋面等。500 级的砌块可用于三层或三层以下房屋的横墙承重；700 级的砌块可用于五层或五层以下房屋的横墙承重；板条可用作墙板或屋面板，兼有承重和保温作用，采用加气混凝土和普通混凝土可制成复合外墙板。

由于加气混凝土吸水率大、强度低；抗冻性为 F15，较差，且与砂浆的黏结强度低，故砌筑或抹面时，须专门配制砌筑抹面砂浆；外墙面须采取饰面防护措施。此外，加气混凝土板材不宜用于高温、高湿或化学侵蚀环境。

（二）泡沫混凝土

泡沫混凝土是将水泥浆和泡沫拌和后，经硬化而得的多孔混凝土。泡沫由泡沫剂通过机械方式（搅拌或喷吹）而得。

常用泡沫剂有松香皂泡沫剂和水解血泡沫剂。松香皂泡沫剂是烧碱加水溶入松香粉熬成松香皂，再加入动物胶液制成。水解血泡沫剂是新鲜畜血加苛性钠、盐酸、硫酸亚铁及水制成。上述泡沫剂使用时用水稀释，经机械方式处理即成稳定泡沫。

泡沫混凝土可采用自然养护，但常采用蒸汽或压蒸养护。自然养护的泡沫混凝土，水泥强度等级不宜低于 32.5 强度等级；蒸汽或压蒸养护泡沫混凝土常采用钙质材料（如石灰等）和硅质材料（如粉煤灰、煤渣、砂等）部分或全部代替水泥。例如，石灰-水泥-砂泡沫混凝土、粉煤灰泡沫混凝土。

泡沫混凝土的性能及应用，基本上与加气混凝土相同。常用泡沫混凝土的干体积密度为 $400 \sim 600kg/m^3$。

三、大孔混凝土

大孔混凝土是以粒径相近的粗骨集料、水泥和水等配制而成的混凝土。包括不用砂的无砂大孔混凝土和为提高强度而加入少量砂的少砂大孔混凝土。

大孔混凝土水泥浆用量很少；水泥浆只起包裹粗骨料的表面和胶结粗骨料的作用，而不是填充粗骨料的空隙。

大孔混凝土的体积密度和强度与骨料的品种和级配有很大的关系。采用轻粗骨料配制时，体积密度一般为 $500 \sim 500kg/m^3$，抗压强度为 $1.5 \sim 7.5MPa$；采用普通粗骨料配制时，体积密度一般为 $1500 \sim 1900kg/m^3$，抗压强度为 $3.5 \sim 10MPa$；采用单一粒级粗骨料配制的大孔混凝土较混合粒级的大孔混凝土的体积密度小、强度低，但均质性好，保温性好。大孔混凝土导热系数较小，吸湿性较小，收缩较普通混凝土小 30% ~ 50%，抗冻性可达 F15 ~ F25，水泥用量仅 $150 \sim 200kg/m^3$。

大孔混凝土常被预制成小型空心砌块和板材，用于承重或非承重墙，也用于现浇墙体等。大孔混凝土还可用于铺设透水路面。

第六节　其他混凝土

一、防水混凝土

防水混凝土又称抗渗性混凝土，是指具有较高抗渗性的混凝土，抗渗性等级不小于 P6 的混凝土。

防水混凝土的配制原则为减少混凝土的孔隙率，特别是开口孔隙率；堵塞连通的毛细孔隙或切断连通的毛细孔，并减少混凝土的开裂；使毛细孔隙表面具有憎水性。配制防水混凝土可以通过利用较多的水泥浆和砂浆来降低混凝土中的孔隙率，特别是开口孔隙率，并减少粗骨料表面的水隙，增大粗骨料间距（即增加了粗骨料表面的水隙间距）等，实现防水目的；也可以利用外加剂来显著降低混凝土的孔隙率或改变混凝土的孔结构（如切断、堵塞等），或使孔隙表面具有憎水性，实现防水目的。外加剂防水混凝土的质量可靠，是目前主要使用的防水混凝土，其根据使用的外加剂不同主要包括以下几类：防水剂防水混凝土、引气剂防水混凝土、减水剂防水混凝土和三乙醇胺防水混凝土等。

二、耐火混凝土与耐热混凝土

能长期经受高温（高于 $1300\,^\circ\!C$）作用，并能保持所要求的物理力学性质的混凝土称为耐火混凝土。通常将在 $900\,^\circ\!C$ 以下使用的混凝土称为耐热混凝土。

普通混凝土不耐火或不耐热，是因为水泥石中的氢氧化钙含量较多，且在 $500\,^\circ\!C$ 以上时，分解为氧化钙引起体积收缩，当再遇水或吸湿时又成为氢氧化钙体积膨胀，从而使混凝土开裂。其他水化产物的脱水分解也会引起强度下降，如水泥石与骨料的热膨胀系数相差太大，也会造成混凝土开裂、破坏。石灰岩类骨料在 $750\,^\circ\!C$ 以上会分解，石英在 $573\,^\circ\!C$ 时发生晶型转变，体积明显膨胀，这些均会造成混凝土开裂破坏。

耐火混凝土和耐热混凝土是由适当的胶凝材料，耐火的粗、细骨料及水等组成。按胶凝材料的不同，分为以下几种。

（一）硅酸盐水泥耐火混凝土与耐热混凝土

硅酸盐水泥耐火混凝土与耐热混凝土是由普通硅酸盐水泥或矿渣硅酸盐水泥为胶凝材料，以安山岩、玄武岩、重矿渣、黏土砖、铝矾土熟料、铬铁矿、烧结镁砂等为耐热的粗、细骨料，并以磨细的烧黏土、砖粉、石英砂等作为耐热的掺合料，加入适量的水配制而成。耐热掺合料中的氧化硅和氧化铝在高温下可与氧化钙作用，生成稳定的无水硅酸盐和铝酸盐，从而提高了混凝土的耐热性。硅酸盐水泥耐火混凝土的极限使用温度为 $900 \sim 1200\,^\circ\!C$。

（二）铝酸盐水泥耐火混凝土与耐热混凝土

铝酸盐水泥耐火混凝土与耐热混凝土是由高铝水泥或低钙铝酸盐水泥，耐火掺合料，耐火粗、细骨料及水等配制而成。这类水泥石在 $300 \sim 400\,^\circ\!C$ 时，强度急剧降低，但残留强度保持不变，当温度达到 $1100\,^\circ\!C$ 后，水泥石中的化学结合水全部脱出而烧结成陶瓷材料，强度又重新提高。铝酸盐耐火混凝土的极限使用温度为 $1300\,^\circ\!C$。

(三) 水玻璃耐火混凝土与耐热混凝土

水玻璃耐火混凝土与耐热混凝土是由水玻璃、氟硅酸钠促硬剂、耐火掺合料、耐火骨料等配制而成。所用的掺合料和耐火粗、细骨料与硅酸盐水泥耐火混凝土基本相同，水玻璃火混凝土的极限使用温度为1200℃。

(四) 磷酸盐耐火混凝土与耐热混凝土

磷酸盐耐火混凝土与耐热混凝土是以磷酸铝或磷酸为胶凝材料，铝矾土熟料为粗、细骨料，磨细铝矾土为掺合料，按一定比例配制而成的耐火混凝土。磷酸盐耐火混凝土具有耐火度高、高温强度及韧性高、耐磨性好等特点，其极限使用温度为1500～1700℃。

三、耐酸混凝土

常用的耐酸混凝土为水玻璃耐酸混凝土。水玻璃耐酸混凝土是由水玻璃，氟硅酸钠促硬剂，耐酸粉料，耐酸粗、细骨料等配制而成。常用的耐酸粉料为石英粉、安山岩粉、辉绿岩粉、铸石粉、耐酸陶瓷粉等；常用的耐酸粗、细骨料为石英岩、辉绿岩、安山岩、玄武岩、铸石等。

水玻璃耐酸混凝土的配合比一般为：水玻璃：耐酸粉料：耐酸细骨料：耐酸粗骨料 =0.6～0.7：1：1：1.5～2.0，氟硅酸钠的掺量为12%～15%。水玻璃耐酸混凝土可抵抗除氢氟酸、300℃以上的磷酸、高级脂肪酸以外的所有无机酸和有机酸以及绝大多数的酸性气体。

耐酸混凝土也可使用沥青、硫黄、合成树脂等来配制。

四、流态混凝土与泵送混凝土

流态混凝土是指坍落度为180～220mm，同时还具有良好的黏聚性和保水性的混凝土。流态混凝土一般是在坍落度为80～120mm的基准混凝土（未掺流化剂的混凝土）中掺入流化剂而获得，流化剂可采用同掺法或后掺法加入。

泵送混凝土是指可用混凝土泵输送的混凝土。泵送混凝土的坍落度一般为80～220mm。

配制流态混凝土时，水泥用量不宜小于270kg/m³，且应掺加适量的混凝土掺合料；最大粒径一般不宜超过40mm或需要控制40mm以上的含量，粗、细骨料的级配必须合格，同时宜采用中砂，且粒径小于0.315mm的细骨料含量应较高，一般情况下水泥与粒径小于0.315mm的细骨料的总和不宜少于400～450kg/m³（对应于最大粒径40～20mm）；混凝土的砂率应较一般混凝土高5%～10%。流态混凝土所用的流化剂属于高效减水剂。

流态混凝土的主要特点是流动性大，具有自流密实性，成型时不需振捣或只需很小的振捣力，并且不会出现离析、分层和泌水现象。流态混凝土可大大改善施工条件，减少劳动量，且施工效率高、工期短。由于使用了流化剂，虽然流态混凝土的流动性很大，但其用水量与水灰比仍较小，因而易获得高强、高抗渗性及高耐久性的混凝土。

流态混凝土与泵送混凝土主要用于高层建筑、大型建筑等的基础、楼板、墙板及地下工程等。流态混凝土还特别适合用于配筋密列、混凝土浇注或振捣困难的部位。

五、高强混凝土

关于高强混凝土，目前没有明确的定义或标准，一般认为 C50 及 C50 以上的混凝土为高强混凝土。

配制高强混凝土时，应选用质地坚实的粗、细骨料。粗骨料的最大粒径一般不宜大于 20mm，当混凝土强度相对较低时，也可放宽到 25～31.5mm，但当强度高于 C70 以上时，最大粒径必须小于 20mm，同时粗骨料的压碎指标必须小于 10%。细骨料宜使用细度模数大于 2.7 的中砂。此外粗、细骨料的级配应合格，泥及其他杂质的含量应少，必要时需进行清洗。

应使用不低于 525 的硅酸盐水泥或普通硅酸盐水泥，同时应掺加高效减水剂，且水泥用量不宜超过 550kg/m³。高于 C70 以上的高强混凝土或大流动性的高强混凝土，须掺加硅灰或其他掺合料。高强混凝土的水灰比须小于 0.35，砂率应为 30%～35%，但泵送高强混凝土的砂率应适当增大。高强混凝土在成型后应立即覆盖或采取保湿措施。高强混凝土的抗拉强度与抗压强度的比值较低，而脆性较大。高强混凝土的密实度很高，因而高强混凝土的抗渗性、抗冻性、抗侵蚀性、耐久性等均很高，其使用寿命大大超过一般的混凝土，可达 100 年以上。高强混凝土主要用于高层、大跨、桥梁等建筑的混凝土结构以及薄壁混凝土结构、预制构件等。

六、高性能混凝土

高性能混凝土目前还没有统一的定义，但高性能混凝土必须具有优良的尺寸稳定性（混凝土在凝结硬化过程中的沉降与塑性开裂要小，硬化后的干缩裂缝要少）、抗渗性、抗冻性、抗侵蚀性、气密性。高性能混凝土还应具有优良的和易性，其坍落度值应达到流态混凝土的要求，且不应产生离析、分层和泌水等现象，能保证或基本保证混凝土实现自密实。高性能混凝土的强度也应较高，日本与我国学者一般认为高性能混凝土的强度应大于 C30，而英美学者则认为应达到高强混凝土的水平。

高性能混凝土在配制时，除应满足流态混凝土与高强混凝土的要求外，必须掺加适当细度的掺合料。使其能填充于水泥颗粒间的细小空隙，以取得最大的密实度。

高性能混凝土具有相当高的耐久性，其使用寿命可达 100～150 年以上。高性能混凝土特别适合用于大型基础建设，如高速公路、桥梁、隧道、核电站以及海洋工程与军事工程等。

七、纤维混凝土

纤维混凝土是指掺有纤维材料的混凝土，也称水泥基纤维复合材料。纤维均匀分布于混凝土中或按一定方式分布于混凝土中，从而起到提高混凝土的抗拉强度或冲击韧性的作用。常用的高弹性模量纤维有钢纤维、玻璃纤维、石棉等，高弹性模量纤维在混凝土中可起到提高混凝土抗拉强度、刚度及承担动荷载能力的作用。常用的低弹性模量纤维有尼龙纤维、聚丙烯纤维以及其他合成纤维或植物纤维，低弹性模量纤维在混凝土中只起到提高混凝土韧性的作用。纤维的弹性模量越高，其增强效果越好。纤维的直径越小，与水泥石的黏结力越强，增强效果越好，故玻璃纤维和石棉（直径小于 10μm）的增强效果远远高于钢纤维（直径为 0.35 ~ 0.75mm）。玻璃纤维和钢纤维是最常用的两种纤维。短切纤维的长径比（纤维的长度与直径的比值）是一项重要参数，长径比太大不利于搅拌和成型，太小则不能充分发挥纤维的增强作用（易将纤维拔出）。玻璃纤维通常制成玻璃纤维网、布，使用时采用人工或机械铺设；或将玻璃纤维制成连续无捻纤维，使用时采用喷射法施工。

玻璃纤维主要用于配制玻璃纤维水泥（GFRC）或砂浆（GRC），而较少用于配制玻璃纤维混凝土（GRC）。普通玻璃纤维的抗碱腐蚀能力差，因而在玻璃纤维水泥中须使用抗碱玻璃纤维和低碱度的硫铝酸盐水泥。玻璃纤维水泥中纤维的体积掺量一般为4.5% ~ 5.0%，水灰比为 0.5 ~ 0.6。玻璃纤维水泥的抗折破坏强度可达 20MPa。玻璃纤维水泥主要用于护墙板、复合墙板的面板、波形瓦等。

钢纤维混凝土（SFRC 或 SRC）是纤维混凝土中用量最大的一种，有时也使用钢纤维砂浆。钢纤维的长径比一般为 60 ~ 80，其体积掺量一般为 1.0% ~ 2.0%，掺量太大时难以搅拌。钢纤维混凝土的水泥用量一般为 400 ~ 500kg/m³，砂率一般为 45% ~ 60%，水灰比为 0.40 ~ 0.55，为节约水泥和改善和易性应掺加减水剂和混凝土掺合料。钢纤维可使抗拉强度提高 10% ~ 25%，使抗压强度略有提高，而使韧性大幅度提高，同时使混凝土的抗裂性、抗冻性等也有所提高。钢纤维混凝土主要用于薄板与薄壁结构、公路路面、机场跑道、桩头等有耐磨、抗冲击、抗裂性等要求的部位或构件，也可用于坝体、坡体等的护面。

八、聚合物混凝土

普通混凝土的最大缺陷是抗拉强度、抗裂性、耐酸碱腐蚀性较差，聚合物混凝土则在很大程度上克服了上述缺陷。

（一）聚合物水泥混凝土

聚合物水泥混凝土（PCC）是由水泥、聚合物、粗骨料及细骨料等配制而成的混凝土。聚合物通常以乳液的形式掺入，常用的为聚醋酸乙烯乳液、橡胶乳液、聚丙烯酸酯乳液等。聚合物乳液的掺量一般为 5% ~ 25%，使用时应加入消泡剂。聚合物的固化与水泥的水化同时进行。聚合物使水泥石与骨料的界面黏结得到大大的改善，并增加了混凝土的密实度，因而聚合物混凝土的抗拉强度、抗折强度、抗渗性、抗冻性、抗碳化性、抗冲击性、耐磨性、抗侵蚀性等较普通混凝土均有明显的改善。聚合物混凝土主要用于耐久性要求高的路面、机场跑道、某些工业厂房的地面以及混凝土结构的修补等。

（二）聚合物浸渍混凝土

将已硬化的混凝土经抽真空处理后，浸入有机单体中，之后利用加热或辐射等方法使渗入到混凝土孔隙内的有机单体聚合，由此获得的混凝土称为聚合物浸渍混凝土（PIC）。所用单体主要有甲基丙烯酸甲酯、苯乙烯、醋酸乙烯、乙烯、丙烯腈等。聚合物填充了混凝土内部的大孔、毛细孔隙及部分微细孔隙，包括界面过渡环中的孔隙和微裂纹。因此，浸渍混凝土具有极高的抗渗性（几乎不透水），并具有优良的抗冻性、抗冲击性、耐腐蚀性、耐磨性，抗压强度可达 200MPa，抗拉强度可达 10MPa 以上。聚合物浸渍混凝土主要用于高强、高耐久性的特殊结构，如高压输气管、高压输液管、核反应堆、海洋工程等。

（三）聚合物胶结混凝土

聚合物胶结混凝土（REC）又称树脂混凝土，是由合成树脂、粉料、粗骨料及细骨料等配制而成。常用的合成树脂为环氧树脂、聚酯树脂、聚甲基丙烯酸甲酯等。聚合物胶结混凝土的抗压强度为 60～100MPa、抗折强度可达 20～40MPa，耐腐蚀性很高，但生产成本也很高。因而聚合物胶结混凝土主要用于耐腐蚀等特殊工程，或用于修补工程。

本 章 小 结

本章为课程重点章节，主要介绍了普通混凝土的组成及基本要求，对普通混凝土组成材料的选用及评价等要求。分析了混凝土主要技术性质的含义、评定分析方法，通过影响因素的分析，提出了改善混凝土性能的基本方法。介绍了普通混凝土配合比设计的方法及评价内容。介绍了轻混凝土的主要种类及特点，介绍了防水混凝土、高强混凝土、高性能混凝土、纤维混凝土等其他混凝土的主要特点。通过本章学习，要求学生能够重点掌握普通混凝土的主要组成、特点、基本性能指标、配合比设计及应用，同时对其他混凝土在建筑工程中的作用有所了解。

习题与思考题

4-1　普通混凝土的主要组成有哪些？它们在硬化前后各起什么作用？

4-2　砂、石中的黏土、淤泥、石粉、泥块、氯盐等对混凝土的性质有什么影响？

4-3　砂、石的粗细或粒径大小与级配如何表示？级配良好的砂、石有何特征？砂、石的粗细与级配对混凝土的性质有什么影响？

4-4　配制高强混凝土时，宜采用碎石还是卵石？对其质量有何要求？

4-5　配制混凝土时，为什么要尽量选用粒径较大和较粗的砂、石？

4-6　某钢筋混凝土梁的截面尺寸为 300mm×400mm，钢筋净距为 50mm，试确定石子的最大粒径？

4-7　为什么不能说 Ⅰ、Ⅱ、Ⅲ 砂级配区分别代表是粗砂、中砂、细砂？

4-8　常用外加剂有哪些？各类外加剂在混凝土中的主要作用有哪些？

4-9　混凝土的和易性对混凝土的其他性质有什么影响？

4-10　影响混凝土拌合物流动性的因素有哪些？改善和易性的措施有哪些？

4-11　什么是合理砂率？影响合理砂率的因素有哪些？

4-12　如何确定或选择合理砂率？选择合理砂率的目的是什么？

4-13　影响混凝土强度的因素有哪些？提高混凝土强度的措施有哪些？

4-14　现有甲、乙两组边长为 100mm、200mm 的混凝土立方体试件，将它们在标准养护条件下养护 28d，测得甲、乙两组混凝土试件的破坏荷载分别为 304、283、266kN，及 676、681、788kN。试确定甲、乙两组混凝土的抗压强度、抗压强度标准值、强度等级（假定混凝土的抗压强度标准差均为 4.0MPa）。

4-15　干缩和徐变对混凝土性能有什么影响？减小混凝土干缩与徐变的措施有

哪些?

4-16 提高混凝土耐久性的措施有哪些?

4-17 碳化对混凝土性能有什么影响? 碳化带来的最大危害是什么?

4-18 配制混凝土时,为什么不能随意增加用水量或改变水灰比?

4-19 配制混凝土时,如何减少混凝土的水化热?

4-20 配制混凝土时,如何解决流动性和强度与用水量相矛盾的要求?

4-21 某建筑的一现浇混凝土梁(不受风雪和冰冻作用),要求混凝土的强度等级为 C25,坍落度为 35~50mm。现有强度等级为 32.5 的普通硅酸盐水泥(强度富余系数为 1.10),密度为 3.1g/cm³;级配合格的中砂,表观密度为 2.60g/cm³;碎石的最大粒径为 37.5mm,级合格,表观密度为 2.65g/cm³。采用机械搅拌和振捣成型。试计算初步配合比。

4-22 为确定混凝土的配合比,按初步配合比试拌 30L 的混凝土拌合物。各材料的用量为水泥 9.63kg、水 5.4kg、砂 18.99kg、石子 36.84kg。经检验,混凝土的坍落度偏小。在加入 5% 的水泥浆(水灰比不变)后,混凝土的流动性满足要求,黏聚性与保水性均合格。在此基础上,改变水灰比,以 0.61、0.55、0.51 分别配制三组混凝土(拌和时,三组混凝土的用水量、用砂量、用石量均相同),混凝土的实测体积密度为 2380kg/m³。标准养护至 28d 的抗压强度分别为 23.6、26.9、31.1MPa。试求 C20 混凝土的实验室配合比。

4-23 某工地采用刚出厂的强度等级为 42.5 的普通硅酸盐水泥(强度富余系数为 1.16)和卵石配制混凝土,其施工配合比为水泥 336kg、水 129kg、砂 698kg、石子 1260kg。已知现场砂、石的含水率分别为 3.5%、1%。问该混凝土是否满足 C30 强度等级要求(σ = 5.0MPa)。

4-24 轻骨料混凝土与普通混凝土相比在性质和应用上有哪些优缺点? 更宜用于哪些建筑或建筑部位?

4-25 加气混凝土和泡沫混凝土的主要性质和应用有哪些?

第五章 砂 浆

◎自学时数

2 学时。

◎教师导学

通过本章学习，掌握有关砌筑砂浆的定义和分类，掌握砂浆的主要技术性质及其影响因素，了解砌筑砂浆的配合比的选择设计方法及步骤，掌握建筑砂浆的主要特点及用途。

本章的重点是熟悉砂浆的技术性质及其应用。

本章的难点是砂浆的配合比设计方法和步骤、砂浆强度的影响因素。

建筑砂浆是由胶凝材料、细集料和水等材料，有时加入外加剂按适当比例配制，经凝结硬化而成的建筑工程材料，实际上，砂浆也是一种无粗集料的混凝土。

在建筑工程中砂浆是一项用量大、用途广泛的建筑材料。在砌体结构中，砂浆可以把砖、石块、砌块胶结成砌体。墙面、地面及混凝土梁、柱等结构表面需要用砂浆抹面，起到保护结构和装饰作用。镶贴大理石、陶瓷面砖等都要使用砂浆作为黏结材料。

按用途分类，建筑砂浆分为砌筑砂浆、抹面砂浆，以及其他特殊用途的砂浆，如防水、保温、吸声等砂浆。根据胶结材料不同，可分为水泥砂浆、水泥混合砂浆、石灰砂浆、石膏砂浆及聚合物砂浆等。按供货形式，商品砂浆分为湿砂浆和干混砂浆。湿砂浆生产工艺过程类似于商品混凝土；干混砂浆是由经烘干筛分处理的细集料与无机胶结料、掺合料、保水增稠材料等按一定比例混合而成。本章主要介绍常用的砌筑砂浆和抹面砂浆。

第一节 砌 筑 砂 浆

在砌体结构中，将砖、石、砌块等黏结成为砌体的砂浆称为砌筑砂浆。它起着黏结砌块、传递荷载的作用，是砌体的重要组成部分。

一、砌筑砂浆的组成材料

（一）胶凝材料

砌筑砂浆常用的胶结材料有水泥、石灰。

水泥是砂浆的主要胶凝材料，水泥品种的选择与混凝土相同。虽然可供配制砌筑砂浆的水泥品种较多，但在选用时，应根据砌筑部位，所处的环境条件等合理选择。砌筑砂浆用水泥的强度等级应根据设计要求进行选择。一般而言，选用水泥的强度等级应为砂浆强度等级的 4 ~ 5 倍，且其强度等级不宜大于 32.5 级，水泥用量不应小于 $200kg/m^3$；若选用水泥强度等级过高，将使砂浆水泥用量较少即可达到强度要求，而导致砂浆保水性不良。为合理利用资源、节约材料，在配制砂浆时要尽量选用低强度等级水泥和砌筑水泥。砌筑水泥（GB 3183—2003）是专供用作砌筑砂浆和内墙抹灰的水泥，它是以活性混合材料为主要原料，加少量的硅酸盐水泥熟料和石膏制成的低强度等级水泥。

（二）细集料

砌筑砂浆用细集料主要为建筑用的天然砂。

其质量技术要求，与混凝土用砂基本相同，应符合《建筑用砂》（GB/T 14684—2011）的规定。砌筑砂浆宜选用中砂，砂的含泥量不应超过 5%。由于砂浆铺设层较薄，砂的最大粒径应加以限制，一般小于灰缝的 1/4 ~ 1/5 为宜，对砖砌体应小于 2.36mm，其中毛石砌体宜选用粗砂。砂的粗细程度及级配情况对水泥用量、砂浆的和易性、强度及收缩性能影响很大。

（三）掺合料和外加剂

掺合料是为改善砂浆和易性，特别是保水性而加入的材料。例如，石灰膏、熟石灰、黏土膏等。外加剂是在拌制砂浆过程中加入，以改善砂浆性能的物质，一般用量较少。在水泥砂浆中，可使用减水剂、防水剂、膨胀剂、微沫剂等外加剂。其中，微沫剂在砂浆搅拌过程中产生微细泡沫，其作用主要是改善砂浆的和易性和替代部分石灰膏。

（四）水

配制砂浆用水质量要求与混凝土用水相同。应符合《混凝土用水标准》（JGJ 63—2006）的规定。

二、砌筑砂浆的技术性质

（一）新拌砂浆的和易性

新拌砂浆应具有良好的和易性，其和易性含义与混凝土和易性类似。和易性良好的砂浆容易在砖、石等基面上铺抹成均匀的薄层，而且能够和接触面紧密黏结。砂浆的和易性包括流动性和保水性两个方面。

1. 流动性

砂浆的流动性是指新拌砂浆在自重或外力作用下流动的性质（亦称稠度）。用砂浆稠度仪测定其稠度值（沉入度），砂浆的流动性用沉入度（mm）来表示。影响砂浆流动性的因素，主要有胶凝材料的品种和用量、用水量、砂的粗细、级配、搅拌时间等。此外，与所使用的掺合料及外加剂的种类和数量也有密切的关系。

砂浆的流动性测试，如图 5-1 所示，先将砂浆装入砂浆筒中，再将筒置于测定仪的圆锥体下，将锥尖与砂浆表面接触，锁紧锥尖连接滑杆，然后迅速放松，在 10s 内，锥体沉入砂浆的深度即为沉入度值。其值大或小表示砂浆流动性好或差。

良好的流动性便于泵送或铺抹，对施工和保证施工质量有利，如果流动性过大或过小对工程质量都有不利影响。选用流动性适宜的砂浆，应根据施工方法、砌体的吸水性质及环境温湿度条件等因素确定。选用的一般原则：如果砌筑体材料为多孔、吸水大的材料或在干热条件下施工，应选择流动性大一些，反之，应选择流动性小一些。砌筑砂浆的流动性可按表 5-1 的推荐选用。

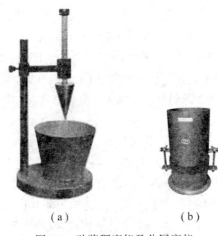

图 5-1 砂浆稠度仪及分层度仪

表 5-1 砌筑砂浆的施工稠度选择

砌 体 种 类	施工稠度（mm）
烧结砖砌体、粉煤灰砖砌体	70~90
混凝土砖砌体、普通混凝土小型空心砌块砌体、灰砂砖砌体	50~70
烧结多孔砖砌体、烧结空心砖砌体、轻集料混凝土小型空心砌块砌体、蒸压加气混凝土砌块砌体	60~80
石砌体	30~50

2. 保水性

砂浆的保水性是指砂浆保持水分及保持均匀一致的能力。保水性好则可以保证砂浆不发生较大的分层、离析和泌水，从而保证砂浆与基层黏结牢固，使砂浆强度不降低。

砂浆的保水性用分层度（cm）表示，分层度越大则保水性越差。分层度是两次砂浆沉入度的差值。试验时，首先按规定方法测定砂浆的沉入度，同时，静置30min后去除筒中上部20cm高度砂浆，测量筒内余下砂浆的沉入度，两次之差即为分层度（如图5-1（b）所示）。分层度过大，则砂浆易产生分层离析，不利于施工。分层度值很小的砂浆，易干缩，且胶凝材料用量多，不经济。一般工程要求分层度以1~3cm为宜。

砂浆的保水性主要与胶凝材料的品种和用量，砂的品种、细度和用量以及是否掺有微沫剂有关。为使砂浆具有良好的保水性，可在砂浆中掺入石膏、粉煤灰等掺和剂。

（二）砂浆的强度及强度等级

砂浆的主要作用是黏结砌体并传递荷载，同时对强度、黏结性及耐久性必然提出要求，并且强度与黏结性、耐久性存在相关性。强度高，其黏结性、耐久性也相应地提高。因此，在工程上以抗压强度作为砂浆的强度指标。

砂浆的强度等级是以边长为70.7mm的立方体，在标准养护条件（温度为20±2℃，相对湿度为95%以上）下养护28天，用标准试验方法测得强度。砌筑砂浆的强度等级共分 M5、M7.5、M10、M15、M20 、M25、M30 七个等级。

砂浆可视为无粗集料的混凝土，其强度影响因素与混凝土类似。但砂浆铺设基层多吸水，不能简单地以水灰比作为影响因素。因此，在分析砂浆强度的影响因素时，除考虑水泥强度外，仅考虑水泥用量。砂浆强度与水泥强度等级和用量之间存在线性关系：

$$f_{m} = \frac{\alpha \cdot f_{ce} Q_{c}}{1000} + \beta$$

式中：f_{m}——砂浆强度，MPa；

　　　Q_{c}——1m³ 砂浆的水泥用量，kg；

　　　f_{ce}——水泥的实测强度，MPa；

　　　α，β——砂浆的特征系数。

（三）砌筑砂浆的其他性能

1. 黏结强度

砂浆的黏结强度是影响砌体结构抗剪强度、抗震性、抗裂性等的重要因素。为了提高砌体的整体性，保证砌体的强度，要求砂浆要和基体材料有足够的黏结强度，随着砂浆抗压强度的提高，砂浆与基层的黏结强度提高。在充分润湿、干净、粗糙的基面砂浆的黏结强度较好。

2. 砂浆的变形性能

砂浆在硬化过程中，承受荷载或在温度变化时均易变形，变形过大会破坏砌体的整体性，引起裂缝。在拌制砂浆时，如果砂过细、胶凝材料过多及用轻骨料拌制砂浆，会引起砂浆的较大收缩变形而开裂。有时为了减少收缩，可以在砂浆中加入适量的膨胀剂。

三、砂浆的配合比设计

根据工程类别及砌体部位的设计要求，合理选择砂浆强度等级，以此来确定其配合比。确定砂浆配合比，一般情况可查阅手册或资料来确定。重要工程或无参考资料时，可根据《砌筑砂浆配合比设计规程》（JGJ/T 98—2010）的规定，配合比采用质量比表示。

（一）砌筑砂浆的配合比设计的基本要求

基本要求：①新拌砂浆的和易性应满足施工要求；

②强度和耐久性应满足设计要求；

③水泥及掺合料用量应以少为宜，经济合理。

（二）水泥混合砂浆配合比计算

1. 配合比计算

（1）确定试配强度（$f_{m,0}$）

按下式计算：

$$f_{m,0} = k f_{2} \tag{5-1}$$

式中：$f_{m,0}$——砂浆的试配强度，MPa；应精确至 0.1MPa；

　　　f_{2}——砂浆强度等级，MPa；应精确至 0.1MPa；

　　　k——系数，按表 5-2 取值。

当有统计资料时，应按统计方法计算，无统计资料时 k 可按表 5-2 选取。

表 5-2　　　　　　　　　　　　　砂浆强度标准差及 k 值

施工水平	强度标准差							k
	M5.0	M7.5	M10	M15	M20	M25	M30	
优良	1.00	1.50	2.00	3.00	4.00	5.00	6.00	1.15
一般	1.25	1.88	2.50	3.75	5.00	6.25	7.50	1.20
较差	1.50	2.25	3.00	4.50	6.00	7.50	9.00	1.25

（2）水泥用量计算

每立方米砂浆中的水泥用量计算如下：

$$Q_c = \frac{1000(f_{m,0} - \beta)}{\alpha \cdot f_{ce}} \tag{5-2}$$

式中：Q_c——1m³ 砂浆中水泥用量，kg；精确至 1kg；

f_{ce}——水泥的实测强度，MPa；

α，β——砂浆的特征系数，其中 α 取 3.03，β 取 -15.09。

注：各地区可用本地区试验资料确定 α，β 值，统计用的试验组数不得少于 30 组。

当计算出水泥用量小于 200kg 时，应取 200kg。在无法取得水泥的实测强度值时，可按下式计算 f_{ce}：

$$f_{ce} = \gamma_c \cdot f_{ce,k} \tag{5-3}$$

式中：$f_{ce,k}$——水泥强度等级值；

γ_c——水泥强度等级的富余系数，应按统计资料确定。无资料时，γ_c 可取 1.0。

（3）掺合料用量计算

石灰膏掺加料用量，按下式计算：

$$Q_D = Q_A - Q_c \tag{5-4}$$

式中：Q_D——1m³ 砂浆中石灰膏量，精确至 1kg，其使用时稠度宜为 12cm±0.2cm；

Q_A——1m³ 砂浆中水泥和掺合料的总量，精确至 1kg，可为 350kg；

Q_c——1m³ 砂浆的水泥用量，精确至 1kg。

当需要进行石灰膏稠度换算时，可按表 5-3 选取。

表 5-3　　　　　　　　　　　　　石灰膏用量换算系数

石灰膏稠度（cm）	12	11	10	9	8	7	6	5	4	3
换算系数	1.00	0.99	0.97	0.95	0.93	0.92	0.90	0.88	0.87	0.86

（4）砂用量计算

1m³ 砂浆中的砂子用量，应按干燥状态（含水率小于 0.5%）的堆积密度值作为计算值（kg/m³）。

（5）用水量计算

$1m^3$ 砂浆中的用水量，根据施工对砂浆稠度的要求选用 $210 \sim 310kg$。

注：①混合砂浆的用水量，不包括石灰膏中的水；

②当采用细砂或粗砂时，用水量分别取上限或下限；

③稠度小于 $7cm$ 时，用水量可小于下限；

④施工现场气候炎热或干燥季节，可酌情增加用水量。

2. 配合比的调整与确定

①按计算或查表所得配合比进行试拌，应测定新拌砂浆的稠度和分层度，当不能满足要求时，应调整用水量或掺合料用量，直到符合要求为止，确定其为基准配合比。

②试配时至少应采用三个不同的配合比，按①得出的基准配合比，则另两组配合比的水泥用量应比基准配合比±10%，同时，将用水量或掺合料用量作适当调整以保证稠度、分层度合格。对配合比调整后成型、养护试件，测定 28 天强度；选用符合强度要求且水泥用量最低的配合比。

例题：某工程用水泥石灰混合砂浆，强度等级要求为 M5，稠度要求为 $7 \sim 10cm$。原料：矿渣硅酸盐水泥强度等级为 32.5。水泥标号富余系数为 1.0；采用石灰膏稠度为 $10cm$；建筑用砂为中砂，堆积密度为 $1445kg/m^3$，含水率为 2%。一般施工水平，计算该砂浆的配合比。

解：①确定配制强度：

查表 5-2，$\sigma = 1.25MPa$，$k = 1.20$，则

$$f_{m,0} = kf_2 = 1.20 \times 5.0 = 6.0MPa$$

②水泥用量计算：

$$\alpha = 3.03, \beta = -15.09$$

$$Q_c = \frac{1000(f_{m,0} - \beta)}{\alpha \cdot f_{ce}} = \frac{1000 \times (6.0+15.09)}{3.03 \times 32.5} = 214kg$$

③石灰膏用量计算：

取 $Q_A = 350kg$，则

$$Q_D = Q_A - Q_c = 350 - 214 = 136kg$$

石灰膏稠度由 $10cm$ 换算为 $12cm$，查表 5-3 换算系数为 0.97，则

$$Q_D = 136 \times 0.97 = 132kg$$

④砂用量计算：

$$Q_s = 1445 \times (1+2\%) = 1474kg$$

⑤用水量计算：

选用水量为 $300kg$，由于砂中含水，实际用水量为：

$$Q_w = 300 - 1445 \times 2\% = 271kg$$

⑥砂浆配合比：

$$Q_c : Q_D : Q_s : Q_w = 214 : 132 : 1479 : 271$$

第二节 抹 面 砂 浆

抹面砂浆（也称抹灰砂浆）是指涂抹在建筑物或建筑构件表面的砂浆。抹面砂浆有保护基层、增加美观的功能。根据抹面砂浆功能不同，可分为普通抹面砂浆、装饰砂浆和具有某些特殊功能的抹面砂浆（防水、耐热、绝热、吸声等）。

一、普通抹面砂浆

普通抹面砂浆为建筑工程中用量最大的抹面砂浆，其功能主要是对建筑物和墙体起保护及平整美观作用。常用的有石灰砂浆、水泥砂浆、混合砂浆等。

对抹面砂浆的基本要求是具有良好的和易性、较高的黏结强度。处于潮湿环境或易受外力作用时（如地面、墙裙等），还应具有较高的强度等。抹面砂浆的组成材料与砌筑砂浆基本相同。但为了防止砂浆层开裂，有时需要加入一些纤维材料（如纸筋、麻刀等），有时为了使其具有某些功能而需加入特殊集料或掺合料。由于与空气接触面积较大，有利于气硬性胶凝材料的硬化，因此和易性良好的石灰砂浆应用广泛。

普通抹面砂浆的配合比及应用范围可参见表5-4。

表5-4   常用抹面砂浆配合比及应用范围

材　料	配合比（体积比）	应　用　范　围
石灰：水泥：砂	（1：0.5：4.5）～（1：1：5）	用于檐口、勒脚、女儿墙，以及比较潮湿的部位
水泥：砂	（1：3）～（1：2.5）	用于浴室、潮湿车间等墙裙、勒脚或地面基层
水泥：砂	（1：2）～（1：1.5）	用于地面、天棚或墙面面层
水泥：砂	（1：0.5）～（1：1）	用于混凝土地面，随时压光

二、防水砂浆

防水砂浆是一种抗渗性高的砂浆。防水砂浆层又称刚性防水层，适用于不受震动和具有一定刚度的混凝土或砖石砌体的表面，对于变形较大或可能发生不均匀沉陷的建筑物，都不宜采用刚性防水层。

防水砂浆按其组成可分为：多层抹面水泥砂浆、掺防水剂防水砂浆、膨胀水泥防水砂浆和掺聚合物防水砂浆四类。

刚性多层抹面类：由水泥加水配制的水泥砂浆和由水泥、砂、水配制的水泥砂浆，将其分层抹压密实，以使每层毛细孔通道大部分被切断，即使残留的少量毛细孔，其也无法形成贯通的渗水孔络。硬化后的防水层具有较高的防水和抗渗性能。

掺防水剂类：在水泥砂浆中掺入各类防水剂以提高砂浆的防水性能，常用防水砂浆有氯化物金属类防水砂浆、氯化铁防水砂浆、金属皂类防水砂浆和超早强剂防水砂浆等。

膨胀水泥类：在普通水泥砂浆中掺入膨胀剂，减少了砂浆拌和用水量并使在水化反应的早期及中期产生化学自应力作用，可提高砂浆的密实性，同时降低干燥收缩和自身收缩，提高水密性和化学预应力。

聚合物水泥类：用水泥、聚合物分散体作为胶凝材料与砂配制而成的砂浆。聚合物水泥砂浆硬化后，砂浆中的聚合物可有效地封闭连通的孔隙，增加砂浆的密实性及抗裂性，从而可以改善砂浆的抗渗性。聚合物分散体是在水中掺入一定量的聚合物胶乳及辅助外加剂（如乳化剂、稳定剂等）。常用的聚合物品种有：有机硅、阳离子氯丁胶乳等。

防水砂浆一般都应具有良好的耐候性、耐久性、抗渗性、密实性，同时具有较高的黏结力及防水防腐效果。通过砂浆浇注或喷涂、手工涂抹的方法在结构表面形成防水防腐砂浆层。主要用于建筑墙壁、地面的处理及地下工程防水层，防水砂浆的防渗效果在很大程度上取决于施工质量，因此施工时要严格控制原材料质量和配合比。刚性防水必须保证砂浆的密实性，对施工操作要求高，否则难以获得理想的防水效果。

本 章 小 结

砌筑砂浆的组成材料主要包括胶凝材料、砂、水、掺加料、外加剂等；技术性质包括和易性（流动性、保水性）、砂浆的强度及强度等级；配合比设计方法及步骤、所需参数的合理选取及注意事项等。在抹面砂浆种类中，主要介绍普通抹面砂浆、防水砂浆的常用种类、工艺和主要组成材料。

习题与思考题

5-1 常用建筑砂浆有哪些类型？

5-2 新拌砂浆的和易性包括哪两个方面的含义？如何测定？

5-3 何谓砌筑砂浆？

5-4 何谓砂浆的和易性？为什么砌筑砂浆要具有一定的稠度和保水性？

5-5 抹面砂浆有哪些技术要求？

5-6 防水砂浆分哪几种？各有何特点？

5-7 某工程砌筑烧结普通砖，要求强度等级为 M7.5 砌筑砂浆。原料：强度等级为 32.5 的矿渣硅酸盐水泥，石灰膏稠度为 12cm，体积密度为 1350kg/m³；中砂，堆积密度为 1550 kg/m³，含水率为 2%；自来水。施工水平一般，试计算砂浆的配合比。

第六章 建 筑 钢 材

◎**自学时数:**

4 学时。

◎**教师导学:**

通过学习本章内容,读者应对建筑钢材的基本性能及其应用有一个整体的概念。应掌握建筑钢材的基本力学性能及其工艺性能,在掌握建筑钢材基本性能的基础上,理解建筑钢材的冶炼方法、加工技术、化学成分及其基本组织对建筑钢材性能的影响;理解建筑钢材的防火与防锈问题;从建筑钢材基本性能、优缺点出发并结合相应产品的标准与规范,熟练掌握建筑钢材的合理选用。

本章的重点在于建筑钢材的基本力学性能和工艺性能,它由建筑钢材的化学成分、冶炼方法和加工技术等方面决定,同时也决定着建筑钢材的具体选用与应用场合。对建筑钢材的基本性能的把握是本章学习的核心内容。

本章的难点在于深刻理解建筑钢材的基本力学性能、工艺性能的意义及相应性能指标的测量,把握它在建筑钢材材料组成与具体选用之间的桥梁作用。

建筑工程所用的各种钢材统称建筑钢材,包括钢结构用的各种热轧型钢、冷弯薄壁型钢、钢板等和钢筋混凝土结构用的各种钢筋、钢丝和钢绞线等。型钢也可与混凝土组合使用,如钢管混凝土、钢骨混凝土结构等。

建筑钢材的主要优点是强度高、材质均匀、性能可靠,具有较好的弹性变形和塑性变形能力,能抵抗较大的冲击荷载和振动荷载作用。另外,建筑钢材还具有良好的加工性能,可以采用焊接、铆接及螺栓连接等多种连接方式,便于快速施工装配,因而广泛用于大跨结构、多高层结构和重载工业厂房结构等。

建筑钢材的主要缺点是容易锈蚀、耐火性差,维护费用较高。建筑钢材与混凝土复合而成的钢筋混凝土结构一定程度上能够发挥钢材、混凝土的优点而克服各自的主要缺点,是最重要、应用最为广泛的土木工程结构材料之一。

第一节 钢材的冶炼与分类

一、钢材的冶炼

(一) 钢材的基本冶炼过程

钢材是以铁元素为主要成分、含碳量控制在 2.11% 以下并含有少量其他元素的金属材料,由生铁经冶炼、铸锭、轧制和热处理等工序生产而成。含碳量在 2.11% ~

6.69%范围内并含有较多杂质的铁碳合金，俗称生铁或铸铁，因熔点较低、适宜铸造而得名。生铁是由铁矿石、石灰石溶剂、焦炭等燃料在高炉中经过还原、造渣反应而得到的一种铁碳合金，一般硫、磷等有害杂质的含量较高，可细分为白口铸铁、灰口铸铁和球墨铸铁等。生铁硬、脆，无塑性和韧性，且不能焊接，一般不用作土木工程的结构材料。

炼铁是将铁矿石、燃料（焦炭、煤粉）及其他辅助原材料（石灰石、锰矿等）按一定比例混合，在高温下焦炭及其燃烧生成的一氧化碳还原铁矿石得到生铁的过程。炼钢是将生铁在高炉中进行氧化，将含碳量降低到一定范围，同时将硫、磷等有害杂质降低至允许范围内并添加部分有益合金元素的精炼过程。现代炼钢主要有氧气转炉法和电炉法。平炉法使用重油作为燃料，具有成本高、冶炼周期长且热效率低等致命缺陷，目前已基本淘汰。氧气转炉法冶炼周期短、生产效率高且质量较好，主要用于生产普通质量碳素钢和低合金钢。电炉法对钢材的化学成分控制更严格、质量好，但耗电大、产量低、成本高，主要用于生产优质碳素钢和合金钢。

（二）钢材的脱氧

在高温熔炼过程中，部分铁不可避免地被氧化成氧化铁，在后期精炼时需要加入脱氧剂（如锰铁、硅铁等）进行脱氧，使氧化铁还原成金属铁。脱氧后，钢水浇入锭模形成柱状钢锭的工艺过程称为铸锭，之后再对铸锭进行各种压力加工及热处理等以生产各类成品钢材。在铸锭过程中温度逐渐降低，且外部温度降低更快而内部较慢。由于钢内某些元素在液相铁中的溶解度高于固相，冷却过程中它们将向凝固较晚的钢锭中心集中，使得化学成分在钢锭界面上分布不均匀，产生偏析现象，尤其以硫、磷元素偏析最为严重。偏析现象对钢材的质量影响很大。

依据脱氧程度的不同，可将钢材分为沸腾钢（F）、镇静钢（Z）和特殊镇静钢（TZ），脱氧程度依次从低到高。沸腾钢是脱氧不完全的钢，铸锭时不加脱氧剂，相当数量的 FeO 与碳反应生成大量的 CO 气体并溢出，引起钢水沸腾，故而称为沸腾钢。镇静钢为基本完全脱氧的钢，铸锭时钢液镇静，钢液不产生沸腾现象。特殊镇静钢比镇静钢的脱氧程度更充分彻底。

沸腾钢的成本较低且塑性好，有利于冲压，但是微晶组织不够致密、气泡较多且化学偏析较大，强度和耐腐蚀性较差，低温冷脆性较大，常用于一般建筑结构中。镇静钢的成本较高，组织细密、偏析小、质量均匀，具有较好的可焊性和耐腐蚀性，常用于承压冲压荷载的重要结构或构件。优质钢和合金钢一般都是镇静钢。特殊镇静钢的质量最好，适用于特别重要的工程结构。

（三）压力加工和热处理

为减小铸锭过程常出现的偏析、晶粒粗大、组织不致密等缺陷的不利影响，铸锭后大多要经过压力加工和热处理以生产各类型钢、钢筋和钢丝等成品钢材。压力加工分为热加工和冷加工两种。热加工是将钢锭加热至呈塑性状态，在再结晶温度以上完成的压力加工。冷加工是指在再结晶温度以下完成的压力加工，主要有冷拉、冷拔、冷轧等方式。

钢材经过压力加工后，可使钢锭内部气泡弥合、组织密实、晶粒细化并消除铸锭时存在的显微缺陷。钢锭在经压力加工成各类钢材成品后，再辅以适当的热处理，可显著提高其强度和质量均匀性，并恢复其良好的塑性和韧性。

二、钢材的分类

（一）按化学组成分类

按化学成分可将钢材分为碳素钢和合金钢。碳素钢是除含有一定量为了脱氧而加入的硅（一般不超过 0.35%）、锰（一般不超过 1.5%）等合金元素以外，不含其他合金元素的钢材。合金钢中除含有硅锰元素外，还含有其他如铬、镍、钒、钛、铜、钨、铝、钼、铌、镉等合金元素，有的还含如硼、氮等非金属元素。与碳素钢相比，微量合金元素的加入使得合金钢的性能有显著的提高，应用也更加广泛。

按含碳量的不同，碳素钢可进一步细分为低碳钢（0.25% 以下）、中碳钢（0.25% ~ 0.6%）和高碳钢（0.6% 以上）。按合金元素含量的高低，合金钢可进一步细分为低合金钢（5% 以下）、中合金钢（5% ~ 10%）和高合金钢（10% 以上）；依合金元素的主要种类，可分为锰钢、铬钢、铬镍钢和铬锰钛钢等。

（二）按用途分类

依据用途的不同，可将钢材分为结构钢、工具钢和特殊性能钢三大类。结构钢用于各种机器零件和工程结构，前者如渗碳钢、调质钢、弹簧钢和滚动轴承钢等，后者包括普通碳素结构钢、优质碳素结构钢和低合金结构钢等。工具钢用来制造各种工具，依据工具的用途和性能要求的不同可分为刃具钢、模具钢和量具钢等。特殊性能钢是指具有特殊物理化学性能的钢，主要有不锈钢、耐热钢、耐磨钢和磁钢等。

（三）按质量等级分类

根据有硫、磷等害杂质含量的不同，可分为普通钢、优质钢和高级优质钢。

按冶炼炉的种类，可将钢材分为转炉钢和电炉钢，后者的质量较好。

按脱氧程度不同，可将钢材分为沸腾钢（F）、镇静钢（Z）和特殊镇静钢（TZ）。

钢厂在给钢材产品命名时，往往将用途、化学成分和质量等级三种分类标准结合起来，如普通碳素结构钢、优质碳素结构钢、碳素工具钢、高级优质碳素工具钢、合金结构钢、合金工具钢等称谓。

建筑工程主要应用普通质量的碳素结构钢和低合金结构钢，优质合金钢也有少数应用，如部分热轧钢筋等。

第二节　建筑钢材的主要技术性能

建筑钢材应用在结构中主要用于承受荷载作用，同时施工过程中还需要具有较好的加工性能，因而力学性能和工艺性能是建筑钢材性能的主要方面。相应的，力学性能指标主要包括强度、刚度、冲击韧性和硬度；工艺性能主要指冷弯性能和可焊性等。此外，建筑结构都是在一定的温度、湿度及其他腐蚀环境条件下服役的，此时材料抵抗环境作用的物理化学性能对建筑结构的正常使用也非常重要。

一、力学性能

建筑荷载包括静荷载和动荷载两种类型，静荷载作用下不但要求材料具有一定的强度而不至于破坏，同时还要求具有一定的刚度而不至于影响结构的正常使用。承受动荷载作用时，还要求建筑钢材具有较高的冲击韧性和疲劳强度等。

（一）抗拉性能

建筑钢材在结构中主要承受拉压作用。抗拉性能是衡量建筑钢材力学性能最重要的方面。国家标准《金属材料 拉伸试验 第1部分：室温试验方法》（GB/T 228.1—2010）规定了标准的拉伸试验方法，以检验建筑钢材在拉伸时的力学性能和变形性能。以延伸率 $\Delta L/L$ 为横坐标，名义应力 F/S_o 为纵坐标，典型低碳钢的单轴受拉应力–应变关系如图6-1（a）所示，受拉破坏过程可以分为以下四个阶段。

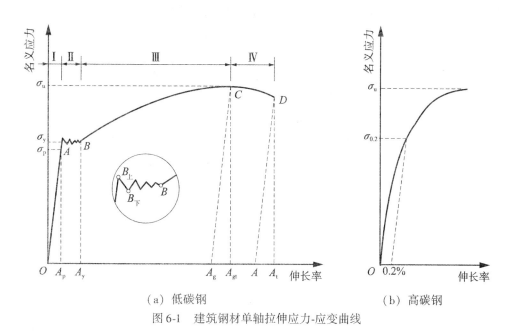

（a）低碳钢   （b）高碳钢

图6-1 建筑钢材单轴拉伸应力-应变曲线

1. 第Ⅰ阶段——线弹性阶段

在 OA 范围内，试件的应力与应变之间呈线性关系，此阶段的变形为弹性变形。在该范围内任意一点完全卸载，试件将恢复原状。A 点对应于弹性阶段应力应变最大值的位置，相应应力称为弹性极限。OA 段直线的斜率（应力与应变之比）为弹性模量 E，它表征的是材料抵抗变形的能力，即钢材的材料刚度。

2. 第Ⅱ阶段——屈服阶段

在 AB 范围内，随应力的进一步增加，钢材的应变与应力不再呈线性关系，试件开始产生不可恢复的塑性变形。当应力达到 B 点的应力水平时，即使应力不再增加，塑性变形仍将显著增长，即发生屈服现象，相应的应力值称为屈服强度（一般采用下屈服点）。屈服强度是建筑钢材最重要的性能指标，是钢结构设计的取值依据。

3. 第Ⅲ阶段——强化阶段

在 BC 阶段，应力需要进一步增大才能使试件产生进一步的变形，此时材料恢复了一定的抵抗变形的能力（刚度），故称为强化阶段。对应于峰值强度 C 点的应力称为抗拉强度，它是评价钢材抵抗破坏能力的重要指标。抗拉强度与屈服强度的比值（强屈比）是建筑钢材安全裕度和材料利用率的直接反映。强屈比越小，则材料在达到屈服之后的安全裕度也越小，相应可靠度越低。强屈比越大，表明材料的安全裕度越大，结构的可靠度越高。但是，强屈比过大时，钢材的有效利用率太低，钢材的强度未能充分利用，造成一定的浪费。

4. 第Ⅳ阶段——颈缩阶段

在抗拉强度 C 点过后，材料塑性变形迅速增大而应力反而下降，刚度为负值，材料处于不稳定状态。在试件薄弱处断面显著减小，呈现"颈缩"现象，直至断裂。若标准试件的原始标距为 L_o，拉断后拼合断口，测量得到试件标距内的长度 L_u，将试件拉断后标距范围内残余伸长量 $L_u - L_o$ 与原始标距的比值称为断后伸长率 A。

$$A = \frac{L_u - L_o}{L_o} \times 100\% \tag{6-1}$$

对于比例试样，若原始标距 L_o 不为 $5.65\sqrt{S_o}$（S_o 为平行长度的原始截面面积，对于圆形试件来说，此时原始标距 $L_o = 5d_o$），符号 A 应附以下脚注说明所使用的比例系数，如 $A_{11.3}$ 表示原始标距 L_o 为 $11.3\sqrt{S_o}$ 的断后伸长率（对于圆形试件，此时原始标距 $L_o = 10d_o$）。除断后伸长率 A 以外，还常用断裂总伸长率 A_t、最大力总伸长率 A_g 和最大力非比例伸长率 A_g 来表征钢材的变形能力，建筑钢材的伸长率测试如图 6-2 所示。

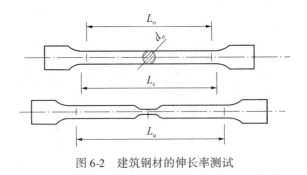

图 6-2　建筑钢材的伸长率测试

试件拉伸破坏时塑性应变在标距范围内的分布是不均匀的，颈缩处的伸长较大，呈现出"应变集中"现象。原始标距与直径的比值越大，则颈缩处的局部变形在整体变形中的比重越小，相应伸长率要小一些。对于同一种钢材，$A_{5.65}$ 大于 $A_{11.3}$。

试件拉伸破坏后，断面面积改变量与原始截面积 S_o 之比称为断面收缩率 ψ。

$$\psi = \frac{S_o - S_u}{S_o} \times 100\% \tag{6-2}$$

式中：S_u——断后最小横截面积。伸长率和断面收缩率是表示钢材塑性变形能力的重要指标。常用低碳钢的伸长率一般在 20%～30%，断面收缩率一般为 60%～70%。伸长率太高，钢材质地较软，超载作用下结构易产生较大的塑性变形；伸长率过小，钢材质地硬脆，荷载超载时容易断裂。塑性良好的钢材，在承受偶然超载作用时，可以通过产生塑性变形来使内部应力重新分布，尽量避免出现"应变集中"现象而破坏。

与低碳钢不同的是，中碳钢和高碳钢没有明显的屈服点，抗拉强度高、伸长率小，拉伸破坏时呈脆性破坏。对无明显屈服点的钢材，《金属材料　拉伸试验　第 1 部分：

室温试验方法》（GB/T 228.1—2010）国家标准规定以塑性残余伸长率为 0.2% 时的应力值作为名义屈服点，相应的屈服强度以 $\sigma_{0.2}$ 表示，如图 6-1（b）所示。

（二）冲击韧性

冲击韧性表征冲击荷载作用下钢材抵抗破坏的能力，一般用单位面积冲击断裂所消耗的功来表示，常采用摆锤式冲击试验机来测量，如图 6-3 所示。将重力为 P（N）的摆锤提升到高度 H（m），在重力作用下自由旋转下落并冲击带"V"形或"U"形刻槽的标准试件。试件从缺口处断裂后，摆锤继续上升到高度 h（m），H 与 h 的值可在刻盘上读出。依据能量守恒，冲击韧性 α_k（J/cm^2）近似为：

$$\alpha_k = \frac{P(H-h)}{S} \tag{6-3}$$

式中：S——为标准试件缺口处的截面积（cm^2）。α_k 值越大，表明试件冲击断裂所消耗的功越大，材料抵抗冲击荷载作用的能力也越强。

钢材的冲击韧性受钢材自身的化学成分和组织状态、环境温度以及时效等方面的影响。

①当钢材内部硫、磷含量较高，脱氧不充分时，由于成分偏析、非金属夹杂及焊接微裂纹等因素影响将使冲击韧性显著降低。

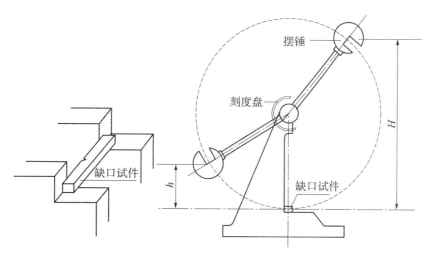

图 6-3　冲击韧性试验方法示意图

②冲击韧性随温度的降低而降低。温度较高时冲击韧性较大，随温度降低，冲击韧性相应减小；起初下降较缓慢，当达到一定低温范围时，冲击韧性将快速下降进而呈脆性（图 6-4），这种性质称为钢材的低温冷脆性。冲击韧性开始快速下降时的温度 T_2 称为脆性临界温度。对于在低温条件下服役的钢结构，必须对钢材的低温冷脆性进行评定，并选用脆性临界温度低于使用温度的钢材。依据具体的使用环境温度条件，可要求材料满足 0℃、−20℃甚至−40℃条件下对冲击韧性指标的要求。

③在长期荷载作用下，随时间的延长，钢材呈现出机械强度提高而塑性、韧性降低的现象称为时效。通常，完成时效的过程可达数十年，起初发展较快而后较慢，经冷加

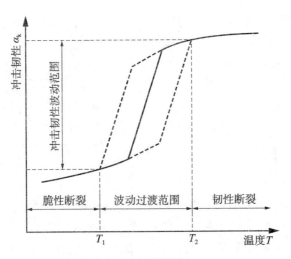

图 6-4　钢材冲击韧性的低温转变

工或者受振动、反复荷载作用时时效可快速发展。因时效导致钢材冲击韧性降低的程度称为时效敏感性。钢材的时效敏感性与材料组成尤其是氮氧化合物杂质的含量密切相关。对于承受动荷载的重要结构，应当选用时效敏感性小的钢材。

（三）硬度

材料局部抵抗硬物压入其表面的能力称为硬度。固体对外界物体侵入的局部抵抗能力，是比较各种材料相对软硬的指标。硬度的测试方法主要有刻划硬度、压入硬度和回弹硬度等：①将欲检测的材料与一个或多个已知硬度的材料相互刻划，留有划痕的材料的硬度较低。刻划硬度法如莫氏硬度能比较粗略地估计硬度，但不够准确；②将特制的压头用一定负荷压在材料上一段时间，通过测量形成的压痕来确定硬度的方法叫压入硬度。硬度高的材料产生的压痕小。常用的压入硬度主要有布氏硬度和洛氏硬度；③将物理性质已知的物体以一定速度撞击待测物体，利用回弹速度值的高低来评价硬度的方法叫回弹硬度。回弹速度值越高，则材料的硬度越大。

建筑钢材的硬度常用布氏硬度来评价。将直径为 D（一般取 10mm）的淬火硬钢球在一定荷载作用下（一般取 3000kg）压入被测钢件的光滑表面，持续一定时间后卸去载荷，测量被压物件表面上的压痕直径 d，所加荷载 P 与压痕表面积 S 的比值即为布氏硬度 HB 值，如图 6-5 所示。布氏硬度试验简便、操作方便、测量迅速，数据稳定准确且属无损检验。当压痕直径 d 在 $0.25D \sim 0.60D$ 范围内时，测得的硬度值比较准确，测量时需要提前选择好钢球直径、荷载大小及持续时间。受淬火钢球硬度的限制，布氏硬度法只适用于测定布氏硬度 HB 小于 450 的钢材。

（四）疲劳强度

在交变荷载反复作用下，钢材往往在应力远低于抗拉强度时就发生断裂，这种现象称为钢材的疲劳破坏。周期荷载的大小不同，使材料破坏需要的循环周期数也随之不同。钢材抵抗疲劳破坏的性能常用应力范围 S 与恒幅荷载循环作用直至破坏的次数 N

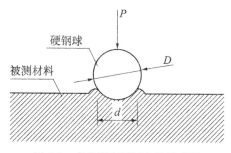

图 6-5　布氏硬度测试方法示意图

之间的关系（S–N 曲线）来描述。典型建筑钢材的 S–N 曲线如图 6-6 所示。交变荷载对应的应力范围 S 越小，材料的疲劳寿命也就越高。当应力范围 S 小于某极限值（疲劳极限）时，疲劳寿命趋于无穷大。对于建筑钢材，一般近似认为疲劳寿命大于 10^7 次即为无穷大。

钢材的疲劳破坏是由拉应力引起的，一般是先在材料内部薄弱区域的局部形成微裂纹，之后由于裂纹尖端应力集中而使得裂纹逐渐扩展直至突然断裂。钢材内部如成分偏析、夹杂等初始缺陷、热应力微裂纹及局部损伤等的存在，是影响钢材疲劳强度的重要因素。疲劳破坏属于脆性破坏，发生得很突然且无预兆，易造成事故，具有很大的危险性。在设计承受反复荷载作用的结构如桥梁结构时，需进行疲劳验算，并采用满足相应疲劳强度要求的钢材。

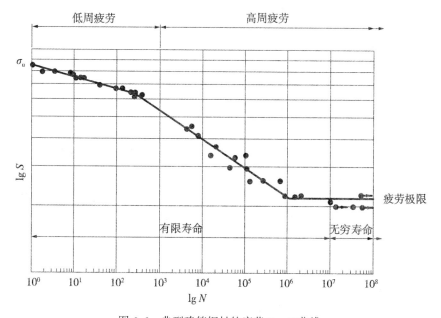

图 6-6　典型建筑钢材的疲劳 S – N 曲线

二、工艺性能

钢材一般要经过各种加工才能付诸使用。良好的工艺性能，能够保证钢材的质量不受各种加工措施的影响。一般说来，钢材的加工方式主要有弯曲、拉拔及焊接等。相应的，钢材的冷弯、冷拉、冷拔及焊接性能均是建筑钢材工艺性能的重要方面。

（一）冷弯性能

冷弯性能指的是常温下钢材承受弯曲变形的能力，可用试件所能承受的弯曲程度来表示。冷弯性能试验是模拟钢材弯曲加工来进行，试验时按弯心直径 d 与试件厚度或直径 a 的比值来准备试件，将它弯曲到规定的角度 α 后，通过检查弯头表面局部是否出现裂纹、起层及断裂等现象来判定是否合格，如图 6-7 所示。

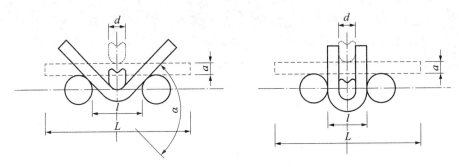

图 6-7　钢材冷弯试验方法示意图

钢材在冷弯过程中，在弯头部位将发生显著的塑性变形，它能很好地反映钢材内部组织的均匀程度、内应力和夹杂等缺陷程度。相对于单轴拉伸试验中的伸长率指标来说，冷弯性能合格是对钢材塑性变形能力更严格的检验。

（二）可焊性

焊接连接方法较多、成本低且质量可靠，是钢材的主要连接方式。无论是钢结构，还是钢筋混凝土结构中的钢筋骨架、接头、预埋件等，大多采用焊接连接，这要求钢材具有良好的可焊性。

实际工程中，钢结构主要采用电弧焊，钢筋连接主要采用接触对焊。无论采用何种焊接方法，焊接过程中钢材一般在很短的时间、小范围内达到很高的温度，由于钢材导热率大，材料局部存在剧烈的受热膨胀与冷却收缩。受此影响，焊件内常产生较大的局部变形与内应力，使焊缝周围的钢材缺陷较严重，同时产生硬脆倾向，局部钢材质量降低。可焊性良好的钢材，焊接后焊缝处局部钢材的性质应尽量与母材一致，进而避免焊接位置成为钢材的薄弱部位而优先破坏。

钢材焊接后必须取样进行焊接质量检验，方法主要有试件拉伸法和原位非破损检测两种。试件拉伸法是在结构焊接部位截取试样，之后在试验室进行各种力学性能的对比试验以观察焊接对钢材性能的影响。原位非破损检测并不截取试件，而是在不损及结构物的前提下，直接采用超声、射线、磁力及荧光等物理方法，对焊缝位置附近钢材进行探伤以间接推定力学性能的变化。钢材的可焊性主要受化学成分及其含量的影响，尤其是碳及硫、磷等元素。含碳量大于0.3%时，钢材的焊接性能显著下降。

第三节 钢材的化学成分及晶体组织

材料的微结构决定其性能，而化学组成是决定材料微结构的重要因素。从钢材的化学成分与组织结构出发，可以深刻理解不同钢材力学性能之间的差异及导致差异的原因。

一、钢材的化学成分

材料的微结构组织决定其性能。钢材的化学成分除基本元素铁和碳以外，常有硅、锰、硫、磷、氢、氧、氮及合金元素存在。部分元素以杂质的形式存在，部分是炼钢过程中为改善钢材性能而特意添加的。为了保证钢材的质量，国家标准对各类钢材的化学成分都有严格的规定。

①碳（C）：碳是决定钢材性质的重要元素，它对钢材的力学性能有着重要的影响。常温下，碳素钢的抗拉强度、断面收缩率、极限拉应变、冲击韧性和布氏硬度HB值等主要力学性能指标随含碳量的变化而变化的趋势如图6-8所示。当含碳量低于0.8%时，随着含碳量的增加，钢材的强度和硬度提高，塑性和韧性降低；同时，钢材的冷弯、焊接及抗腐蚀性能降低，钢材的冷脆性及时效敏感性增大。当含碳量高于0.1%时，钢材变脆且强度反而下降。当含碳量高于0.3%时，焊接性能下降显著。在建筑钢材含碳量范围内，随含碳量的增加，钢材的强度和硬度提高但塑性和韧性降低，钢材的冷弯、焊接及抗腐蚀等性能降低，且钢材的冷脆性和时效敏感性增加。

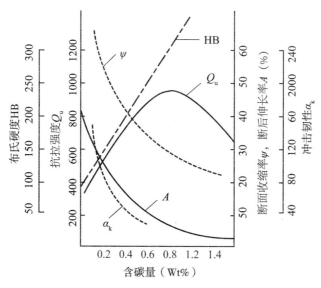

图6-8 含碳量对碳素钢主要力学性能的影响规律

②硅（Si）：在冶炼的过程中硅一般是作为脱氧剂加入的，它可使有害的FeO形成

SiO_2，并融入钢渣排出。作为主要的合金元素之一，其含量通常控制在 1% 以内，在此范围内可提高强度，同时对塑性和韧性没有明显的影响。硅含量超过 1% 后，钢材的冷脆性增大，同时可焊性也变差。

③锰（Mn）：在冶炼时锰一般作脱氧除硫用，它可使有害的 FeO、FeS 形成 MnO 和 MnS，并融入钢渣排出，消减硫、氧元素引起的热脆性，同时改善钢材的热加工性能，通常含量控制在 2% 以下。当含量在 0.8% ~ 1% 范围时，可显著提高钢材的强度和硬度，同时对塑性和韧性没有不利影响。当含量超过 1% 时，强度提高的同时，塑性和韧性有所下降，可焊性变差。

④磷（P）：磷元素对建筑钢材性能的不利影响非常显著，是区分钢材品质的重要指标，其含量一般不得超过 0.045%。磷元素一般是由铁矿石原生带入的，它的存在会显著降低钢材的塑性和韧性，特别是低温下的冲击韧性显著降低，呈低温冷脆性；同时降低冷弯性能和可焊性。

⑤硫（S）：硫是建筑钢材常见的有害元素之一，是区分钢材品质的重要指标，其含量一般不超过 0.05%。硫在钢中以 FeS 形式存在，它是一种低熔点（1190℃）的化合物。钢材在焊接时，低熔点硫化物的存在使得钢材易形成热裂纹，呈热脆性，进而严重降低建筑钢材的可焊性和热加工性能，同时还会降低建筑钢材的冲击韧性、耐疲劳性能和耐腐蚀性能。硫元素即使微量存在也对钢材的性能非常有害，应严格控制其含量。

⑥氧（O）和氮（N）：氧和氮都是钢材的有害元素，炼钢过程中需要专门脱除。未除尽的氧和氮主要以 FeO、Fe_4N 等化合物形式存在，将降低钢材的强度、冷弯性能和可焊性。氧元素还会增大钢材的热脆性和时效敏感性。建筑钢材一般控制氧和氮的含量分别不超过 0.05% 和 0.03%。

二、钢材的晶体组织

（一）常温下的基本晶体组织

铁和碳是建筑钢材的主要化学成分，钢材中铁原子和碳原子之间有三种基本的结合方式，分别是固溶体、化合物和机械混合物。

①固溶体是以铁为溶剂、碳原子为溶质形成的固态"溶液"。纯铁在不同温度下有不同的稳定晶体结构。固溶体中的铁保持纯铁的晶格不变，碳原子溶解在其中。由于碳在铁中的"溶解度"非常有限，固溶体形态的钢材含碳量很低。

②化合物是铁与碳之间以化学键结合而成 Fe_3C 的微结构形态，其晶格与纯铁的晶格不同。化合物组织形态钢的含碳量为 6.69%。

③机械混合物为固溶体与化合物两种形态混合而成。

所谓钢的组织就是由上述一种或多种结合方式所构成的、具有一定组织形态的聚合体。依据化学组成（主要是含碳量及合金含量）及加工工艺的不同，钢材的基本组织主要有铁素体、奥氏体、渗碳体和珠光体四种。

①铁素体：碳原子与铁原子结合成的 α-Fe 固溶体。铁原子晶格空隙较小，碳的溶解度很小，常温下溶解度只有 0.006%；温度为 723℃ 时的溶解度最大，但也仅有 0.02%。铁素体的强度、硬度很低，而塑性、韧性很大。

②奥氏体：碳原子与铁原子结合成的 γ-Fe 固溶体，常温下不能稳定存在。γ-Fe 固溶体为面心立方结构，碳的溶解度相对较大，在 1130℃ 时最大可达 2.06%；当温度降

低至 723℃ 时含碳量降至 0.8%。奥氏体的强度低、塑性高。

③渗碳体：铁和碳以化学键结合成的化合物 Fe_3C，塑性小、硬度高，抗拉强度很低。

④珠光体：铁素体与渗碳体的机械混合物就是珠光体，含碳量为 0.8%。温度降至 723℃ 以下时，奥氏体不能稳定存在而分解成珠光体。珠光体强度较高，塑性和韧性位于铁素体与渗碳体之间。珠光体的晶粒粗细对钢材性能有很大影响。晶粒越细，钢材的强度也就越高，同时塑性降低很少。

钢材在 910℃ 以上高温快速冷却时，奥氏体来不及正常分解成珠光体而形成碳在 α-Fe 铁素体呈过饱和状态的一种组织，称作马氏体。它是四种基本组织以外的一种组织形态，由于晶格畸变，其硬度和强度极高，韧性和塑性很差。

（二）晶体组织对钢材性能的影响

常温下，钢材中各种基本组织的含量随含碳量、生产加工工艺的变化而变化，进而宏观上呈现出不同的力学性能。

①含碳量为 0.77% 的碳素钢称为共析钢，其组织为珠光体。

②含碳量介于 0.02%～0.77% 的碳素钢称为亚共析钢，它由珠光体与含碳量更低的铁素体组成，后者所占比例与含碳量密切相关。随着含碳量的增大，铁素体所占比例逐渐降低而珠光体比例逐渐增加，相应地，钢材的强度、硬度逐渐增大而塑性、韧性逐渐降低。

③含碳量介于 0.77%～2.11% 的碳素钢称作过共析钢，它由珠光体与含碳量更高的渗碳体组成。随着含碳量的增加，珠光体所占比例减小而渗碳体逐渐增大，因而钢材的硬度、强度逐渐增大而塑性、韧性逐渐降低。但是，当含碳量超过 1% 以后，钢材的抗拉强度开始下降。

钢材的各种组织形态在不同温度下的稳定性不同，高温条件下钢材的不同组织形态会发生相互转变，这使得高温下钢材的力学性能发生较大变化。此外，采用不同工艺加工的钢材，其组织形态也有所不同，相应的力学性能也不同。如快速冷却产生的马氏体，会使得钢材的强度提高但塑性和韧性下降等。

此外，掺入合金元素也会使得钢材的组织形态发生改变。如某些合金元素可与常温下稳定的 α-Fe 形成固溶体并使得晶格产生畸变，晶粒细化，强度提高。细晶粒的晶界比表面积比粗晶粒大，从而抵抗变形的能力较强，且塑性变形均匀、韧性好。掺入合金元素可使建筑钢材的综合性能得到显著改善，称为固溶强化。

第四节　钢材的冷加工

一、冷加工强化

将钢材在常温下进行冷拉、冷拔或冷轧，使之产生塑性变形，从而提高屈服强度，称为冷加工强化。钢材经冷加工强化后，塑性、韧性和弹性模量都有所降低，钢材的强屈比降低，钢材的利用率提高。

冷拉是利用冷拉设备对钢材进行张拉，使之伸长并超过屈服应变。经冷拉后，钢材的屈服阶段缩短、伸长率降低、材质变硬。钢材的冷拉工艺分单控法和双控法，前者仅控制伸长率，工艺简单；后者还同时控制冷拉应力，安全性较高。

　　冷拔是将光圆钢筋通过硬质合金拔丝模强行拉拔的工艺，每次拉拔截面缩小，但一般应控制截面单次拉拔的缩小率在10%以内。冷拔过程中，钢筋在受拉的同时还受到模孔的挤压，内应力更大。经拉拔的钢筋屈服强度能提高40%～60%，但同时塑性也大大降低，具有硬钢的性质。

二、时效处理

　　将经过冷加工的钢材于常温下存放15～20d，或者在100～200℃高温环境下保温一段时间（2h）后，其屈服强度、抗拉强度将进一步提高，同时塑性和韧性也进一步降低，这种现象称为时效，如图6-9所示。前者称为自然时效，后者称为人工时效。钢材的时效是一个普遍现象，部分未经冷加工的钢材在长期存放后也会出现时效现象，冷加工则加速了时效的发展。一般冷加工与时效处理同时采用。

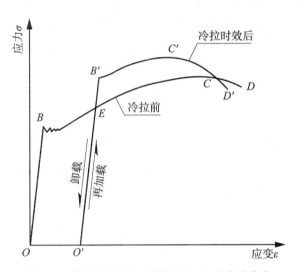

图6-9　建筑钢材冷加工强化应力-应变关系曲线

　　对钢材进行冷加工强化和时效处理的目的是为了提高钢材的屈服强度以节约钢材，但同时钢材的塑性和韧性也将降低。图6-9给出了经冷加工及时效处理后钢材的性能变化规律。$OBCD$为冷拉时效处理前典型低碳钢的应力-应变关系曲线。当试件冷拉至超过屈服强度的任意一点E，由于塑性应变的产生，卸载时将沿EO'下降且不能回到O点，EO'大致与BO平行。将冷拉后立即试件重新拉伸，则其应力-应变关系将沿$O'ECD$发展，屈服点由B点提升到E点，抗拉强度基本不变，塑性和韧性降低。若卸载后对钢材进行时效处理，则试件的应力-应变曲线将为$O'EB'C'D'$，钢材的屈服强度和抗拉强度均进一步提高，但塑性和韧性同时降低，曲强比大幅降低。冷加工及时效处理主要在生产厂商及加工厂进行，经冷加工强化及时效处理的钢材质量仍应满足相应国家标准对钢材产品性能指标的要求。

　　钢材的性能因时效而发生改变的程度称为时效敏感性。钢材在受到振动、冲击或其他变形形式也可加速时效的进程。对于承受动载的重要结构，应选用时效敏感程度小的钢材。

第五节　建筑钢材的标准及选用

建筑钢材包括用于钢结构的各类型材（型钢、钢管和钢棒）、板材和用于混凝土结构的各类线材（钢筋、钢丝和钢绞线）等。依结构用途对钢材力学性能的具体要求，建筑钢材主要使用碳素结构钢和低合金结构钢，合金钢也有少量应用。

一、碳素结构钢（非合金结构钢）

（一）碳素结构钢的技术标准

国家标准《碳素结构钢》（GB/T 700—2006）规定，碳素结构钢的牌号由代表屈服强度的符号 Q、屈服强度值、质量等级符号和脱氧程度符号四个部分按顺序组成。质量等级符号为 A、B、C 和 D 四种，A 和 B 为普通质量钢，C 和 D 为严格控制硫、磷杂质含量的优质钢。脱氧程度以 F 代表沸腾钢，Z 代表镇静钢，TZ 代表特殊镇静钢。如 Q235AF 表示屈服强度为 235MPa 的 A 级沸腾钢。

碳素结构钢的单轴拉伸及冲击试验结果应符合表 6-1 中的要求；弯曲性能试验测试应符合表 6-2 中的要求。

表 6-1　　　　　　　　　　　　低碳钢力学性能指标要求

牌号	质量等级	屈服强度/MPa				断后伸长率/%			抗拉强度/MPa	冲击试验	
		厚度或直径/mm								温度/℃	冲击功/J
		≤16	>16~40	>40~60	>60~100	≤40	>40~60	>60~100			
Q195	—	195	185	—	—	33	—	—	315~430	—	—
Q215	A	215	205	195	185	31	30	29	335~450	—	—
	B									+20	≥27
Q235	A	235	225	215	215	26	25	24	370~500	—	—
	B									+20	≥27
	C									0	
	D									−20	
Q275	A	275	265	255	245	22	21	20	410~540	—	—
	B									+20	≥27
	C									0	
	D									−20	

（二）碳素结构钢的选用

结构钢主要用于承受荷载作用，工程应用时需要结合工程结构的承载力要求、加工工艺和使用环境条件等，全面考虑力学性能、工艺性能进行选择，以满足对工程结构安全可靠、经济合理的要求。工程结构的荷载大小、荷载类型（动荷载、静荷载）、连接方式（焊接与非焊接）、使用环境温度等条件对结构钢材的选用往往起决定作用。在满足承载能力要求的前提条件下，可以优先选用强度较高的钢材以节约用钢量。由于较高强度的钢材成本一般也较高，选用时可以适当兼顾成本控制的要求。

表 6-2   低碳钢冷弯试验性能要求

牌号	试样方向	180°冷弯试验	
		钢材厚度或直径/mm	
		≤60	>60 ~ 100
		弯心直径 d	
Q195	纵向	0	—
	横向	0.5a	
Q215	纵向	0.5a	1.5a
	横向	a	2a
Q235	纵向	a	2a
	横向	1.5a	2.5a
Q275	纵向	1.5a	2.5a
	横向	2a	3a

一般说来，对于直接承受动荷载的构件和结构（如吊车梁、吊车吊钩、直接承受车辆荷载的栈桥结构等）、焊接连接结构、低温条件下工作及特别重要的构件或结构应该选用质量较高的钢材。沸腾钢的质量相对较差、时效敏感性较大且性能不够稳定，往往用于除以下三种情况以外的一般结构用途：①直接承受动荷载的焊接结构；②设计温度小于等于−20℃的直接承受动荷载的非焊接结构；③设计温度小于等于−30℃的承受静荷载、间接承受动荷载的焊接结构。质量等级为 A 级的钢材，一般仅适用于承受静荷载作用的结构。

二、低合金高强度结构钢

（一）低合金高强度结构钢的技术标准

低合金高强度结构钢的牌号由代表屈服强度的字母 Q、屈服强度值和质量等级符号（A ~ E）三部分组成，如 Q345D。由于低合金高强度结构钢均为镇静钢或特殊镇静钢，牌号不需要明确标明脱氧程度。当要求钢板具有厚度方向性能时，可在上述规定牌号后加上代表厚度方向（Z 向）性能级别的符号，如 Q345DZ15。依据国家标准《低合金高强度结构钢》（GB/T 1591—2008），低合金高强度结构钢共分八个牌号，其力学性能应满足表 6-3 和表 6-4 中的性能要求。此外，低合金高强度结构钢的弯曲性能应满足表6-5中的要求。

低合金高强度结构钢的含碳量严格控制在 0.20% 以内，具有良好的韧性、可焊性和冷弯性能。低合金高强度结构钢所用合金元素主要有锰、硅、铝、镍、铜、铌、钒、钛和稀土元素等。掺入锰元素能够使珠光体晶粒细化，并提高钢材强度和韧性；掺入钒、铌等元素可显著细化晶粒，从而提高强度；掺入铜和稀土元素等可以改善钢材的加工性能及耐腐蚀性能等。

（二）低合金高强度结构钢的性能与选用

对比低合金高强度结构钢与碳素结构钢的主要性能指标可见，低合金高强度结构钢具有高强度、高韧性和高塑性的特点，同时抗冲击、耐低温、耐腐蚀性能强且质量稳定。对比常用的 Q345B 与 Q235B 钢材可见，前者的屈服强度约比后者高40%以上且综合性能显著提升，承载能力相同条件下能节约钢材40%以上。在满足建筑结构使用条件对钢材力学性能、工艺性能要求条件下，可尽量选择高强度牌号钢材以节约材料，并满足安全可靠、经济合理的综合性能要求。

表 6-3　　　　　　　　　　　　　低合金高强度结构钢力学性能指标

牌号	质量等级	屈服强度/MPa					抗拉强度/MPa				断后伸长率/%		
		公称厚度（直径或边长）/mm											
		≤16	>16~40	>40~63	>63~80	>80~100	≤40	>40~63	>63~80	>80~100	≤40	>40~63	>63~100
Q345	A	≥345	≥335	≥325	≥315	≥305	470~630	470~630	470~630	470~630	≥20	≥19	≥19
	B												
	C												
	D										≥21	≥20	≥19
	E												
Q390	A	≥390	≥370	≥350	≥330	≥330	490~650	490~650	490~650	490~650	≥20	≥19	≥19
	B												
	C												
	D												
	E												
Q420	A	≥420	≥400	≥380	≥360	≥360	520~680	520~680	520~680	520~680	≥19	≥18	≥18
	B												
	C												
	D												
	E												
Q460	C	≥460	≥440	≥420	≥400	≥400	550~720	550~720	550~720	550~720	≥17	≥16	≥16
	D												
	E												
Q500	C	≥500	≥480	≥470	≥450	≥440	610~770	600~760	590~750	540~730	≥17	≥17	≥17
	D												
	E												

续表

牌号	质量等级	屈服强度/MPa					抗拉强度/MPa				断后伸长率/%		
		公称厚度（直径或边长）/mm											
		≤16	>16~40	>40~63	>63~80	>80~100	≤40	>40~63	>63~80	>80~100	≤40	>40~63	>63~100
Q550	C	≥550	≥530	≥520	≥500	≥490	670~830	620~810	600~790	590~780	≥16	≥16	≥16
	D												
	E												
Q620	C	≥620	≥600	≥590	≥570	—	710~880	690~880	670~860	—	≥15	≥15	≥15
	D												
	E												
Q690	C	≥690	≥670	≥660	≥640	—	770~940	750~920	730~900	—	≥14	≥14	≥14
	D												
	E												

表6-4　　　　低合金高强度结构钢"V"形缺口下比冲击试验性能指标

牌号	质量等级	试验温度/℃	冲击功/J		
			公称厚度（直径、变长）/mm		
			12~150	>150~250	>250~400
Q345	B	20	≥34	≥27	—
	C	0			
	D	−20			27
	E	−40			
Q390 Q420	B	20	≥34	—	—
	C	0			
	D	−20			
	E	−40			
Q460	C	0	≥34	—	—
	D	−20			
	E	−40			
Q500、Q550 Q620、Q690	C	0	≥55	—	—
	D	−20	≥47		
	E	−40	≥31		

表6-5 低合金高强度结构钢弯曲试验性能

牌号	试样方向	180°弯曲试验弯心直径 d	
		钢材厚度 a（直径、边长）/mm	
		≤16	>16~100
Q345 Q390 Q420 Q460	宽度不小于600mm的扁平材，取横向试样；宽度小于600mm的扁平材、型材及棒材，取纵向试样	$2a$	$3a$

三、钢筋混凝土结构用钢筋与钢丝

混凝土材料抗压但不抗拉；建筑钢材抗拉强度高，但是抗压时存在稳定问题使得强度不能充分发挥，同时还存在易锈蚀及耐火性能不足等缺点。将钢材与混凝土材料组合起来使用能够扬长避短，因而广泛应用。尽管型材、板材在混凝土结构中也有部分应用，如型钢混凝土、钢管混凝土等，混凝土材料主要还是与钢筋和钢丝等线材搭配组成复合结构。

一般将直径6mm及以上的线材称钢筋，6mm以下称钢丝。钢筋主要用于普通钢筋混凝土结构；钢丝一般为高强钢材，主要用于预应力混凝土结构。成品线材主要有热轧钢筋、冷轧带肋钢筋、冷拔低碳钢丝、热处理钢筋和预应力混凝土用钢丝和钢绞线等。

（一）热轧钢筋

依表面形貌的不同，热轧钢筋分热轧光圆钢筋和热轧带肋钢筋两种。热轧光圆钢筋应符合《钢筋混凝土用钢 第1部分：热轧光圆钢筋》（GB 1499.1—2008）的相关技术要求。热轧带肋钢筋可再细分为普通热轧钢筋和细晶粒热轧钢筋两类，技术性能应满足《钢筋混凝土用钢 第2部分：热轧带肋钢筋》（GB 1499.2—2008）的要求。

热轧光圆钢筋为由碳素结构钢经热轧成型且横截面通常为圆形、表面光滑的成品钢筋，牌号由HPB（Hot-rolled Plain Bars）和屈服强度值构成，如HPB235。热轧普通钢筋和细晶粒热轧钢筋均为由低合金高强度结构钢热轧成型且横截面通常为圆形、表面带肋的钢筋，不同之处在于细晶粒热轧钢筋在热轧过程中通过控轧和控冷工艺以形成细晶粒结构。热轧普通钢筋的牌号由HRB（Hot-rolled Ribbed Bars）与强度值构成，如HRB335；细晶粒热轧钢筋由HRBF与屈服强度值构成，字母F是英文Fine的首字母。光圆钢筋与带肋钢筋的断面形状如图6-10所示。直径为6.5~9mm的钢筋，大多卷成盘供应；直径10~40mm的钢筋一般是6~12m长的直段供应。带肋钢筋的公称直径指的是轴拉时有效受力面积相当于光圆钢筋横截面积时的等效直径，如图6-10中阴影所示。

热轧钢筋的屈服强度、抗拉强度、断后伸长率和最大力总伸长率等力学性能指标应符合表6-6的规定。同时，热轧钢筋按表6-6中所给出的弯心直径弯曲180°后，钢筋受弯曲部位的表面不得产生裂纹。对于有较高抗震要求的结构可选用表6-6所示的热轧钢筋牌号后附加E的钢筋，如HRB400E。该类钢筋在满足已有牌号钢筋的力学性能要求

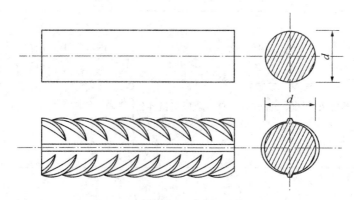

图 6-10　光圆钢筋和月牙肋带纵肋钢筋

外，还需满足以下要求：①钢筋实测抗拉强度与实测屈服强度之比不小于 1.25；②钢筋实测屈服强度与规定的屈服强度值比不大于 1.30；③钢筋的最大力总伸长率不小于9%，以保证钢筋具有较好的塑性耗能能力和变形能力，以满足良好抗震性能的要求。

热轧钢筋主要用作钢筋混凝土和预应力混凝土结构中的受力钢筋，是土建结构中用量最大的钢种之一。普通钢筋混凝土结构可选用强度较低的热轧钢筋，预应力混凝土结构一般选用强度较高的热轧带肋钢筋。

表 6-6　　　　　　　　　　热轧光圆钢筋的力学性能与工艺性能要求

牌　号	屈服强度 /MPa	抗拉强度 /MPa	断后伸长率 A/%	最大力总伸长率 A_{gt}/%	180°冷弯试验	
					公称直径 a/mm	弯心直径 d
	不小于					
HPB235	235	370	25.0	10.0	—	a
HPB300	300	420				
HRB335 HRBF335	335	455	17		6 ~ 25	$3d$
					28 ~ 40	$4d$
					> 4050	$5d$
HRB400 HRBF400	400	540	16	7.5	6 ~ 25	$4d$
					28 ~ 40	$5d$
					> 40 ~ 50	$6d$
HRB500 HRBF500	500	630	15		6 ~ 25	$6d$
					28 ~ 40	$7d$
					> 40 ~ 50	$8d$

(二) 冷轧带肋钢筋

冷轧带肋钢筋是用热轧盘条经多道冷轧减径、一道压肋并消除内应力后形成的一种表面带有沿长度方向均匀分布的二面或三面月牙形横肋的钢筋，直径一般在 4~12mm。冷轧带肋钢筋的牌号由 CRB（Cold-rolled Ribbed Bars）和抗拉强度最小值构成，分 CRB500、CRB650、CRB800 和 CRB970 共四个牌号。CRB500 用于普通钢筋混凝土结构，其他牌号用于预应力钢筋混凝土结构。国家标准《冷轧带肋钢筋》（GB 13788—2008）规定，各牌号冷轧带肋钢筋的力学性能和工艺性能应符合表 6-7 的规定，其中同时给出了 180°弯曲试验的弯心半径与反复弯曲次数的要求。当进行弯曲试验时，在弯心直径 d 为公称直径 a 的若干倍条件下弯曲 180°，受弯曲部位表面不能产生裂纹。同时，在初始应力为材料抗拉强度的 70%水平时，1000h 的应力松弛率不能超过表 6-8 中的规定。

表 6-7　　　　　　　　　　冷轧带肋钢筋力学性能与工艺性能要求

牌　号	名义屈服强度/MPa	抗拉强度/MPa	伸长率/%		180°弯曲试验	反复弯曲次数	1000h 应力松弛率
			$A_{11.3}$	A_{100}			
CRB500	500	550	8.0	—	$d=3a$	—	—
CRB650	585	650	—	4.0	—	3	≤8
CRB800	720	800	—	4.0	—	3	≤8
CRB970	875	970	—	4.0	—	3	≤8

冷轧成型后经回火热处理得到的具有较高延性的冷轧带肋钢筋称高延性冷轧带肋钢筋，其牌号由 CRB、钢筋的抗拉强度最小值后附加代表高延性的字母 H 组成，分 CRB600H、CRB650H 和 CRB800H 三种，公称直径一般在 5~12mm 之间。依据我国冶金标准《高延性冷轧带肋钢筋》（YB/T 4260—2011）的规定，高延性冷轧带肋钢筋的力学性能及工艺性能应满足表 6-8 中的要求。

表 6-8　　　　　　　　　　高延性冷轧带肋钢筋的力学性能和工艺性能

牌　号	公称直径/mm	名义屈服应力	抗拉强度/MPa	A/%	A_{100}/%	A_{gt}/%	180°弯曲试验	反复弯曲次数	1000h 应力松弛率
				不小于					
CRB600H	5~12	520	600	14	—	5.0	$d=3a$	—	—
CRB650H	5, 6	585	650	—	7	4.0	—	4	5
CRB800H	5	720	800	—	7	4.0	—	4	5

冷轧带肋钢筋是采用冷加工时效强化的钢铁产品，经冷轧后强度提高非常显著，但塑性也随之降低，强屈比显著减小。为保证冷轧带肋钢筋具有一定的安全裕度及塑性耗能能力，规范要求强屈比不能小于 1.05。冷加工时效强化的工艺特别，使得冷轧带肋

钢筋一般用于没有振动、冲击荷载和往复荷载的结构。由于冷轧带肋钢筋的塑性耗能和变形能力较差，可用作楼板配筋、墙体分布钢筋、梁柱箍筋及圈梁、构造柱配筋，但不得用于有抗震设防要求的梁、柱纵向受力钢筋及板柱结构配筋。

（三）冷拔低碳钢丝

冷拔低碳钢丝是由低碳钢热轧盘条经一次或多次冷拔制成、以盘卷供货的光圆钢丝，牌号由 CDW（Cold Drawn Wire）与抗拉强度组成，如 CDW550。实际上，尽管冶金行业有各种抗拉强度级别的冷拔低碳钢丝标准，但建筑工程中仅保留使用 CDW550一个强度级别，不同直径冷拔低碳钢丝的力学性能与工艺性能应满足表 6-9 中的要求。低碳钢热轧盘条冷拉时不但受到拉力的作用，同时还受到挤压作用，因而屈服强度大幅提高而失去低碳钢的性质，变得硬脆。因而，冷拔低碳钢丝宜作为构造钢筋使用，作为结构构件中纵向受力钢筋使用时应采用钢丝焊接网、焊接骨架，《冷拔低碳钢丝应用技术规程》（JGJ 19—2010）规定，冷拔低碳钢丝不得作预应力钢筋使用。

表 6-9 冷拔低碳钢丝力学性能与工艺性能要求

直径/mm	抗拉强度/MPa	伸长率 A/%	180°反复弯曲次数	弯曲半径/mm
		不小于		
3	550	2.0	4	7.5
4		2.5		10
5		3.0		15
6				15
7				20
8				20

（四）热处理钢筋

热处理钢筋是由热轧低合金高强度钢筋经淬火、高温回火调质处理工艺生产而成，具有很高强度和韧性，是预应力混凝土钢筋的重要品种。热处理钢筋代号为 RB150，有40Si2Mn、48Si2Mn 和 45Si2Cr 三个牌号，公称直径分别为 6mm、8.2mm 和 10mm，其力学性能应满足表 6-10 中的规定。

表 6-10 热处理钢筋的力学性能要求

公称直径/mm	牌 号	名义屈服强度/MPa	抗拉强度/MPa	伸长率 10/%
6	40Si2Mn	≥1325	≥1470	≥6
8.2	48Si2Mn			
10	45Si2Cr			

热处理钢筋以较高的硅含量（1.5% ~ 2%）来提高抗应力腐蚀性能，但它仍与其他高强度钢材一样具有较高的应力腐蚀敏感性。热处理钢筋强度高、综合性能好且质量稳定，主要用于与较高强度的混凝土组合应用于预应力钢筋混凝土轨枕和其他预应力混凝土结构中。

（五）预应力混凝土用钢丝和钢绞线

预应力混凝土用钢丝是用优质碳素结构钢盘条筋经拔丝模、轧辊冷加工及热处理制成的产品，抗拉强度可高达1470 ~ 1770MPa，一般以盘卷供货，松卷后可自动弹直，方便按要求长度进行切割加工。钢丝按加工状态可分为冷拉钢丝和消除预应力钢丝两类。消除应力钢丝按松弛性能又分为低松弛钢丝和普通松弛钢丝。对钢丝在轴向塑性变形状态下进行短时热处理以消除内应力，可得到低松弛钢丝；对钢丝通过矫直工序后在适当温度下进行短时热处理，可得到普通松弛钢丝。预应力混凝土用钢丝的尺寸、外形及力学性能等技术指标应符合国家标准《预应力混凝土用钢丝》（GB 5223—2002）的要求。

预应力用钢绞线由数根钢丝绞捻后经热处理以消除内应力而制成，捻向一般为左捻，捻距为钢绞线公称直径的12 ~ 16倍。依据钢丝的股数结构可分为1×2、1×3和1×7三种。预应力用钢绞线的尺寸、外形及力学性能等技术指标应符合国家标准《预应力混凝土用钢绞线》（GB/T 5224—2003）的要求。

预应力混凝土用钢丝和钢绞线均属于冷加工强化并经热处理而成的钢材，单轴拉伸时没有屈服点，强度远远超过热轧钢筋和冷轧钢筋，具有良好的柔韧性，应力松弛率低，主要用于重载、大跨及需要曲线配筋的大型屋架、桥梁等预应力混凝土结构。

第六节　钢材的防锈与防火

一、钢材的防锈

耐腐蚀性较低是钢材的一个主要缺点。广义的腐蚀是指材料在使用环境条件下（温度、湿度、氧气、应力等），材料性能发生变化的一种现象。狭义的腐蚀一般指金属材料在环境条件下发生的物理-化学作用导致的锈蚀现象。在空气中长期接触水和氧气的条件下，钢材将发生锈蚀，当环境中湿度较高或含有其他侵蚀性介质时，锈蚀将更为严重。影响钢材锈蚀的主要因素有环境中的湿度、氧气及可能接触到的酸、碱、盐类，此外钢材的化学成分也对锈蚀速率具有很大影响，如加入铬镍之后的不锈钢就具有很强的防锈能力。工程中常见的盐类环境是含氯离子的滨海结构及冬季使用除冰盐的工程结构等。氯离子积累到一定浓度后，能破坏钢材表面在碱性条件下形成的钝化膜，使锈蚀迅速发展。

（一）钢材的腐蚀

电化学腐蚀是钢材腐蚀的主要机理，它是指钢材与含电解质的溶液接触时，由于不同部位的电极电位不同而形成微电池反应进而发生的锈蚀。潮湿环境条件下，钢材表面会吸附一层含电解质的水膜，由于钢材本身铁、碳等不同组成的电极电位有所差异，形成许多微电池。在阳极区，铁被氧化成Fe^{2+}离子进入水膜；在阴极区溶于水膜中的氧气被还原成OH^-离子，它与Fe^{2+}结合生成不溶于水的$Fe(OH)_2$，电化学反应继续进行，

同时 $Fe(OH)_2$ 会进一步氧化成 $Fe(OH)_3$，这就是常见的红棕色铁锈，疏松且易剥落。电化学腐蚀是钢材锈蚀的主要形式。

（二）钢材的防腐

钢材防锈的根本方法是阻止水分、氧气或氯离子等腐蚀介质与钢材接触并发生锈蚀。目前，钢结构通常采用表面刷漆、喷涂涂料等方法来防腐。对于重要的或对服役寿命有特殊要求的结构，可以采用热镀锌、镀锡等方法保护钢材母体以提高钢材的耐腐蚀能力，也可以采用外加电流、牺牲阳极等电化学保护法等。对于在氯离子侵蚀环境条件下服役的钢筋混凝土结构，还可以通过提高混凝土质量、掺加阻锈剂等办法来提高钢材的防腐蚀性能。某些特殊情况下，还可以采用成本较高的不锈钢材料。

二、钢材的防火

（一）钢材的高温性能

高温条件下钢材的力学性能将发生显著变化，图 6-11 给出了低碳钢在常温到 600℃范围内主要力学性能指标随温度变化的过程。在室温到 150℃范围内，钢材的强度、弹性模量、塑性指标与室温条件下很接近，变化不大。温度在 250℃左右时，抗拉强度有局部性提高，但伸长率、断面收缩率均降至最低，钢材表面养护膜呈蓝色即所谓蓝脆现象。温度高于 300℃时，钢材的抗拉强度、屈服强度、弹性模量显著下降，而塑性快速增加。达到 600℃时，强度大幅降低，钢材处于热塑状态。

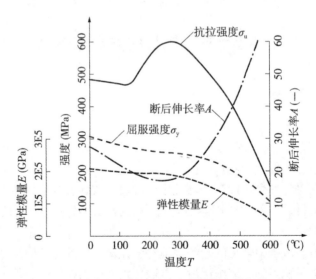

图 6-11　高温条件下低碳钢的力学性能变化规律

（二）钢材的防火

从钢材的高温性能分析可知，钢材有一定的耐热性能，但不耐火。一旦钢结构的温度达到 600℃以上，钢材的强度、刚度大幅降低至呈热塑状态，完全丧失承载能力。钢材的防火是钢结构设计时应考虑的一个重要问题。不加防护的钢结构的耐火极限仅有 15min 左右，远低于防火规范对材料耐火极限的要求。通常，建筑钢结构须采取如防火涂料、涂层及包覆保护层等措施来提高耐火极限以满足不同防火等级建筑的防火要求。

防火保护措施主要通过延缓热量向钢结构传导以延长钢结构的耐火极限。防火涂料法是在钢结构材料表面喷涂防火涂料以提高耐火极限的方法，一般分为薄涂型和厚涂型两种。火灾发生时，防火涂料吸热发泡膨胀形成隔热层（薄涂型）或依靠本身的低导热率（厚涂型）来阻止热量向钢结构传递，延缓钢结构升温、延长钢结构的耐火极限。喷涂防火涂料法具有防火隔热性能好、施工不受结构几何形体限制、易于实施等优点，是工程中最常用的防火措施。

本 章 小 结

在建筑结构中钢材主要用于承受荷载作用。相应的，建筑钢材的基本力学性能非常重要，主要包括强度、刚度、伸长率、冲击韧性、硬度和疲劳强度等指标。建筑钢材的工艺性能主要包括冷弯性能和焊接性能。良好的工艺性能能够保证建筑钢材在施工过程中经历各种加工之后基本性能不发生较大的不利变化。钢材的基本组织主要有铁素体、奥氏体、渗碳体和珠光体四种。依据含碳量等化学组成及冶炼、加工工艺的不同，建筑钢材各种基本组织含量也不同，从而表现出不同的力学性能与工艺性能。除碳元素以外，化学成分中硫、磷、氧、氮等有害杂质及硅、锰等合金元素对建筑钢材的性能也有显著影响。此外，冶炼工艺及加工工艺也严重影响钢材的基本组织的含量及其性能，它与化学组成共同决定了建筑钢材的基本性能。建筑钢材在使用过程中同时受到温度、湿度等气候条件甚至其他腐蚀环境条件作用。建筑钢材抵抗环境作用的性能，尤其是高温条件下的防火性能与腐蚀环境作用下的防锈性能，也需要予以特别关注。要求熟悉碳素结构钢、低合金高强度结构钢的牌号与产品标准，了解不同牌号钢材性能之间的差别；熟悉热轧钢筋、冷轧带肋钢筋、冷拔低碳钢丝、热处理钢筋及预应力混凝土用钢丝和钢绞线等产品的性能特点与相应标准。

习题与思考题

6-1　建筑钢材的力学性能和工艺性能各主要包括哪几个方面？

6-2　低碳钢拉伸过程中应力-应变关系如何变化？

6-3　为什么以建筑钢材的屈服强度作为钢结构设计的取值依据？

6-4　钢材冲击韧性的概念是什么？其影响因素主要有哪些？

6-5　建筑钢材的低温冷脆性、时效敏感性的概念是什么？选用钢材时如何考虑？

6-6　如何评定建筑钢材的冷弯性能？

6-7　建筑钢材的基本组织有哪几种？不同组织的基本性能如何？

6-8　含碳量如何影响建筑钢材的组织结构与性能？

6-9　硫、磷、氧、硅、锰、钒、钛等元素对钢材的性能有何影响？

6-10　脱氧方法与脱氧程度如何影响钢材的质量？

6-11　建筑钢材按化学组成、用途和质量等级各分为哪几类？

6-12　什么是钢材的冷加工强化与时效处理？冷加工后钢材的性质发生怎样的变

化？再经时效处理又会有怎样的变化？

6-13 碳素结构钢的牌号如何表示？选用建筑钢材时主要考虑哪些方面的要求？

6-14 相比碳素结构钢来说，低合金高强度结构钢有什么优点？

6-15 钢筋混凝土结构用钢筋与钢丝主要有哪些品种？不同钢种在材料组成、加工工艺及力学性能方面有何差异？

6-16 热轧钢筋的等级如何划分？各级钢筋的主要差别是什么？

6-17 钢材锈蚀的原因有哪几种？分别如何防止？

6-18 随着温度升高，钢材的不同力学性能如何变化？

第七章　建筑高分子材料

◎建议学时

4 学时。

◎学习目标

通过本章的学习，要求学生掌握高分子聚合物的基本概念，掌握高分子聚合物的性能和常用的高分子聚合物。要求学生掌握塑料的组成、性能。了解塑料门窗、塑料板材、塑料卷材的应用。重点掌握高分子防水材料的性能及应用。

本章的重点是高分子聚合物分子结构与其性质间的关系。

本章的难点是建筑塑料、防水卷材和密封材料的合理选用。

目前，高分子材料在建筑工程中的应用，不仅提供了代替传统材料的新材料，而且可以作为改性剂来改善和提高现有材料。高分子聚合物又称高聚物或聚合物，按其来源分为天然的聚合物及合成聚合物两大类。合成聚合物又可按其物理性状和结构，分为合成树脂、合成橡胶及合成纤维。用作建筑材料的高分子聚合物主要是合成树脂，其次是合成橡胶。

第一节　高分子聚合物的基本知识

一、高分子聚合物的基本概念

（一）高分子聚合物、单体、链节

高分子聚合物是相对分子质量较大、原子数较多，由许多低分子化合物通过共价键重复连接聚合而成的物质，简称高聚物或聚合物。

以聚氯乙烯 $\begin{smallmatrix}\text{CH}_2—\text{CH}\\|\\\text{Cl}\end{smallmatrix}_n$ 为例，它是由氯乙烯（ $\begin{smallmatrix}\text{CH}_2=\text{CH}\\|\\\text{Cl}\end{smallmatrix}$ ）聚合而成。例如：

$$\cdots+\text{CH}_2—\underset{|\atop\text{Cl}}{\text{CH}}—+—\text{CH}_2—\underset{|\atop\text{Cl}}{\text{CH}}+\cdots\rightarrow\begin{Bmatrix}\text{CH}_2—\underset{|\atop\text{Cl}}{\text{CH}}\end{Bmatrix}_n$$

可以聚合成高分子聚合物的低分子化合物，称为"单体"，组成高分子聚合物最小的重复结构单元称为"链节"。高分子聚合物中所含链节的数目 n 为"聚合度"， m 为一个"链节"的相对分子质量，高分子聚合物的相对分子质量 $M=n\times m$ 。在同一高分子聚合物中，各个分子的大小并不相同，因此它们的相对分子质量亦不同。高分子聚合物的相对分子质量分布可以通过实验测定。

（二）高分子聚合物分类

高分子聚合物的品种很多，可按多种方式进行分类，见表7-1。

表7-1 高分子聚合物的分类

分类方法	类别	特性
按聚合物的合成反应	缩聚聚合物 加聚聚合物	由缩聚反应得到，有副产物 由加成聚合反应得到，无副产物
按聚合物的受热方式	热塑性聚合物 热固性聚合物	线型分子结构，受热后结构类型不变，具有可塑性及可溶性 体型分子结构，物理、力学性能强，化学稳定性好，失去了可塑性及可溶性
按聚合物的性质	树　　脂 合成橡胶 合成纤维	高温时为黏流态，常温下为玻璃态，有固定形状 具有高弹性 单丝强度高

（三）高分子聚合物的命名

1. 天然聚合物的命名

天然聚合物用专有名词命名，如淀粉、纤维素、蛋白质等。

2. 合成聚合物的命名

①对加聚树脂中由一种单体加聚而成的均聚物，在生成聚合物的单体名称之前加"聚"字。如聚乙烯、聚氯乙烯等。

②对加聚树脂中由两种或两种以上单体加聚而成的共聚物，在生成聚合物的单体名称之后加"共聚物"。如由丁二烯、苯乙烯共聚而得的聚合物称为丁二烯苯乙烯共聚物。

③对其他聚合物在生成聚合物的单体名称之后加"树脂"或"橡胶"或"纤维"。如由甲醛和脲缩合而得的称为脲醛树脂，由苯乙烯和丁二烯共聚而得的称为丁苯橡胶，由丙烯腈三元单体共聚而得的称为聚丙烯腈纤维。

④商品名称。如把聚酰胺纤维称为尼龙或绵纶，把聚丙烯腈纤维称为腈纶。

⑤聚合物的名称可用其英文名称的缩写字母表示。如聚乙烯——PE；聚氯乙烯——PVC；丁苯橡胶——SBR；丙烯腈、丁二烯、苯乙烯共聚物为 ABS 树脂等。

二、高分子聚合物的结构与性质

高分子材料的应用范围十分广泛，性质各异。性质不同的主要原因是结构不同。高分子结构比常见的低分子化合物复杂得多，高分子聚合物按其研究单元不同分为两大类结构，一是分子内结构（称为高分子链结构），二是分子间结构（称为聚集态结构）。

（一）高分子链结构

1. 高分子链的大小

高分子链的大小是指一个高分子的大小。聚合物聚合过程比较复杂，使得某一种聚合物中每个分子的聚合度都不相同，所以相对分子质量也不同，聚合物的相对分子质量是一个平均值，聚合物这种相对分子质量不同的特性称为相对分子质量分布。高分子聚合物平均相对分子质量大小及相对分子质量分布宽窄对材料性能的影响很大。

2. 高分子链的形态

高分子链的几何形状有线型、支链型及体型（交联型或网型）三种，其形式如图7-1 所示。

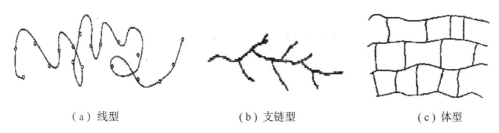

（a）线型　　　　　　（b）支链型　　　　　　（c）体型

图7-1　线型聚合物分子链形象图

线型聚合物分子链的形状为线型，可以卷曲成团（图7-1（a）），有时带有支链（图7-1（b））。分子间以分子间力相结合。具有线型结构的树脂，强度较低，弹性模量较小，变形较大，耐热性较差，耐腐蚀性较差，且可溶解，可熔融。全部加聚树脂和部分缩聚树脂属于线型结构。

体型聚合物分子是线型大分子以化学键交联而成的三维网状结构（图7-1（c）），也称网型结构或交联型。由于化学键结合力强，且交联形成一个"巨大分子"，故一般来说此类树脂的强度较高、弹性模量较高、变形较小、较硬脆并且多没有塑性、耐热性较好、耐腐蚀性较高、不可溶解，不可熔融，在溶剂中只能溶胀。多数缩聚树脂属于体型结构。

（二）高分子聚合物的变形

非晶态的高分子聚合物在不同温度下会呈现出玻璃态、高弹态及黏流态等不同的物理状态，如图7-2 所示。

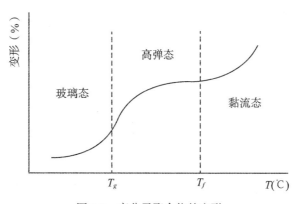

图7-2　高分子聚合物的变形

1. 玻璃态

玻璃态是聚合物在温度较低时所表现出的状态。此时，材料受力后只能发生微小的变形，外力去除变形立即消失，这种变形称为普通弹性变形。温度越低、物体越坚硬。产生这种现象的原因是由于温度较低时，线型非结晶聚合物不仅长链分子整体不具有可移动性，而且线型分子失去了柔顺性所致。

2. 高弹态

随着温度升高，聚合物从玻璃态转变为高弹态。处于高弹态的聚合物，其长链分子整体虽不可移动，但长链分子本身已具有柔顺性。当聚合物受力后会发生极大的可逆变形，称为高弹变形。高弹变形的弹性模量很小，应变值很大，变形的发生和消失要比普通弹性变形慢得多。

3. 黏流态

当温度升得更高时，聚合物呈黏流态。此时，整个长链分子具有了可移动性。

聚合物中的结晶体也具有可熔融性。当温度高于熔点时，结晶度高的聚合物或一般分子量的聚合物即表现为黏流态。分子量很大而结晶度较低的聚合物则先进入高弹态，当温度更高时，非结晶的长链分子具有了可移动性，使整个聚合物变为黏流态。

当温度低于熔点而高于玻璃态温度时，具有一定结晶度的线型分子聚合物呈韧性状态。此时，非晶区具有柔顺性，晶区尚未熔融而具有刚性。韧性状态的聚合物既有较高的强度又有较大的变形性能，是合成纤维的主要特征。韧性状态存在的温度范围越宽，该聚合物的使用意义越大。

高分子聚合物处于玻璃态的最高温度称为玻璃化温度，用 T_g 表示。高分子聚合物处于黏流态的最低温度（也是高弹态的最高温度）称为黏流态温度。玻璃化温度 T_g 低于室温的称为橡胶，高于室温的称为塑料。玻璃化温度是塑料的最高使用温度，但却是橡胶的最低使用温度。

体型结构的聚合物，可以表现为玻璃态或高弹态，而不会出现黏流态。

（三）高分子聚合物的性质特点

①密度小。高分子聚合物密度小，属于轻质建筑材料。

②力学性能好。常温下大部分高分子聚合物材料的韧性良好，特别是抗拉、抗弯、抗冲击和抗疲劳强度都较高，有些聚合物的变形能力很强，用在工程的某些部位可取代高脆性无机材料。但其力学性能受温度变化的影响很大，通常在较高温度下强度会下降，有的会表现出更高的弹性或塑性；当温度较低时，弹性和韧性会显著下降，甚至变脆。这种特点使它的应用受到限制。

③耐水性和耐湿性好。大多数高分子聚合物材料憎水性很强，有良好的防水和防潮性，是土木建筑工程中最常用的防水材料。

④耐腐蚀性好。大多数高分子聚合物材料结构十分稳定，对酸、碱、盐等介质的耐腐蚀性优于普通无机建筑材料。因此，常用高分子聚合物材料对处于腐蚀介质中的建筑物或构筑物进行防水防潮处理。

⑤易老化。在使用条件下，高分子材料受光、热、氧等因素的长期作用，性质劣化的现象称为老化。老化是一个复杂的化学变化过程，其主要化学反应有交联反应和裂解反应两种。交联是指分子由线型结构转变为体型结构的过程；裂解是指分子链发生断

裂，分子量降低的过程。如果老化过程是以交联为主，则高分子聚合物失去弹性、变硬、变脆，出现龟裂等现象；例如聚氯乙烯薄膜，在日光照射下，1~2 年内将会丧失柔顺性，变得硬而易碎。裂解反应虽然没有改变其化学组成，但结构发生了变化。它会使高分子材料变软、发黏、失去高弹性。例如橡胶制品老化后会发黏、失去弹性、出现蠕变等现象。老化也可由物理过程引起，如掺有增塑剂的塑料，由于增塑剂的挥发或渗出使塑料变硬、变脆等。

目前，防止老化的措施大致有三种：a. 改善聚合物结构，提高耐老化能力；b. 加入抗老化剂，以吸收紫外线或抑制分子交联（或断裂）反应；c. 设置表面防护层（或涂层），以隔绝光、热及氧等的不良作用。

⑥可加工性好、使用方便。高分子聚合物材料可采用多种加工工艺，可塑制成各种形状、厚度不同的产品；有的经溶剂稀释后可现场施工操作，能适应工程的不同需要。

⑦高分子聚合物材料的绝缘性好。

⑧抵抗生物破坏的能力强。

⑨非绿色建筑材料。高分子聚合物材料在生产、施工及使用过程中可释放出挥发性有机物，对人体产生不良影响，也会对环境造成不同程度的危害。在房屋建筑中的应用受到限制。

三、常用高分子聚合物

（一）热塑性树脂

1. 聚乙烯（PE）

聚乙烯的产量大、用途广。聚乙烯按生产工艺分为高压聚乙烯和低压聚乙烯，按密度分为高密度聚乙烯和低密度聚乙烯。高密度聚乙烯是用低压合成工艺生产的，因此也称为低压聚乙烯，其分子量较高、支链较少、结晶度较高、质地较坚硬。低密度聚乙烯是用高压合成工艺生产的，因此也称为高压聚乙烯，其分子量较低、支链较多、结晶度低、质地柔软。

聚乙烯具有良好的化学稳定性及耐低温性、强度较高、吸水性和透水性很低、无毒、密度小、易加工；但耐热性较差，且易燃烧。聚乙烯主要用于生产防水材料（薄膜、卷材等）、给排水管材（冷水）、水箱和卫生洁具等。

2. 聚氯乙烯（PVC）

聚氯乙烯是无色、半透明、硬而脆的聚合物，在加入适宜的增塑剂及其他添加剂后，可以获得性质优良的硬质和软质聚氯乙烯塑料。

聚氯乙烯具有机械强度较高、化学稳定性好、耐风化性极高，但耐热性较差，使用温度一般不超过-15 ~ +55℃。软质聚氯乙烯的抗拉强度和抗折强度较硬质聚氯乙烯低，但断裂伸长率较高。聚氯乙烯中含有大量的氯，因而具有良好的阻燃性。

硬质聚氯乙烯是建筑工程中应用最多的一种，主要用作天沟、水落管、外墙覆面板、天窗以及给排水管等。

软质聚氯乙烯常加工为片材、板材、型材等，如卷材地板、块状地板、壁纸、防水卷材、止水带等。

3. 聚丙烯（PP）

聚丙烯由丙烯单体聚合而成。产量和用量最大的为等规聚丙烯（IPP），习惯上简称为聚丙烯。聚丙烯为白色蜡状物，耐热性好（使用温度可达 110～120℃）、抗拉强度与刚度较好、硬度大、耐磨性好，但耐低温性和耐候性差、易燃烧、离火后不能自熄。聚丙烯主要用于纤维网布、包装袋等。

生产等规聚丙烯时会出现少量的副产品无规聚丙烯（APP），其为乳白色至浅棕色的橡胶状物质，分子量小。无规聚丙烯的内聚力小、玻璃化温度较低，常温下呈橡胶状态，机械强度和耐热性很差（高于50℃时即可缓慢流动），但其具有较好的黏附性，且化学稳定性和耐水性优良。无规聚丙烯常用于沥青材料的改性。

4. 聚苯乙烯（PS）

聚苯乙烯为无色透明树脂，透光率达 90%、耐水、耐光、耐腐蚀，但其性脆、耐热性差（不超过80℃）、易燃。

聚苯乙烯在建筑中的主要应用是泡沫塑料，其具有优良的隔热保温性。此外，也用于透明装饰部件、灯罩、发光平顶板等。

5. 苯乙烯-丁二烯-苯乙烯嵌段共聚物（SBS）

苯乙烯-丁二烯-苯乙烯嵌段共聚物是苯乙烯（S）、丁二烯（B）的三嵌段共聚物（由化学结构不同的较短的聚合物链段交替结合而成的线型共聚物称为嵌段共聚物）。SBS 树脂为线型分子，具有高弹性、高抗拉强度、高伸长率和高耐磨性的透明体，属于热塑性弹性体。

SBS 在建筑上主要用于沥青的改性。

（二）热固性树脂

1. 酚醛树脂（PF）

酚醛树脂具有较高的强度、耐热性、化学稳定性和自熄性，但脆性大，不能单独作为塑料使用。此外酚醛树脂的颜色深暗，装饰性较差。

酚醛树脂在建筑上主要用作各种层压板的胶结材料以及玻璃纤维增强塑料。

2. 氨基树脂

氨基树脂是由氨基化合物（如尿素、三聚氰胺等）、甲醛缩合而成的一类树脂的总称，常用的有脲醛树脂（UF）、三聚氰胺树脂（MF）。

①脲醛树脂（UF），脲醛树脂的性能与酚醛树脂基本相似，但耐水性及耐热性较差。脲醛树脂的着色性好，表面光泽如玉，有"电玉"之称。脲醛树脂主要用作建筑小五金、泡沫塑料等。

②三聚氰胺树脂（MF），又称密胺树脂，具有很好的耐水性、耐热性和耐磨性，表面光亮，但成本高且有毒性。在建筑上主要用于装饰层压板。

3. 不饱和聚酯树脂（UP）

不饱和聚酯树脂是指不饱和聚酯在乙烯基类交联单体（如苯乙烯）中的溶液，常温下在引发剂、光等的作用下可由线型分子转变为体型分子。不饱和聚酯树脂的透光率高、化学稳定性好、强度高、抗老化性及耐热性好，但固化时的收缩大，且不耐浓酸与浓碱的侵蚀。主要用于玻璃纤维增强塑料。不饱和聚酯树脂是热固性树脂中用量最大的一种。

纤维增强的不饱和聚酯塑料，主要用于结构构件、防腐容器与管道、波形瓦、采光板等。

4. 环氧树脂（EP）

环氧树脂性能优异，特别是黏结力和强度高，化学稳定性好，且固化时的收缩小。主要用于玻璃纤维增强塑料、涂料和胶黏剂等。

5. 有机硅树脂（SI）

有机硅树脂的分子主链结构为硅氧链（—Si—O—），也称硅树脂。有机硅树脂的耐热性高（400~500℃）、耐化学腐蚀性好，且与硅酸盐材料的结合力高，主要用于层压塑料和防水材料。

（三）合成橡胶

橡胶是弹性体的一种，其玻璃化温度 T_g 较低。橡胶的主要特点是在常温下受外力作用时即可产生百分之数百的变形，外力取消后，变形可完全恢复，但不符合虎克定律。橡胶具有很好的耐寒性及较好的耐高温性，在低温下也具有非常好的柔韧性。

玻璃化温度 T_g 较低而黏流态温度 T_f 较高的橡胶才具有较高的使用价值。

1. 橡胶的硫化

橡胶的硫化又称交联，是利用硫化剂（又称交联剂）使橡胶由线型分子结构交联成为网型分子结构弹性体的过程。硫化后的橡胶又称硫化橡胶，简称橡胶。通常使用的橡胶制品均为硫化橡胶。橡胶硫化的目的是为了提高其强度、变形、耐久性、抗剪切能力，减少其塑性。

2. 橡胶的再生处理

橡胶的再生是将废旧橡胶经机械粉碎和加热处理等，使橡胶氧化解聚，即由大网型结构转变为小网型结构和少量的线型结构的过程。再生处理的过程又称为脱硫。脱硫后的橡胶除具有一定的弹性外，还具有一定的塑性和黏性。可以再次加工成各种制品。

经再生处理的橡胶称为再生橡胶或再生胶。

3. 常用合成橡胶

（1）三元乙丙橡胶（EPDM）

三元乙丙橡胶是由乙烯、丙烯、二烯烃（如双环戊二烯）共聚而得的弹性体。具有优良的耐热性、耐低温性、抗撕裂性、耐化学腐蚀性，且伸长率高，耐候性很好。

三元乙丙橡胶在建筑上主要用于防水卷材。

（2）氯磺化聚乙烯橡胶（CSPE）

氯磺化聚乙烯是聚乙烯经氯气和二氧化硫共同处理而得到的弹性体。具有较高的机械强度、耐候性很好、耐高低温性和耐酸碱性好、伸长率高。

氯磺化聚乙烯在建筑上主要用于防水卷材与防水密封材料。

（3）丁基橡胶（IIR）

丁基橡胶是由异丁烯和异戊二烯共聚而得，为无色弹性体。具有很好的耐化学腐蚀性、耐老化性、不透气性、抗撕裂性能、耐热性和耐低温性，脆化温度为−58℃。

丁基橡胶在建筑上主要用于防水卷材和防水密封材料。

第二节　建　筑　塑　料

塑料是指以树脂为基本材料（基体），加入适量的填料和添加剂后而制得的材料和制品。在建筑上可作为结构材料、装饰材料、保温材料、门窗材料和地面材料。

一、塑料的基本组成

（一）合成树脂

合成树脂是塑料的基本组成材料，在塑料中起着黏结作用。塑料的性质主要决定于合成树脂的种类、性质和数量。合成树脂在塑料中的数量一般为 30% ~ 60%，仅有少量的塑料完全由合成树脂组成。

用于热塑性塑料的树脂主要有聚乙烯、聚氯乙烯、ABS 共聚物、聚苯乙烯、聚甲基丙烯酸甲酯等；用于热固性塑料的树脂主要有酚醛树脂、脲醛树脂、不饱和聚酯树脂、环氧树脂、有机硅树脂等。

（二）填充料

填充料又称填料，其种类很多。常用的粉状填料主要有木粉、滑石粉、轻体碳酸钙、重质碳酸钙（石灰石粉）、炭黑等，在塑料中填料的主要作用是降低成本，提高强度和硬度及耐热性，并减少塑料制品的收缩；常用的纤维状填料主要为玻璃纤维，其在塑料中的主要作用是提高抗拉强度。

（三）增塑剂

增塑剂可降低树脂的黏流态温度 T_f，使树脂具有较大的可塑性以利于塑料的加工。能降低塑料的硬度和脆性，使塑料具有较好的韧性、塑性和柔顺性。常用的增塑剂是分子量小、熔点低、难挥发的液态有机物，如邻苯二甲酸二丁酯、邻苯二甲酸二辛酯、磷酸三甲酚酯等。

（四）固化剂

固化剂又称硬化剂，其主要作用是使线型高聚物交联成体型高聚物，使树脂具有热固性。根据树脂的品种不同，使用不同的硬化剂。常用的有六亚甲基四胺（乌洛托晶），胺类（乙二胺、间苯二胺）、酸酐类（邻苯二甲酸酐、顺丁烯二酸酐）及高分子类（聚酰胺树脂）。

（五）着色剂

着色剂可使塑料具有鲜艳的颜色，改善塑料制品的装饰性。常用的着色剂是一些有机和无机颜料。

（六）稳定剂

为防止某些塑料在热、光及其他条件下过早老化而加入的少量物质称为稳定剂。常用的稳定剂有抗氧化剂和紫外线吸收剂。

除此之外，在塑料生产中常常还加入一定量的其他添加剂，使塑料制品的性能更好、用途更加广泛。如使用发泡剂可以获得泡沫塑料，使用阻燃剂可以获得阻燃塑料。

二、塑料的基本性质

（一）密度

塑料的密度一般为 $1.0 \sim 2.08 \mathrm{g/cm^3}$，为混凝土的 $1/2 \sim 2/3$，仅为钢材的 $1/4 \sim 1/8$。

（二）孔隙率与吸水率

塑料的孔隙率可在生产时加以控制，以满足不同的需要。如泡沫塑料的孔隙率可高达 $95\% \sim 98\%$，而有机玻璃（聚甲基丙烯酸甲酯）、塑料薄膜等实际上是没有孔隙的。

塑料属于憎水性材料，无论是密实塑料还是泡沫塑料其吸水率一般不大于 1%。但塑料内部孔隙尺寸较大且为开口孔隙时，则吸水率较大。

（三）耐热性

大多数塑料的耐热性都不高，且热塑性塑料的耐热性低于热固性塑料。使用温度为 $100 \sim 200℃$。仅个别塑料的使用温度可达到 $300 \sim 500℃$。

（四）导热性与温度变形

塑料的导热系数均较低，密实塑料的导热系数为 $0.23 \sim 0.70\mathrm{W/（m \cdot K）}$，泡沫塑料的导热系数为 $0.023 \sim 0.041\mathrm{W/（m \cdot K）}$，接近于空气的导热系数。

塑料的热膨胀系数较高，为其他材料的 $5 \sim 10$ 倍。使用时需加以注意，特别是当塑料与其他材料结合（或复合）在一起使用时。

（五）强度

塑料的强度因品种不同，强度的高低也不同。如玻璃纤维增强塑料的抗拉强度可达 $200 \sim 300\mathrm{MPa}$，比强度（抗压强度与体积密度的比值）高，超过传统材料（如钢材、石材、混凝土等）$5 \sim 15$ 倍，属于轻质高强材料。但是，泡沫塑料的强度很低，只有 $0.1\mathrm{MPa}$ 左右。

（六）弹性模量

塑料的弹性模量较低，为钢材的 $1/10$，同时具有徐变特性，因而塑料在受力时有较大的变形。这也是塑料不能大量用作结构材料的主要原因。

（七）耐腐蚀性

大多数塑料对酸、碱、盐等腐蚀性物质的作用具有较高的稳定性。热塑性塑料可被某些有机溶剂所溶解；热固性塑料则不能被溶解，仅可能会出现一定的溶胀。

（八）老化

在使用条件下，塑料受光、热、电等的作用，内部高聚物的组成和结构发生变化，致使塑料的性质恶化，这种现象称为塑料的老化。

老化有分子交联和分子裂解两种。交联是指分子由线型结构转变为体型结构的过程；如果老化过程是以交联为主，则塑料便失去弹性、变硬、变脆，出现龟裂等现象。裂解是指分子链发生断裂，分子量降低的过程；如果老化是以裂解为主，则塑料会失去刚性、变软、发黏、出现蠕变等现象。老化也可由物理过程引起，如掺有增塑剂的塑料，由于增塑剂的挥发或渗出使塑料变硬、变脆等。

（九）可燃性与毒性

塑料的可燃性受其中聚合物的性质和数量的影响。含有磷或卤素元素的聚合物为难燃聚合物，当塑料中掺有阻燃剂时可大大降低其可燃性。但总的来说，塑料仍属于可燃材料。由于聚合物在燃烧时会放出大量有毒气体，因此在发生火灾时对人员的生命有极大的威胁。建筑工程用塑料应为阻燃塑料。

液体树脂基本上都是有毒，但完全固化后的聚合物则基本上无毒。当采用塑料制品作饮用水的设备时，应认真进行卫生检查。

三、常用塑料制品及其应用

（一）塑料门窗

塑料门窗主要是采用改性硬质聚氯乙烯（UPVC）为主要原料，加入一定比例的稳定剂、着色剂、填充剂、紫外线吸收剂等，经混炼、挤出等工序制成型材，然后通过切割、焊接或螺接的方式制成门窗框扇，配装上密封胶条、压条、五金件及玻璃等，制成塑料门窗。

塑料门窗的外观平整美观，色泽鲜艳，经久不褪，装饰性好，并具有良好的耐水性、耐腐蚀性、隔热保温性、隔声性、气密性、水密性和阻燃性，使用寿命可达30年以上。塑料门窗分有全塑门窗和复合塑料门窗。

全塑门窗是门窗框材全部为塑料型材，刚度小、易变形，只适用作室内门窗和规格较小的室外门窗。

复合塑料门窗主要有塑钢门窗和铝塑铝门窗。

在门窗框型材的空腔内部嵌入金属增强材料，用这种型材制成的门窗称之为塑钢门窗。加入金属增强材料可提高门窗的刚度和抗风压能力。塑钢门窗型材框和玻璃为多腔式结构，具有良好的隔热性能，其导热系数较小，仅为钢材的1/357，铝材1/250，可见塑钢门窗有很好的节能效益。

铝塑门窗是用铝合金型材和未增塑的聚氯乙烯通过机械滚压方法或卡扣法复合为主体并共同承担结构受力的型材作门窗框材制得的门窗称为铝塑门窗。该种门窗集铝合金的高强度、优美装饰性和PVC优良的保温、隔声性能于一体，符合国家的最新建筑节能要求。

（二）塑料板材与块材

1. 塑料贴面装饰板

塑料贴面装饰板又称塑料贴面板，是以浸渍三聚氰胺甲醛树脂的花纹纸为面层，与浸渍酚醛树脂的牛皮纸叠合后，经热压制成的装饰板。它是一种很薄的装饰板材（0.8~1.5mm），一般不能单独使用，需粘贴在基材（如胶合板、纤维板、刨花板等）上。可仿制各种花纹图案，色调丰富多彩，表面硬度大，耐热、耐烫、易清洗。表面有镜面型和柔光型。塑料贴面板适用于建筑内部墙面、柱面、墙裙、天棚等的装饰和护面，也可用于家具、车船等的表面装饰。

2. 有机玻璃板

采用纯聚甲基丙烯酸甲酯制成。透光率极高，可透过光线的98%，强度较高，并具有较高的耐热性、耐候性、耐腐蚀性，但表面硬度小，易燃烧。有机玻璃板主要用于室内隔断、各种透明护板以及各种透明装饰部件等。

3. 塑料地板块

目前生产的塑料地板块主要采用聚氯乙烯、重质碳酸钙及各种添加剂，经混炼、热压或压延等工艺制成。塑料地板块按材质分有硬质、半硬质、软质；按结构分有单层、多层复合。用量较大的为半硬质塑料地板块，其技术性质应满足《半硬质聚氯乙烯块状地板》（GB 4085—2005）的规定。塑料地板块的图案丰富，颜色多样，并具有耐磨、耐燃、尺寸稳定、价格低等优点。塑料地板块的尺寸一般为 300mm×300mm，厚度为 2～5mm。塑料地板块适合用于人流不大的办公室、家庭等的地面装饰。

（三）塑料卷材

1. 塑料壁纸

塑料壁纸是以聚氯乙烯为主，加入各种添加剂和颜料等，以纸或中碱玻璃纤维布为基材，经涂塑、压花或印花及发泡等工艺制成的塑料卷材。塑料壁纸的品种主要有单色压花壁纸、印花压花壁板、有光印花壁纸、平光印花壁纸、发泡壁纸及特种壁纸等（防水壁纸、防火壁纸、彩色砂粒壁纸等）。

塑料壁纸的花色品种多，可制成仿丝绸、仿织锦缎、仿木纹等凹凸不平的花纹图案。塑料壁纸美观、耐用、易清洗、施工方便，发泡塑料壁纸还具有较好的吸声性，因而广泛用于室内墙面、顶棚等的装修。塑料壁纸的缺点是透气性较差。

2. 塑料卷材地板

目前生产的塑料卷材地板主要为聚氯乙烯塑料卷材地板。塑料地面卷材与塑料地板块相比，具有易于铺贴，整体性好等优点。适合用于人流不大的办公室与家庭等的地面装饰。

①无基层卷材，具有质地柔软，感觉较舒适，有一定的弹性，但不能与烟头等燃烧物接触。适合用于家庭地面的装饰。

②带基层卷材，由二层或多层复合而成。面层一般为透明的聚氯乙烯塑料，基层为无纺布、玻璃纤维布等，中层为印花的不透明聚氯乙烯塑料。按中层的聚氯乙烯塑料是否发泡，分有致密聚氯乙烯地面卷材（代号为 CB）和发泡塑料地面卷材（代号为 FB），后者具有较好的隔声性和隔热保温性。聚氯乙烯卷材地板的技术性质应满足《聚氯乙烯卷材地板》（GB 11982.1—2005）的规定。

3. 塑料薄膜

建筑上使用的塑料薄膜主要为聚乙烯塑料薄膜和聚氯乙烯塑料薄膜，二者主要用于防潮、防水工程，也可用于混凝土的覆盖养护。

（四）泡沫塑料

泡沫塑料是在高聚物中加入发泡剂，经发泡、固化或冷却等工序而制成的多孔塑料制品。泡沫塑料的孔隙率高达 95%～98%，且孔隙尺寸小于 1.0mm，因而具有优良的隔热保温性。建筑上常用的有聚苯乙烯泡沫塑料、聚氯乙烯泡沫塑料、聚氨酯泡沫塑料、脲醛泡沫塑料等。

1. 聚苯乙烯泡沫塑料（EPS）

聚苯乙烯泡沫塑料是建筑上应用最广的泡沫塑料，体积密度为 10～200kg/m³，经常生产使用的为 15～40kg/m³，导热系数为 0.031～0.045W/（m·K），极限使用温度为 −100～+70℃。建筑上聚苯乙烯泡沫塑料主要用于墙体、屋面、地面、楼板等的隔热保温，也可与纤维增强水泥、纤维增强塑料或铝合金板等复合制成夹层墙板。聚苯乙烯泡沫塑料属于可燃性材料，在施工和使用过程中均应该注意防火，且不宜作为高温表面的隔热层。

2. 聚氯乙烯泡沫塑料

建筑上使用的聚氯乙烯泡沫塑料的体积密度为 $60 \sim 200 kg/m^3$，导热系数为 $0.035 \sim 0.052 W/（m \cdot K）$，极限使用温度为 $-60 \sim +60℃$。聚氯乙烯泡沫塑料在建筑上主要用作吸声材料、装饰构件，也可用作墙体、屋面等的保温材料，或作为夹层板的芯材。

3. 聚氨酯泡沫塑料

建筑中应用的主要为硬质聚氨酯泡沫塑料。它多为闭口孔隙结构，具有致密的表层和多孔的内芯。聚氨酯泡沫塑料的体积密度为 $24 \sim 200 kg/m^3$，经常生产和使用的为 $30 \sim 40 kg/m^3$，导热系数为 $0.017 \sim 0.023 W/（m \cdot K）$，蒸汽渗透性小，抗压强度和隔热保温性均高于其他泡沫塑料，极限使用温度为 $-160 \sim +150℃$。聚氨酯泡沫塑料的主要缺点是价格较高，易燃烧，限制了它的大量应用。目前，聚氨酯泡沫塑料主要用作夹层墙或夹层板的芯材以及管道等的保温。聚氨酯泡沫塑料可在现场发泡，即在现场将聚氨酯树脂和发泡剂等混合后注入构件的空腔或空心墙内，发泡后即成为泡沫塑料隔热保温层。现场发泡的优点是泡沫塑料层为一整体，且泡沫塑料能与周围材料牢固黏合在一起，不存在任何间隙。这种无缝隔热层与拼成的隔热层相比保温性可提高 25% ~30% 。

（五）玻璃纤维增强塑料

玻璃纤维增强塑料，俗称玻璃钢，是由合成树脂胶结玻璃纤维或玻璃纤维布（带、束等）而成的复合材料。合成树脂的用量一般为 30% ~40% ，常用的合成树脂为酚醛树脂、不饱和聚酯树脂、环氧树脂等，用量最大的为不饱和聚酯树脂。

玻璃钢的性能主要取决于合成树脂和玻璃纤维的性能、它们的相对含量以及它们间的黏结力。合成树脂和玻璃纤维的强度越高，特别是玻璃纤维的强度越高，则玻璃钢的强度越高。玻璃钢属于各向异性材料，其强度与玻璃纤维的方向密切相关，以纤维方向的强度最高，玻璃布层与层之间的强度最低。在玻璃布的平面内，径向强度高于纬向强度，沿 45° 方向的强度最低。

玻璃钢的最大优点是轻质、高抗拉（抗拉强度可接近碳素钢）、耐腐蚀，而主要缺点是弹性模量小、变形大。

目前，玻璃钢制品主要有波形瓦、干板、管材、薄壳容器、浴盆和洗脸盆等。波形瓦与平板主要用于屋面、阳台拦板、隔墙板、夹芯墙板的面板；管材主要用于化工防腐，薄壳容器主要用作防腐和压力容器。

第三节　合成高分子防水材料

合成高分子防水材料具有优良的技术性能、使用寿命长、施工方便、污染性低，在建筑工程中已得到较为广泛的应用。

一、橡胶系列防水材料

（一）三元乙丙（EPDM）橡胶防水卷材

三元乙丙橡胶防水卷材是以三元乙丙橡胶与丁基橡胶为基本原料，添加软化剂、填充补强剂、促进剂以及硫化剂等，经混炼、过滤、精炼、挤出（或压延）成型并经硫化等工序制成的片状弹性体防水卷材。

1. 三元乙丙橡胶防水卷材生产过程

生产过程主要包括：①原料预处理：包括烘粉料干燥、烘胶、切胶等。②混炼：在密炼机中进行混炼，按照工艺规定的投料顺序在经过预热的密炼室中投料。③过滤：将混炼胶进行过滤，经过过滤的混炼放置在架上，严禁落地。④精炼：精确称量过滤后的混炼胶，按工艺要求的顺序进行加硫、加促进剂进行精炼。完成后垂直放置一定时间，在开炼机上切条。⑤挤出：将胶条加入到挤出机喂料口中，经 L 形挤出机头挤出三元乙丙片材，再按要求宽度裁切，同时进入硫化釜硫化，再进行辊压，经冷却、卷取到规定的长度后，将卷材裁断，套包装袋。

2. 三元乙丙橡胶防水卷材的特点及应用

由于三元乙丙分子链中的主链为完全饱和结构，当受到外力时，主链不易发生断裂。支链上虽有不稳定的双键，但其即使受紫外线或臭氧作用而发生破坏，也不会影响到主链。并且整个分子呈非极性，因此具有优良的特点：

①具有良好的耐老化、耐腐蚀性能。由于三元乙丙橡胶防水卷材分子结构的主链上没有不饱和键，属于高度饱和的高分子材料，不易受臭氧、紫外线和湿热的影响而发生化学反应或断链，在一般情况下，其使用寿命可达 40 余年。

②具有抗拉强度高、延伸率大的性能。三元乙丙橡胶防水卷材的抗拉强度和延伸率是普通沥青油毡的 300 倍，能很好地适应基层伸缩和局部开裂变形的需要。

③具有适用温度宽的性能。它在 -40 ~ -48℃ 情况下不脆裂，在 80 ~ 120℃ 不起泡、不流淌、不黏，因此它无论是在寒冷的北方或炎热的南方条件下均可长期使用。

④具有冷粘法施工的性能。三元乙丙橡胶防水卷材采用可冷粘法施工，实现了施工操作方便、快速，减少了对环境的污染，改善了工人的劳动条件，可直接用于单层外露防水，属于高档防水卷材。如设置保护层，则作为屋面、地下室、游泳池等工程的防水，效果更好。

由于三元乙丙橡胶防水卷材所具有的优点，其在建筑材料等领域中的应用已快速增长。防水卷材的应用领域很广，如平屋面和低坡度住宅建筑的屋面工程和地下工程，住宅小区的停车场的顶板、层间和地下，公用设施以及游泳池等工程的防水，明挖法地铁隧道工程中地下结构的主体结构全外包防水和顶板防水，车间及出入口通道，盖挖法施工的车站顶板防水等。

三元乙丙胶颗粒所用原辅料均是无毒、无污染的绿色环保产品，除在体育运动领域应用外，还广泛用于健身场所、过街天桥、地下通道、浴室、学校、幼儿园、托儿所、儿童乐园游戏防护场地、游泳池四周的防滑通道及病房、残疾人活动场地和军队的训练场地、配电房、微机房等众多领域。

通过实践验证，三元乙丙橡胶防水卷材是使用和实用效果均较好的单层防水卷材之一。

目前，我国生产的三元乙丙橡胶防水卷材产品规格为长度 ≥20m、10m，宽 1.0m、1.1、1.2m，厚分别有 1.0mm、1.2mm、1.5mm、1.8mm 和 2.0mm 数种，主要性能指标见表 7-2。

三元乙丙橡胶防水卷材适用于各种建筑物的屋面、地下工程以及桥梁、隧道工程的防水，也适用于蓄水池、水库、电站、水渠、农用排灌渠道、养殖场、污水处理池的防水等。

采用三元乙丙橡胶防水卷材的防水结构一般为单层，施工所使用的其他原材料主要有基层处理剂，如聚氨酯-煤焦油系的二甲苯稀释溶液、乳化沥青等；基层胶粘剂，如以氯丁橡胶和丁基酚醛树脂为主的溶剂型橡胶黏剂；卷材接缝胶黏剂，主要用于卷材与卷材搭接处的黏结。一般选用以丁基橡胶和硫化剂组成的双组分常温硫化型胶黏剂；表面着色剂，用于使卷材表面不受阳光直射和降低卷材表面的温度。一般为三元乙丙橡胶的甲苯溶液和铝粉等配制而成。

表 7-2　　　　三元乙丙橡胶防水卷材的主要性能指标（GB 18173.1—2012）

技 术 性 能		技 术 指 标
拉伸强度/MPa	常温（23℃）≥	7.5
	高温（60℃）≥	2.3
拉断伸长率/%	常温（23℃）≥	450
	高温（60℃）≥	200
撕裂强度/kN/cm　≥		25
不透水性（30min）		0.3MPa 无渗漏
低温弯折		−40℃ 无裂纹
加热伸缩量/mm	延伸 ≤	2
	收缩 ≤	4
热空气老化（80℃×168h）	拉伸强度保证率/% ≥	≤20
	拉断伸长率保证率/% ≥	≤30

（二）三元乙丙-丁基橡胶（EPDM/ⅠⅠR）防水卷材

三元乙丙-丁基橡胶防水卷材是由丁基类橡胶（如丁苯橡胶、丁腈橡胶等）和20%左右的三元乙丙橡胶经生胶塑炼、胶料的混炼、挤出、压延、硫化加工制成的弹性防水卷材。

该类橡胶的硫化速度较慢，黏着性能较差，因此其制品在应用上受到一定限制。为此，除了改进生胶的合成工艺和加工方法外，还可对三元乙丙橡胶进行改性处理。

三元乙丙-丁基橡胶防水卷材主要用于工业及民用房屋和构筑物等防水工程，特别适用于较高级的或高层建筑的屋面防水工程，可采用冷粘贴施工。

三元乙丙-丁基橡胶防水卷材的施工要求与三元乙丙橡胶卷材基本相同，仅配套施工用的主要材料有所差异。其常用的基层处理剂为环氧煤焦油，用于基层与卷材以及卷材与卷材的黏结剂为丁基橡胶胶黏剂，使用环氧-聚酰胺作密封胶黏剂。

（三）氯丁橡胶（CR）防水卷材

氯丁橡胶防水卷材是以氯丁橡胶与丙烯酸酯高聚物等为主要原材料，加入抗老化剂、硫化剂和颜料等添加剂经混炼、压延而成的高分子防水卷材。该类卷材具有耐候性好，可耐高温，在100℃下不流淌，低温冷脆性好，在-40℃下不脆裂，耐老化；抗拉力强，应变性好，施工方便，无污染，并具有自熄性；造价较低，经久耐用，具有优良的综合物理力学性能。它适用于建筑屋面、化工厂耐酸墙体、桥梁、公路、人行道、运动场跑道、地下室、储水池、冷库、管道及伸缩缝较大的工程的防水及防潮。

氯丁橡胶防水卷材的施工可使用BX720氯丁橡胶改性沥青胶液作为基层处理剂；使用以氯丁胶为主体的BX730胶或XY409胶作卷材胶黏剂；采用BX750氯丁胶铝粉涂料或氯磺化聚乙烯涂料作保护涂料。做刚性保护层时，可采用水泥砂浆方砖。嵌缝密封材料可选用BX-770双组分聚氨酯嵌缝胶，要在混合后4h内用完。

（四）再生橡胶防水卷材

再生橡胶防水卷材是以再生橡胶为主体材料，以活性钙为补强剂和填充剂，也可加入其他高分子聚合物作为改性剂，同时加入适量的抗老化剂、硫黄以及促进剂等，经混炼、压延、硫化或不硫化而制成的单层防水卷材。

该类防水卷材具有良好的耐热性、防水性和耐寒性，具有一定的延伸性，低温柔性好，具有一定的耐腐蚀能力。与同类的其他高分子卷材相比，由于是以废橡胶为主要原料，因此价格低廉，但其抗老化性能相对较差，主要适用于非外露部位及地下防水，而不宜裸用于外露的防水工程，如在其上加盖保护层后也可用于外露防水工程。

（五）硫化型橡胶油毡

硫化型橡胶油毡是以氯丁胶、天然胶或改性再生胶为面胶，使用涤纶短纤维无纺布为胎体，或使用胎体而制成的防水卷材。该卷材为单层冷粘施工，操作简便。可用作屋面、地下工程及桥梁的防水工程，也可用于各类房屋建筑的隔热及防水。

二、树脂系列防水材料

塑料系列防水卷材隶属于高分子防水卷材，以塑料为主要原材料，典型的生产工艺流程包括配料、密炼、搅拌、压延成型、冷却、检验、分卷等工序。这类防水卷材低温柔性好，延伸率大，能很好地适应基层的冷热伸缩而不会开裂，具有较高的抗拉强度、抗撕裂强度和较好的耐磨性，不易受机械损伤；具有很好的耐候性和耐热性，使用寿命长。塑料系列防水卷材一般都采用单层冷施工，施工简便，节省时间和人力。因此，用量越来越大，品种越来越多，性能越来越好，发展迅速。

（一）聚氯乙烯（PVC）防水卷材

聚氯乙烯防水卷材是以聚氯乙烯塑料为主要成分，以改性材料和增塑剂、填充料等作为添加剂，利用挤出制片法或压延法制成的防水卷材。依据增塑剂加入量的多少，PVC树脂可以被制成软质和硬质两种PVC材料；软质制品的增塑剂加入量（以树脂质量计）在40%以上。

根据国家标准《聚氯乙烯防水（PVC）卷材》（GB 12592—2011）规定，按产品组成将PVC卷材分为均质卷材（代号H）、带纤维背衬卷材（代号L）、织物内增强卷材（代号P）、玻璃纤维内增强卷材（代号G）、玻璃纤维内增带纤维背衬卷材（代号GL）五类。

卷材长度规格为15m、20m和25m。厚度规格为：1.2mm、1.5mm、1.8mm和2.0mm。产品按名称（代号PVC卷材）、外露或非外露使用、类型、厚度、长度、宽度和标准顺序标记。如长度 20m、宽度 2.0m、厚度 1.5mm、L 类外露使用聚氯乙烯防水卷材标记为：PVC 卷材 外露 L 1.50mm/20m×2.0m GB 12952—2011。

卷材外观要求应满足接头不多于一处，其中较短的一段长度不少于 1.5m，接头应剪切整齐，并加长 150mm。卷材表面应平整、边缘整齐，无裂纹、孔洞、黏结、气泡和疤痕。

卷材的性能指标见表 7-3。

表 7-3   **PVC 防水卷材的主要性能指标**

序号	项目		指标				
			H	L	P	G	GL
1	中间胎基上面树脂层厚度/mm ≥		—		0.40		
2	拉伸性能	最大拉力（N/cm） ≥	—	120	250	—	120
		拉伸强度/MPa ≥	10.0	—	—	10.0	—
		最大拉力时伸长率/% ≥	—	—	15	—	—
		断裂伸长率/% ≥	200	150	—	200	100
3	热处理尺寸变化率/% ≤		2.0	1.0	0.5	0.1	0.1
4	低温弯折性		−25℃无裂纹				
5	不透水性		0.3MPa，2h 不透水				
6	抗冲击性能		0.5kg·m，不渗水				
7	抗静态荷载*		20kg 不渗水				
8	接缝剥离强度/（N/mm） ≥		4.0 或卷材破坏		3.0		
9	直角撕裂强度/（N/mm） ≥		50	—	—	50	—
10	梯形撕裂强度/N ≥		—	150	250	—	220
11	吸水率（70℃，168h）/%	浸水后 ≤	4.0				
		晾置后 ≥	−0.40				
12	热老化（80℃）	时间/h	672				
		外观	无起泡、裂纹、分层、黏结和孔洞				
		最大拉力保持率/% ≥	—	85	85	—	85
		拉伸强度保持率/% ≥	85	—	—	85	—
		最大拉力时伸长率保持率/% ≥	—	—	—	80	—
		断裂伸长率保持率/% ≥	80	80	—	80	80
		低温弯折性	−20℃无裂纹				

聚氯乙烯（PVC）防水卷材的主要特点有：①拉伸强度高，伸长率好，对基层伸缩或开裂变形的适应性强。②卷材幅面宽，最宽达 2m。采用先进的热风焊接技术，即使

经多年风化仍可焊接，焊缝牢固可靠，可焊性好。③有良好的水汽扩散性，冷凝物易排释，留在基层的湿气易于排出。④耐根穿透，耐化学腐蚀，耐老化。⑤低温柔性和耐热性好，在低温-25℃条件下保持良好的柔韧性。尤其是以癸二酸二丁酯作增塑剂的卷材，冷脆点可低达-60℃。高温时无流物现象。⑥耐老化性能较好。通过独特筛选配方和优选添加稳定剂，可保持良好的耐老化性能。浅色卷材表面，能反射紫外线照射，吸热量少。卷材表面轧花可防滑。⑦专用胶黏剂和固定件配套，形成完整的防水体系。冷作业施工，操作方便，机械化程度高。因此，广泛用于工业与民用建筑物的各种屋面防水以及种植屋面旧面层维修和建筑物地下防水工程等。包括地下建筑保护层、天然气保护、水利水库、堤坝防水、水渠防渗等；公路、铁路、地铁、能源等隧道防水工程以及洞库防渗；平房仓、浅圆仓、筒仓、工作塔等防水工程；垃圾填埋场、生物废水、污水处理、化学池等特殊构筑物防水防渗等工程。

（二）氯化聚乙烯（CPE）防水卷材

氯化聚乙烯防水卷材是以氯化聚乙烯为主要原料，配以大量填充料及适当的稳定剂、增塑剂、颜料等制成的非硫化型防水卷材。由于氯化过程的不规则性，可视为乙烯、氯乙烯和二氯乙烯的不规则共聚物。

添加一定数量的增塑剂，是用以改善材料的加工性能，提高可塑性，但加量过多，会使卷材的物理力学性能受到影响。稳定剂是为了防止和延缓氯化聚乙烯的降解。氯化聚乙烯具有高填充特点，常用填料的品种有轻质碳酸钙、沉淀硫酸钡、滑石粉等，用以改善加工性能，降低制品的压延效应，提高制品尺寸的稳定性，并降低成本。在氯化聚乙烯防水卷材中加入颜料，可得到各种色彩的卷材，既可减少对太阳光辐射热的吸收，又能起到一定的装饰作用。特别是浅色防水卷材，其隔热效果明显。

氯化聚乙烯防水卷材适用于各种工业和民用建筑物屋面、地下室、其他地下工程以及浴室、卫生间和蓄水池、排水沟、堤坝等的防水工程。由于氯化聚乙烯呈塑料性能，耐磨性能很强，故还可作为室内装饰地面的施工材料，兼有防水与装饰作用。

氯化聚乙烯防水卷材的施工以采用胶黏剂冷粘一次铺贴为主。为提高防水效果，檐口、天井、女儿墙等部位采用全粘贴；大面积板面采用点粘贴或条粘贴；端头缝、屋脊缝等部位采用空铺贴。上述方法使防水层与屋面板不全部黏结在一起，以降低由于屋面基础不均匀沉降和屋面板热胀冷缩所产生的裂缝对防水层的拉力。

氯化聚乙烯防水卷材按有无复合层分类，无复合层的为 N 类、用纤维单面复合的为 L 类、织物内增强的为 W 类。每类产品按理化性能分为 Ⅰ 型 和 Ⅱ 型。其长度规格为 10m、15m、20m，厚度规格为 1.2mm、1.5mm、2.0mm。其主要技术性能见表7-4和表7-5。

表7-4　　　　　　　　　N 类氯化聚乙烯（CPE）防水卷材技术指标

序号	项　　目	Ⅰ 型	Ⅱ 型
1	拉伸强度/MPa　≥	5.0	8.0
2	断裂伸长率/%　≥	200	200
3	热处理尺寸变化率/%　≤	3.0	纵向2.5　横向1.5
4	低温弯折性	-20℃无裂纹	-25℃无裂纹

序号	项 目		Ⅰ型	Ⅱ型
5	抗穿孔性		不渗水	
6	不透水性		不透水	
7	剪切状态下的黏合性/（N/mm） ≥		3.0 或卷材破坏	
8	热老化处理	外观	无起泡、裂纹、黏结与孔洞	
		拉伸强度变化率/%	+50 −20	±20
		断裂伸长率变化率/%	+50 −30	±20
		低温弯折性	−15℃无裂纹	−20℃无裂纹
9	耐化学侵蚀	拉伸强度变化率/%	±30	±20
		断裂伸长率变化率/%	±30	±20
		低温弯折性	−15℃无裂纹	−20℃无裂纹
10	人工气候加速老化	拉伸强度变化率/%	+50 −20	±20
		断裂伸长率变化率/%	+50 −30	±20
		低温弯折性	−15℃无裂纹	−20℃无裂纹

注：非外露使用可以不考核人工气候加速老化性能。

表 7-5 **L 类及 W 类氯化聚乙烯（CPE）防水卷材技术指标**

序号	项 目		Ⅰ型	Ⅱ型
1	拉力/（N/cm） ≥		70	120
2	断裂伸长率/% ≥		125	250
3	热处理尺寸变化率/% ≤		1.0	
4	低温弯折性		−20℃无裂纹	−25℃无裂纹
5	抗穿孔性		不渗水	
6	不透水性		不透水	
7	剪切状态下的黏合性/（N/mm） ≥	L 类	3.0 或卷材破坏	
		W 类	6.0 或卷材破坏	
8	热老化处理	外观	无起泡、裂纹、黏结与孔洞	
		拉力/（N/cm） ≥	55	100
		断裂伸长率/% ≥	100	200
		低温弯折性	−15℃无裂纹	−20℃无裂纹

续表

序号	项　目		Ⅰ型	Ⅱ型
9	耐化学侵蚀	拉力/（N/cm）　≥	55	100
		断裂伸长率/%　≥	100	200
		低温弯折性	−15℃无裂纹	−20℃无裂纹
10	人工气候加速老化	拉力/（N/cm）　≥	55	100
		断裂伸长率/%　≥	100	200
		低温弯折性	−15℃无裂纹	−20℃无裂纹

注：非外露使用可以不考核人工气候加速老化性能。

三、塑料-橡胶共混型防水材料

共混型防水材料是指塑料与橡胶共混制成的一类防水材料。

（一）自粘型彩色三元乙丙复合防水卷材

自粘型彩色三元乙丙复合防水卷材以三元乙丙橡胶为面层材料，以氯丁橡胶和再生橡胶的混合物为基层材料，掺入适量的硫化剂等助剂，经塑炼、混炼、压延成片、复合硫化等工序制成的复合型自粘防水卷材。具体生产过程分为两步：一是分别制成面层和底层，在加工面层时，加入颜色，制成彩色效果；二是将两层复合到一起。

自粘型彩色三元乙丙复合防水卷材具有三元乙丙橡胶优异的防水性能及耐候性等，使用寿命可达 20 年以上。由于掺进了再生胶，因此价格较低，仅为三元乙丙橡胶的1/3。卷材表面赋以彩色，既起到装饰作用，又可减少太阳光辐射热的吸收，降低了屋面温度。其抗拉强度高，扯断强度可达 2.8MPa 以上；弹性好，扯断伸长率达 300% 以上；耐低温性好；抗老化性强，经80℃，168h 老化，性能保持率可在 90% 以上；该卷材为自粘型，背面涂胶，上覆隔离纸，施工时只需将隔离纸撕开即可铺贴，施工工艺便捷、高效，无污染，且与混凝土、金属、木质等基层黏结牢固。

该卷材适用于屋面、地面、地下室、水池、洞体、隧道、冷库及桥梁、水利等工程的防水防潮和隔气。

（二）氯化聚乙烯-橡胶共混防水卷材

氯化聚乙烯-橡胶共混防水卷材是以氯化聚乙烯为主要原料，与橡胶、增塑剂、填充剂等辅助材料通过共混混炼、预热炼、压延、卷曲、硫化等工序制成的防水卷材。这类共混卷材表现出氯化聚乙烯和橡胶特有的性能特点：高的抗拉强度，可达 8MPa 以上；弹性好，扯断伸长率达 500% 以上；优异的耐候性、耐油性和耐化学性能，好的耐低温性能，其脆性温度在−48℃以下；对地基沉降、混凝土收缩有较强的适应性；可以在 5℃以上，潮湿无明水的基层上施工，施工方便、高效。

氯化聚乙烯-橡胶共混防水卷材颜色有黑色、彩色、绿色等。产品规格为长 10 m 和 20m，宽 1.0m 和 4.2m，厚为 1.0mm、1.2mm、1.5mm、1.8mm、2.0mm 数种。适用于新建和维修各种不同结构的建筑物屋面、墙体、地下建筑、水池、浴室、厕所以及隧道、山洞、水库等工程的防水、防潮、防渗和补漏。

氯化聚乙烯-橡胶共混防水卷材施工时，要用氯丁胶乳对基层进行处理，使用 BX-12

胶黏剂和 BX-12 乙组分对卷材和基层以及卷材和卷材进行黏结；表面保护涂料可用铝粉涂料，用于表面着色。

第四节　建筑密封材料

建筑密封材料（sealing material）又称嵌缝密封材料，用于建筑物中各种缝隙的嵌缝或密封的材料。从狭义的概念上说，嵌缝材料是用于填充在建筑结构和施工时不可避免的各种接缝或裂缝。密封材料则用来填充在设计上有意安排的接缝，如变形缝、沉降缝（settlement joint，避免因不同层高建筑物不均匀沉陷产生裂缝而设计的接缝）、伸缩缝（expansion joint，避免因建筑物受温度影响产生裂缝而设计的竖向接缝）、抗震缝和施工缝（construction joint，装配式墙板与四周相邻墙板之间的接缝或现浇混凝土施工中因间断作业而预留的接缝）等，是具有一定强度、能连接构件的填充材料。嵌缝材料和密封材料的共同功能是满足建筑物防水防尘和气密性的需要，因此，嵌缝和密封材料可以统称为建筑密封材料。

一、建筑密封材料的种类

1. 按状态分类

建筑密封材料按形态的不同一般可分为不定型密封材料和定型密封材料两大类，见表7-6。

不定型密封材料常温下呈膏体状态，又称建筑密封膏或密封胶，主要用于屋面、墙体、门窗、幕墙、地下防水工程等的各种建筑接缝中，包括溶剂型、乳液型、化学反应型等密封材料，不定型密封材料按性能又可分为非弹性和弹性密封材料两大类，弹性密封材料因变形大，按我国现行标准统一称为密封胶。

非弹性密封材料主要包括以石油沥青和煤焦油沥青为基料的沥青系嵌缝密封材料，以 PVC 树脂或塑料为基料的热塑性嵌缝密封材料以及油性嵌缝密封材料。油性嵌缝密封材料通常是指一些用动、植物油类（如蓖麻油、桐油、鱼油等）和矿物质填料（如石棉、碳酸钙等）制成的一类不含沥青和油灰的嵌缝材料，在我国使用最早。如马牌油膏，是采用不干性油——蓖麻油经高温热聚后，再加入滑石粉、石棉纤维搅拌均匀制成的一种常温用嵌缝材料。该类材料的耐热、黏结及抗老化性能等均较好，但受原材料的限制，目前已不能大量生产。非弹性密封材料在我国开发较早，应用时间较长，但总体上档次较低，品种少，产品的抗裂性和耐久性较差，温度的敏感性变化较大。

弹性密封材料是以人工合成高分子聚合物为主要原料所生产的新型建筑密封材料。该类材料的弹性及其他性能优良，同时具有较好的抗裂性能和耐久性，温度敏感性变化小，能够适应新型建筑结构及建筑施工的现代化、高层化对密封材料的高性能要求，因此是富有发展前景的一类建筑密封材料。

定型密封材料是具有一定形状和尺寸的密封材料，是将密封材料按密封工程特殊部位的不同要求制成带、条、方、圆、垫片等特定形状的密封衬垫材料，按密封机理的不同可分为遇水非膨胀型定型密封材料和遇水膨胀型定型密封材料两类，主要用于地下工程、隧道、涵洞、堤坝、水池、管道接头等工程的各种接缝、沉降缝、伸缩缝等。主要产品有止水带、建筑密封胶垫、遇水自膨胀橡胶等。不定型密封材料主要有密封胶（又称密封膏）、密封剂。

在低、中、高三个档次的建筑密封材料中，低档产品主要是以沥青为主的石油沥青、煤焦油沥青和油性嵌缝油膏；中档产品以氯丁橡胶、丁基橡胶、丙烯酸树脂、氯磺化聚乙烯为主要原料的密封材料；高档产品是以高弹性的聚氨酯、硅酮类产品、聚硫、环氧树脂等为主要原料的密封材料。

2. 按性能分类

建筑密封材料按性能可分为弹性密封材料和塑性密封材料。

3. 按使用时的组分分类

建筑密封材料按使用时的组分分类可分为单组分密封材料和多组分密封材料。

表 7-6 建筑密封材料的分类

非弹性密封材料	单组分	油性树脂	油灰	硬化型
				非硬化型
			油性嵌缝材料	皮膜性
				无皮膜性
	双组分无溶剂硬化型	聚硫橡胶密封材料		
		液体环氧树脂		
		液体不饱和聚酯树脂		
		丙烯酸树脂		
		液态酚醛树脂		
不定型密封材料	弹性密封材料	单组分自硫化型	无溶剂型	聚硫橡胶
				硅橡胶
				聚氨酯
			溶剂型	丙烯酸酯
				丁基橡胶
				氯磺化聚乙烯
				氯丁橡胶
				氯化聚乙烯
				丁苯橡胶
			乳液型	丙烯酸酯
				丁基橡胶
		双组分硫化型	无溶剂型	聚硫橡胶
				聚氨酯
				硅橡胶
			乳液型	环氧树脂

续表

定型密封材料	非弹性密封材料	条状	聚丁烯		
			丁苯橡胶		
			橡胶沥青		
	弹性密封材料	条状	丁基橡胶		
			沥青 PVC 聚氨酯		
		压缝条	金属		
			PVC		
		密封垫	PVC	丁基橡胶	氯化聚乙烯
			丁苯橡胶	硅橡胶	氯磺化聚乙烯

4. 按组成材料分类

建筑密封材料按组成材料可分为沥青基密封材料、树脂基密封材料和橡胶基密封材料。

在施工应用方面，屋面板接缝防水，由于量大面广，故大部分采用改性沥青和改性煤焦油沥青类嵌缝膏；大型预制混凝土墙板接缝防水，一般使用中高档产品，如丙烯酸密封胶、聚氨酯密封胶；金属板接缝防水、地下构筑物防水密封一般采用聚硫、聚氨酯密封胶；大型玻璃幕墙、中空玻璃、铝合金门窗，一般采用硅酮、聚硫密封胶。

二、常用的建筑密封材料

（一）沥青基建筑嵌缝密封材料

沥青基建筑嵌缝密封材料是以石油沥青和煤焦油为主要原料，经一定工艺制得的密封材料。该密封材料的特点有：

①冷施工，操作简便、安全；

②一定的气候适应性，夏季 70℃不流淌，冬季−10℃不脆裂；

③优良的黏结性和防水性；

④塑性为主，延伸性好，回弹性差；

⑤较好的耐久性；

⑥价格较低廉；

⑦适用于接缝伸缩值在±5%以内，使用年限 10 年以下的工程，属于低档密封材料。

1. 橡胶改性沥青嵌缝油膏

橡胶改性沥青嵌缝油膏是以石油沥青为基料，用废橡胶粉（或浆）改性，加入稀释剂及填料等制成的一种弹塑性冷施工嵌缝材料。

橡胶改性沥青嵌缝油膏按耐热性和低温柔性分为 702 和 801 两个型号。油膏的物理的性能见表 7-7。

表 7-7 建筑防水沥青嵌缝油膏的物理性能（JC/T 207—2011）

序号	项 目		技 术 指 标	
			702	801
1	密度/（g/cm³） ≥		规定值±0.1	
2	施工度/mm ≥		22.0	20.0
3	耐热性	温度/℃	70	80
		下垂值/mm ≤	4.0	
4	低温柔性	温度/℃	−20	−10
		黏结状况	无裂纹、无剥离	
5	拉伸黏结性/% ≥		125	
6	浸水后拉伸黏结性/% ≥		125	
7	渗出性	渗出幅度/mm ≤	5	
		渗出张数/张 ≤	4	
8	挥发性/%		2.8	

施工时，首先要清理基层表面并涂刷冷底子油或乳化沥青，待干透后，先将少量的油膏在沟槽两边反复刮涂，再将油膏分两次嵌入，并且使其略高于板面 3 ~ 5mm，呈弧形并盖过板缝。

该种嵌缝油膏具有黏结力强，耐高、低温性能好，老化缓慢，弹塑性好，施工方便等特性，主要用于各种混凝土屋面板、大板、轻板、墙板的接缝嵌缝及地下工程防水、防渗、防漏等，是一种较好的嵌缝密封材料。

2. 桐油橡胶沥青油膏

桐油橡胶沥青油膏是以桐油、60#沥青、松节油等多种油类经高温熬炼后，掺入橡胶粉、滑石粉、石棉绒等填充料配制而成，是一种黑色黏稠状的防水嵌缝材料。

该类油膏耐高、低温性能好，柔软且富有弹性，黏结力强。与混凝土、金属、木材、陶瓷等黏结牢固，耐老化性能好，价格低廉，常温下冷施工，操作维修方便，故广泛用于预制屋面板嵌缝、伸缩缝、墙缝、桥梁、山洞嵌缝及地下工程的防水、防潮、防渗漏等。

该类油膏系易燃物品，在储存、运输及使用过程中应注意防火。施工过程中，若油膏黏着工具不方便操作时，可在工具上抹少许汽油，但忌用滑石粉，以免降低黏结强度。

3. 沥青鱼油油膏

沥青鱼油油膏是以石油沥青为基料，同时加入硫化鱼油、重松节油、松焦油以及石棉纤维、滑石粉制成的一种冷用黑色胶状嵌缝材料。

将 10 号石油沥青及 60 号石油沥青分别加热熔化脱水（两种沥青的比例以混合后软化点为 60℃左右为宜），在 160 ~ 200℃时加入松焦油，搅拌 30 ~ 60min，同时保持温度至170℃左右备用。同时将鱼油加热至100~110℃脱水，脱水后升温至140~150℃，加入硫黄搅拌20~30min，用重松节油稀释得硫化鱼油。最后将配制好的沥青和硫化鱼油盛于70~90℃的搅拌箱内，按比例加入石棉纤维和滑石粉，搅拌20~30min即成沥青鱼油油膏。

这类油膏的特点是黏结力强，防水性好，耐热性高，耐寒性也好，较好的低温柔性，加工配制方便，适用于建筑物接缝的填嵌，可用作预制屋面板和地下防水工程的接缝。

4. SBS改性沥青弹性密封膏

SBS改性沥青弹性密封膏是以石油沥青为基料，加入SBS热塑性弹性体及软化剂、防老化剂配制而成。按软化点、低温柔性和弹性恢复率的不同分为Ⅰ型和Ⅱ型。SBS改性沥青具有更高的回弹性、耐热性、低温柔韧性，不仅是一种很好的防水材料，更是一种各项性能比较理想的密封膏。其主要技术性能指标见表7-8。

表7-8　　　　SBS改性沥青弹性密封膏的技术性能指标（GB/T 26528—2011）

项　目		技　术　指　标	
		Ⅰ型	Ⅱ型
软化点/℃　≥		105	115
低温柔韧性（无裂纹）/℃		−20	−25
弹性恢复/%　≥		85	90
渗出性	渗油张数　≤	2	
离析	软化点变化率　≤	20	
可溶物含量/%　≥		97	
闪点/℃　≥		230	

SBS改性沥青弹性密封膏主要用于各种工业及民用建筑的屋面、墙板接缝，各类地下工程、水利工程及混凝土公路路面的接缝伸缩值在±5%~±12%的接缝防水密封，也适用于建筑物裂缝的修补及做屋面防水层，使用年限10年以上的工程，属于中档密封材料。

（二）树脂基建筑嵌缝密封材料

树脂基建筑嵌缝密封材料是以合成树脂为主要原料，加入多种助剂，经一定工艺制得的一类弹塑性密封材料。

1. 丙烯酸酯密封胶

丙烯酸酯密封胶通常是以丙烯酸酯乳液为基料，加入乳化剂、增塑剂、防冻剂、稳定剂和颜料、填料等经搅拌研磨等制成的单组分密封材料，属于弹塑性密封材料。丙烯酸酯密封胶按位移能力分为12.5级和7.5级（表7-9），按弹性恢复率分为弹性类（E）和塑性类（P）。

表 7-9 建筑密封胶变形级别

级 别	12.5	7.5
试验拉伸幅度/%	±12.5	±7.5
位移能力/%	12.5	7.5

（1）固化前的性能

以水为稀释剂，黏度低，呈膏状，无溶剂污染，无毒，不燃，安全可靠，基料为白色膏状，可配制成各种颜色；水乳型密封胶的表干时间比溶剂型密封胶的表干时间长，一般在 30min 后结膜，表干前，应防止雨水的冲刷，要密切关注施工的气候和养护条件；易于施工，可以配制成非下垂型的密封胶，适用于垂直缝施工；并具有完全恢复性，抗冻融性良好，但仍要防止在保管与施工中受凉，在 5～26℃ 环境下可储存 12 个月。

（2）固化后的性能

长期耐热性好，使用温度为 70～80℃，经养护后，固化的密封胶在 -35℃ 下，30° 坡度曲面弯曲，不脆不裂；固化初期延伸率可达 200%～400%；水分完全挥发后的丙烯酸酯建筑密封胶呈橡胶状弹性体，回弹率达到 90%；不但与水泥砂浆、石膏板、铁板、铝板能良好地黏结，而且与玻璃、陶瓷、塑料均有较好的黏结性；耐候性和耐老化性优异，经热老化试验后其延伸率仍可达 100%～350%，无开裂、无裂缝、无气泡、不变色，黏结性和弹性均良好。其技术指标满足表 7-10 中的要求。

表 7-10 丙烯酸酯建筑密封胶的主要技术指标（JC/T 484—2006）

项 目	技 术 指 标		
	12.5E	12.5P	7.5P
下垂度/mm	≤3		
流平性/mm	光滑平整		
表干时间/h	≤1		
挤出性/（mL/min）	≥100		
弹性恢复率/%	≥40	实测值	
定伸黏结性	无破坏	—	
浸水后定伸黏结性	无破坏	—	
热压-冷拉后黏结性	无破坏	—	
同一温度下拉伸-压缩循环后黏结性	—	无破坏	
断裂伸长率/%	—	≥100	
浸水后断裂伸长率/%	—	≥100	
低温柔韧性/℃	-20	-5	
体积变化率/%	≤30		

（3）特点及应用

丙烯酸酯密封胶使用方便，对大多数建筑接缝表面黏着好，不渗出、不污染、干燥快，而且具有极好的耐紫外光照射和耐褪色性能。价格便宜、施工方便，弹性和延伸性能较聚氨酯、聚硫和硅酮等高档密封材料稍差，其使用温度范围很广。该密封材料中含有15%的水，尤其适用于吸水性较强的材料，如混凝土、加气混凝土、石料、石板、木材等多孔材料所构成的接缝施工，主要用于外墙伸缩缝、屋面板缝、各种门窗缝、石膏板缝及其他人造板材的接缝处、女儿墙与屋面接缝、管道与楼屋面接缝等处的密封。但其耐水性稍差，故不宜用于长期浸泡在水中的工程，如水池、堤坝等。此外，其抗疲劳性较差，不宜用于频繁受震动的工程，如广场、桥梁、公路与机场跑道等。

丙烯酸酯密封材料一般应避免在5℃以下使用和储存。若开封后材料未用完，必须注意密封，表干前应防止雨淋和水冲，并避免在长期浸水的条件下使用。

2. 聚氨酯弹性密封胶

聚氨酯弹性密封胶（PUR）是由多异氰酸酯与聚醚通过加成反应制成预聚体后，加入固化剂、助剂等在常温下交联固化而成的一类高弹性建筑密封胶。分为单组分和双组分两种，双组分的应用较广，其性能比其他溶剂型和乳液型密封膏优良，可用于中等要求和偏高要求的工程。

按变形能力将聚氨酯密封胶分为25级和20级，按拉伸模量分为高模量（HM）和低模量（LM），按流变性分为下垂型（N）和自流平型（L）。

聚氨酯弹性密封胶具有低模量、高弹性、伸长率大和良好的耐老化性，对金属、混凝土、玻璃、木材等有良好的黏结性能，且固化速度快、耐低温、耐水、耐油、耐酸碱、抗疲劳，使用年限长（25~30年）等优点，与聚硫、有机硅等反应型建筑密封胶相比，其价格较低。广泛应用于屋面板、外墙板、混凝土建筑物沉降缝、伸缩缝的密封，阳台、窗框、卫生间等部位的防水密封，以及给排水管道、蓄水池、游泳池、道路桥梁、机场跑道停机坪、玻璃幕墙等工程的水平缝与垂直缝的密封与渗漏修补，也可用于玻璃、金属材料等的嵌缝。

聚氨酯建筑密封胶的技术性能执行国家建材行业标准《聚氨酯建筑密封胶》（JC/T 482—2003），详见表7-11。

双组分聚氨酯密封胶的施工是将A、B两组分在现场严格按配比混合后使用。拌和方法有人工和机械拌和两种，以机械拌和为佳，拌和时间一般不少于2min，拌和过程中要严防异物落入料中。

在施工中使用聚氨酯密封材料的接缝表面一般需要打底。施工前要清理接缝，金属或玻璃表面要用丙酮除去油污。嵌缝深以不超过2cm为宜。在清理后的接缝内涂刷一道聚氨酯清漆（俗称685清漆）。根据要嵌缝密封接缝的性质，按生产厂家规定的A、B组分的配比配料，如用于垂直缝，则须在上述配料中加入适量的抗下垂剂。水平缝的嵌缝可将混合均匀的A、B两组分灌注入接缝中即可，垂直缝可使用压注枪压注或使用油灰刀批嵌。嵌入缝内的密封胶应密实，不得有断头或空洞。嵌缝后应及时修整密封膏表面，使其光滑。对已做好装饰的路面、板面，嵌缝前应在缝的两边先贴隔离纸，以防污染。

表 7-11 聚氨酯密封胶（JC/T 482—2003）与聚硫密封胶（JC/T 483—2006）的技术要求

项 目		聚氨酯密封胶指标			聚硫密封胶指标		
		20HM	25LM	20LM	20HM	25LM	20LM
流动性	下垂度（N型）/mm ≤	3			3		
	流平性（L型）/mm	光滑平整			光滑平整		
表干时间/h ≤		24			24		
适用期①/h ≥		1			2		
挤出性②/（mL/min） ≥		80			—		
弹性恢复率/（%） ≥		70			70		
拉伸模量（MPa）	23℃	0.4 或 0.6			0.4 或 0.6		
	−20℃						
定伸黏结性		无破坏			无破坏		
浸水后定伸黏结性		无破坏			无破坏		
冷拉-热压后定伸黏结性		无破坏			无破坏		
质量损失/% ≤		7			5		

注：①仅适用于多组分，允许采用供需双方商定的其他指标值；

②仅适用于单组分。

分装的密封胶包装桶应在阴凉干燥处存放，一经开封应尽快用完，以免吸潮胶凝。固化后的聚氯酯无毒，但 A 组分有一定毒性，未固化前其对皮肤有刺激作用。

除用多元醇作交联剂配制双组分聚氨酯密封胶外，还可以使聚氨酯预聚体与其他原辅材料通过吸收空气中的水分反应交联而制成单组分型聚氨酯密封胶。单组分型与双组分型聚氨酯密封胶在使用时的差异是固化速度和施工性能。它们在交联胶凝后的物理性能也不完全相同。目前单组分型聚氨酯密封胶已较少使用。

（三）橡胶基建筑嵌缝密封材料

橡胶基建筑嵌缝密封材料是以各种合成橡胶为主要成分，加入多种助剂，经硫化后制得的一类高弹性密封材料。

1. 聚硫密封胶

聚硫密封胶是以液态聚硫橡胶（多硫聚合物）为主剂，以金属过氧化物为固化剂，加入增塑剂、增韧剂、填充剂及着色剂等配制而成，是目前世界上应用最广、使用最成熟、效果最好的一类弹性密封材料。它具有高弹性，优异的耐候性，极佳的气密性和水密性，良好的耐油、耐溶剂、耐氧化、耐湿热、耐水和耐低温性能，使用温度范围广，工艺性能好，材料黏度低，对混凝土、陶瓷、木材、玻璃、铝合金等均有良好的黏结性能。随着高层建筑及大型墙板建筑的发展，该类材料越来越显示出其独特的性能。

聚硫密封胶分为双组分和单组分两类，是高档弹性密封材料。双组分聚硫密封胶是以液体聚硫橡胶和填料等组成主剂（A 组分），与金属过氧化物等硫化剂（B 组分）反应，在常温下形成的一种高弹性密封材料，属于弹性体。按变形能力分为 25 级和 20 级，按弹性模量分为高模量低伸长率（A 类）和低模量高伸长率（B 类），按流变性分为下垂型（N）和自流平型（L）。目前使用较多的为双组分。

聚硫密封胶的技术性能执行国家建材行业标准 JC/T 482—2003，见表 7-11。

该类密封胶对金属混凝土、玻璃、木材等有良好的黏结力，具有优异的耐候性，极佳的气密性和水密性，良好的耐油、耐溶剂、耐氧化、耐湿热、耐水和耐低温性能，使用温度范围广（−40～90℃），抗撕裂性强，工艺性能好，材料黏度低，无溶剂、无毒，使用安全可靠，使用寿命 30 年以上，两种组分容易混合均匀，施工方便。适用于建筑物的混凝土墙板、天然石材、石膏板、瓷质材料之间的嵌缝密封，也适用于卫生间上下水管道与楼板缝隙的防水。特别适用于中空玻璃、钢窗、铝合金门窗结构中的防水、防尘密封，其气密性优于一般橡胶密封条；长期浸泡于水中的工程、严寒地区的工程、受疲劳荷载作用的工程（道路桥梁、机场跑道）；汽车、冷库和冷藏车的密封。

根据组成的不同，聚硫橡胶密封胶还有窗户、中空玻璃、混凝土接缝、石材、彩色涂层钢板等专用密封胶，其性能应分别符合《建筑窗用密封胶》（JC/T 485—2001）、《中空玻璃用密封胶》（JC/T 486—2001）、《混凝土建筑接缝用密封胶》（JC/T 881—2001）、《石材用密封胶》（JC/T 883—2001）、《彩色涂层钢板用密封胶》（JC/T 884—2001）的规定。

聚硫密封胶施工前一般需对接缝表面打底，多使用配套打底料，特别是对多孔的或暴露的接缝表面，在打底后方可嵌缝。

2. 硅橡胶密封胶

硅橡胶密封胶是以有机硅橡胶为基料配制成的一类高弹性高档密封胶，分为双组分和单组分两类，单组分使用较多。硅橡胶具有许多卓越的性能，如耐高温性好（可达 300℃），低温柔性好（可达−60℃），耐水、耐候、耐老化、耐化学介质等性能优良。配制建筑密封材料使用的是室温硫化硅橡胶，简称 14W 硅橡胶，已成为有机硅聚合物现今发展最快的一类产品。

（1）有机硅密封胶

在硅橡胶中加入适量的颜料、填料和其他助剂，如增塑剂、黏附剂和热稳定剂等，即可配制成有机硅密封胶。该类材料也分单组分和双组分两种。单组分密封胶，是用有机聚硅氧烷、交联剂、促凝剂、增强填充材料、颜料等原材料均匀搅拌而制成的，并装入筒管等密封容器中。它的硫化反应与单组分室温硫化橡胶相同，有些性能，如耐候性、耐水性、黏合性、耐热性等也大体相同，不同处仅在于单组分室温硫化橡胶弹性模量低、伸长率大。其品种同样包括脱醋酸、脱醇和脱氨等，一般说来，脱醋酸型要比其他类型固化速度快，对各种建筑材料有良好的黏结性能，但在交联时会放出醋酸，有时会腐蚀钢、铜、锌等金属。另外，以钙为主要成分的被黏结体，如砂浆、大理石等，由于醋酸与钙反应生成醋酸钙，有时会出现黏结不良的现象，故必须选涂适当的基层涂料，以保护好被黏体。

单组分型密封胶具有优异的黏结性能，主要用来悬挂玻璃、铺贴瓷砖、黏结金属窗框与玻璃等。双组分具有较低的弹性模量和黏结性能，在错动较大的板材的接缝以及预制混凝土、砂浆、大理石等过去认为较难施工部位进行施工时，可发挥其最大效果。

（2）硅酮建筑密封胶

硅酮建筑密封胶即室温硫化硅橡胶（RTV），是 20 世纪 60 年代问世的一种新型的有机硅弹性体，这种橡胶的最显著特点是在室温下无须加热、加压即可就地固化，使用极其方便。因此，硅酮建筑密封胶一问世就迅速成为整个有机硅产品的一个重要组成部分。现在室温硫化硅橡胶已广泛用作黏合剂、密封剂、防护涂料、灌封和制模材料，在各行各业中都有它的用途。室温硫化硅橡胶由于相对分子质量较低，因此素有液体硅橡胶之称，其物理形态通常为可流动的流体或黏稠的膏状物，其黏度在 1～10000 Pa·s 之间。

将硅橡胶用白炭黑补强，使硫化胶具有 1～6MPa 的扯断强度。添加不同的添加剂可使胶料具有不同的密度、硬度、强度、流动性和触变性，以及使硫化胶具有阻燃、导电、导热、耐烧蚀等各种特殊性能。常用的填充料有细硅粉、氧化锌、碳酸钙、硅藻土，也可使用玻璃微珠或塑料微珠，以有效降低密封胶的密度。硅酮建筑密封胶的颜色比其他材料更为鲜艳而易于着色，但其标准色一般是洁白、黑、灰、银白等色，根据被黏结体加以灵活运用。

室温硫化硅橡胶按其包装方式可分为单组分和双组分室温硫化硅橡胶，按硫化机理又可分为缩合型和加成型。因此，室温硫化硅橡胶按成分、硫化机理和使用工艺不同可分为三大类型，即单组分室温硫化硅橡胶、双组分缩合型室温硫化硅橡胶和双组分加成型室温硫化硅橡胶。单组分和双组分缩合型室温硫化硅橡胶的生胶都是 α, ω-二羟基聚硅氧烷；加成型室温硫化硅橡胶则是含烯基和氢侧基（或端基）的聚硅氧烷，因为在熟化时，往往在稍高于室温的情况下（50～150℃）能取得好的熟化效果，所以又称低温硫化硅橡胶（LTV）。这三种系列的室温硫化硅橡胶各有其优缺点：单组分室温硫化硅橡胶的优点是使用方便，但深部固化速度较慢；双组分室温硫化硅橡胶的优点是固化时不放热，收缩率很小，不膨胀，无内应力，固化可在内部和表面同时进行，可以深部硫化；加成型室温硫化硅橡胶的硫化时间主要取决于温度，因此，利用温度的调节可以控制其硫化速度。

单组分型硅酮密封胶属通用型密封胶，密封胶施工后，吸收空气中的水分而产生交联成为弹性体。硅酮建筑密封胶按位移能力分为 25、20 两个级别，按固化机理分为脱酸型（A 型）、脱醇型（B），按用途分为建筑接缝用（F）和镶装玻璃用（G）两类，按拉伸模量分为高模量（HM）和低模量（LM）。硅酮建筑密封胶技术指标见表 7-12。

硅酮建筑密封胶除对玻璃、陶瓷等少数材料具有较高的黏结性外，对大多数材料的黏结性较差，使用时需先用特定的涂底材料对材料的表面进行处理。

高模量的硅酮建筑密封胶主要用于建筑物的结构型防水密封部位，如玻璃幕墙、门窗的密封等；低模量的硅酮建筑密封胶（为酰胺型）主要用于建筑物的非结构型防水密封部位，特别适合伸缩较大的部位，如混凝土墙板、大理石板、花岗岩板、公路与机场跑道等。脱酸型硅酮建筑密封胶不宜用于金属、水泥混凝土、硅酸盐混凝土等碱性材料的密封。

表 7-12　　　　　　　　硅酮建筑密封胶的技术要求（GB/T 14683—2003）

项　目		技 术 指 标			
		25HM	20HM	25LM	20LM
下垂度/mm	垂直	≤3			
	水平	无变形			
表干时间/h		≤3			
挤出性/（mL/min）		≥80			
弹性恢复率/%		≥80			
拉伸模量 /MPa	23℃	>0.4 或>0.6		≤0.4 和≤0.6	
	-20℃				
定伸黏结性		无破坏			
浸水后定伸黏结性		无破坏			
冷拉-热压后黏结性		无破坏			
紫外线辐照后黏结性①		无破坏			
质量损失率/%		≤10			

注：①此项仅限于 G 类产品。

根据用途不同，硅酮密封胶除有通用型硅酮建筑密封胶（GB/T 14683—2003）外，还有窗户、中空玻璃、混凝土接缝、幕墙玻璃接缝、石材、彩色涂层钢板、建筑防霉等专用密封胶，其性能应分别符合《建筑窗用弹性密封胶》（JC/T 485—2007）、《中空玻璃用弹性密封胶》（JC/T 486—2001）、《混凝土建筑接缝用密封胶》（JC/T 881—2001）、《幕墙玻璃接缝用密封胶》（JC/T 882—2001）、《彩色涂层钢板用密封胶》（JC/T 884—2001）、《建筑用防霉密封胶》（JC/T 885—2001）等。

（四）定形建筑密封材料

定形建筑密封材料是指具有一定形状和尺寸的密封材料。

建筑工程的各种接缝（如伸缩缝、沉降缝、施工缝、构件接缝、门窗框接缝、穿墙管接缝等）常用的定形密封材料其品种和规格很多，主要有止水带、密封垫、密封条等。

定形密封材料习惯上可分为刚性定形密封材料和柔性定形密封材料两大类。大多数刚性定形密封材料是由金属制成的，如金属止水板、金属止水带、防雨止水板等，柔性定形密封材料一般是采用天然橡胶或合成橡胶、聚氯乙烯等橡胶、塑料之类材料制成的，如橡胶止水带、塑料止水带、密封条等。柔性定形密封材料依据其密封机理的不同，又可分为遇水膨胀型密封材料和遇水非膨胀型密封材料。

定形建筑密封材料的共同特点有：

①一般由工厂制造成型，尺寸精度高，否则将影响密封性能；

②具有良好的弹塑性和强度，不至于因构件的变形、振动发生脆裂和脱落，并且有防水、耐热、耐低温性能；

③具有优良的拉伸、压缩变形和膨胀、收缩及恢复性能；

④具有优异的水密、气密及耐久性能。

1. 遇水自膨胀橡胶止水材料

遇水自膨胀橡胶止水材料是一种既有一般橡胶制品的特点，又有遇水可自行膨胀以实现止水功能的橡胶材料。

（1）遇水自膨胀橡胶的遇水膨胀原理

①掺加亲水性物质制备遇水膨胀橡胶。

橡胶从本质上讲是疏水性的，但由于在橡胶中总含有少量水溶性或亲水性的物质，如天然橡胶中作为杂质存在的亲水性蛋白质，合成橡胶中的乳化剂等，因此当橡胶与水接触时，这些亲水性物质就会被扩散进入橡胶的水所溶解或溶胀，从而在橡胶的内外形成渗透压差，这个渗透压差对于水向橡胶内部的渗透具有促进作用，这就是在实际上与水接触的橡胶都具有一定程度的吸水性的缘故。

根据这个原理，有意识地把具有高度亲水性的物质掺混在橡胶中，只要它们不被水所溶解抽出，它们就会大量吸收水分，造成整个橡胶材料的体积膨胀，达到防水的效果。

②化学接枝改性制备遇水膨胀橡胶。

以亲水性的聚合物如聚环氧乙烷、聚环氧丙烷等与弹性体接枝则可以合成出既能保持橡胶状性质，又具有相当吸水性的材料，这种弹性体在吸水之后，水兼有软化剂和补强剂的作用。据透视电镜观察，在反应物中存在许多无规则分布的直径约 10~25mm 的粒子，说明它是高聚体的结构模式。此为亲水性的离聚体，具有较强的吸水性。

（2）遇水自膨胀橡胶的类型及用途

根据《遇水自膨胀橡胶》（GB 18173.3—2002）规定，遇水自膨胀橡胶的拉伸强度≥3MPa，扯断伸长率≥350%，体积膨胀率≥150%，硬度（邵氏 A）为 42~48。反复浸水后，其拉伸强度≥2MPa，扯断伸长率和体积膨胀率仍与浸水前相同。

遇水自膨胀橡胶根据其形态可分为制品型和腻子型两大类型，它可以作为嵌缝腻子、止水带、截水材料，在与水接触的过程中会迅速溶胀，从而充斥缝隙的各个空间，保持高度的密封性，达到防水的效果。这两类产品的特点及适用范围如下：

①制品型。制品型遇水自膨胀橡胶具有密封防水作用，当接缝两侧距离加大到弹性防水材料的弹性复原率以外时，由于其所具有的遇水自膨胀的特点，在材料膨胀范围以内仍能起到止水作用，膨胀体仍具有橡胶性质，且还具有耐水、耐酸、耐碱性能。适用于装配式结构构件衬砌接缝防水，建筑物变形缝、施工缝用止水带以及金属、混凝土等各类预制构件的接缝防水。

②腻子型。腻子型遇水自膨胀橡胶与制品型同样具有遇水膨胀以水止水的功能，具有一定的弹性和极大的可塑性，遇水膨胀后，塑性进一步加大，从而堵塞混凝土孔隙和出现的裂缝。腻子型遇水膨胀橡胶最适用于现场浇注的混凝土施工缝，嵌入构件间（如混凝土、金属管道等各类预制构件）任意形状的接缝内，在其膨胀受到良好限制的条件下能达到满意的止水效果，使混凝土裂缝漏水得到治理。

2. 止水带

止水带又名封缝带，是处理建筑物或地下构筑物接缝用的一种条带状防水密封材料，常用于建筑物的施工缝或变形缝等处，以防止出现漏水现象。

建筑工程常用的止水带依据材质可分为无机止水带、有机止水带和复合止水带。按形态可分为刚性止水带、柔性止水带等几大类型。

刚性止水带是由钢、不锈钢、紫铜、青铜、铅等刚性材料制造的，由于其在防腐蚀、适应变形能力小、加工、造价等方面的原因，使其在应用上受到一定限制；柔性止水带是由橡胶、塑料（主要是 PVC）、橡塑等合成高分子材料制造的。柔性止水带按其材质又可分为橡胶止水带、塑料止水带、橡塑止水带等几类。橡胶止水带根据其不同的防水机理，可再分为非遇水膨胀橡胶止水带和遇水膨胀橡胶止水带两类。在柔性止水带中比较常用的是天然橡胶止水带和软质聚氯乙烯止水带等品种。

利用钢材制作的刚性止水带主要应用于水坝、地下室及其他大型施工工程的施工缝密封。普通钢材的止水带则还需另外采取防锈措施，为此在水坝建设中则应采用不锈钢止水带。铜止水带可应用于水坝和一般的构筑物，铜止水带高度耐蚀，仅需小心搬运，以免导致损坏，由于上述原因以及价格上的原因，往往采用柔性止水带来代替铜止水带，铜也可应用于防雨板。

塑料止水带多数是由聚氯乙烯树脂、增塑剂、稳定剂、防老剂等原料，经塑炼、造粒、挤出、加工成型而成的带状密封防水隔离材料。

塑料止水带的外观呈黑色或灰色，不含有气孔。其抗拉强度≥12MPa，定伸强度≥4.5 MPa，相对伸长率≥300%，硬度（邵氏 A）为 60～75。止水带通常埋置在混凝土中，不受阳光和空气的影响，所以不易老化。塑料止水带的形状、规格、特点及适用范围见表 7-13，其物理力学性能见表 7-14。

表 7-13　　　　　　　　塑料止水带的形状、规格、特点及适用范围

型号	形　状	规　格			特　点	用　途
		宽度/mm	厚度/mm	参考质量 /（kg/m）		
651		280±10	7±1.5	3.5±0.3	原料充足，成本低，耐久性好，物理力学性能好	用于工业与民用建筑的地下防水工程、隧道、涵洞、坝体、溢洪道、沟渠等水工构筑物变形缝的防水密封
652		280±10	7±1.5	3.4±0.3		
653		230±10	6±1.5	1.7±0.3		
654		350±10	6±1.5	4.0±0.4		

橡胶止水带又称止水橡胶构件或止水橡皮，是用天然橡胶或合成橡胶及优质高级配

合剂为基料压制而成。按其用途分为三类，适用于变形缝用的止水带用 B 表示；适用于施工缝用的止水带用 S 表示；适用于有特殊耐老化要求的接缝用止水带用 J 表示。橡胶止水带具有良好的弹性、耐磨性和抗撕裂能力，适应变形能力强，防水性能好，使用温度范围一般为−40 ～ +40℃（详见表7-14）。适用于建筑工程、水利工程、地下工程等的防止渗漏、密封和减震缓冲，以及游泳池、屋面及其他建筑物的变形缝防水。

为了满足不同工程密封的要求，橡胶止水带的剖面有不同的形状。

J 型橡胶止水带有矩形、梯形、圆形、环形、切角矩形等多种断面形状，主要用作止水衬垫或嵌缝材料，靠外加压力使其产生一定量的变形，起到紧固密封止水和缓冲的作用。

P 型橡胶止水带有实心 P 型、空心 P 型、内外直转实心 P 型、内外直转空心 P 型、方头 P 型、方头空心 P 型等多种形式，主要用于水库闸门等处作密封止水。

表 7-14　　　　　　　止水带的物理力学性能（GB 18173. 2—2000）

项　　　目			指　　标		
			B	S	J
硬度（邵氏 A）			60±5	60±5	60±5
拉伸强度/MPa　　≥			15	12	10
扯断伸长率/ %　　≥			380	380	300
压缩永久变形/%	70℃，24 h　　≤		35	35	35
	23℃，168 h　　≤		20	20	20
撕裂强度/（kN/m）　　≥			30	25	25
脆性温度/℃　　≤			−45	−40	−40
热空气老化	70℃，168h	硬度变化（邵氏 A）　　≤	+8	+8	
		拉伸强度/ MPa　　≥	12	10	
		扯断伸长率/ %　　≥	300	300	
	100℃，168h	硬度变化（邵氏 A）　　≤			+8
		拉伸强度/ MPa　　≥			9
		扯断伸长率/%　　≥			250

使用该类材料时应注意，施工中必须保证橡胶止水带的准确位置和混凝土的浇捣质量，并使二者紧密配合；应视施工接缝处结构变形及承受水压的大小，决定是否采取固定措施，变形较小（≤4cm）时，可不加箍筋；变形较大（≥5cm）时，墙中可不加，但在顶（底）板中要配置构造箍筋；在水压>0.1MPa 时均应配置。为保证施工质量及接缝处较好的受力状态，止水带距构件表面的距离不应小于15cm，对不配筋的素混凝土构件，不应小于200mm。

止水带还有钢边橡胶复合止水带和无机材料基止水带等。

本 章 小 结

本章主要阐述了高分子聚合物的基本概念、性能和主要品种。重点阐述了建筑塑料的基本组成和主要品种，高分子建筑防水材料的主要品种、性能和应用范围以及建筑密封材料的主要品种、性能和用途。

习题与思考题

7-1　什么叫高分子聚合物？什么叫单体？什么叫均聚物？什么叫共聚物？

7-2　热塑性树脂与热固性树脂在分子的几何形状、物理性质、力学性质和应用上有什么不同？

7-3　高分子聚合物的变形与温度关系曲线说明了聚合物的什么性能？有什么意义？

7-4　塑料的主要组成有哪些？其作用如何？常用建筑塑料制品有哪些？

7-5　合成高分子防水卷材有哪些优点？常用合成高分子防水卷材有哪些？

7-6　塑料门窗有哪些优点？

7-7　遇水膨胀橡胶为什么能遇水膨胀？

第八章 建筑沥青材料

◎自学时数

6 学时。

◎教师导学

该章讲解建筑沥青材料。与其他材料相比，沥青是一种复杂的有机胶凝材料。该材料体系一般主要作为建筑防水和密封材料。主要用于屋面或室内卫生间、沐浴间或者其他有水房间的防水。建筑沥青材料主要包含建筑中常用的石油沥青及制品、改性沥青防水材料。所以，学习方法是首先熟悉石油沥青的组分、了解石油沥青的结构，然后掌握石油沥青的性能特点，重点是石油沥青的性能及应用材料的化学组成与性能之间的关系。通过学习本章内容，学生可以根据性能特点，正确选择工程需要的沥青材料。

本章的重点是石油沥青的性质和沥青的改性。

本章的难点是沥青制品和改性沥青材料的特点及其应用。

沥青材料是由一些非常复杂的高分子碳氢化合物及其非金属（氧、硫、磷）衍生物组成的混合物。常温下有液态、半固态和固态三种形态，呈黑色或黑褐色。沥青具有良好的黏结性、塑性、憎水性及不透水性，能抵抗酸碱腐蚀，并具有加热后熔化、冷却后黏滞性增大等特性，成为国内外使用历史悠久、用途广泛的主要防水材料之一，被广泛地应用于房屋建筑、水利、道路桥梁以及其他防水防潮工程中。

对于沥青材料的命名和分类，目前在国际上尚未取得统一的认识，我国是按沥青在自然界中的获得方式来命名和分类的，见表 8-1。

表 8-1 沥青的分类

沥 青	地沥青	天然沥青
		石油沥青
	焦油沥青	煤沥青
		木沥青
		泥炭沥青

焦油沥青由各种有机物，如煤、木、泥炭干馏加工得到的焦油，经过再加工而得。焦油沥青按其焦油获得的有机物名称而命名。如煤干馏所得的煤焦油，经再加工得到的沥青称为煤沥青。在以上沥青品种中，工程上常用石油沥青和煤沥青。

第一节 石油沥青

一、石油沥青的化学元素组成

石油沥青的组成指的是其化学元素组成，化学组成中主要元素是碳（80%～87%）、氢（10%～15%），其次是一些非烃元素，如氧、硫、氮等（<5%）；此外，还含有微量的镍、铁、锰、钒、钠、镁、钙、铅等金属元素，石油沥青的通用表达式为 $C_nH_{2n+a}O_bS_cN_d$。几种典型的石油沥青化学组成分析结果见表8-2。

表8-2　　　　　　　　　　　典型的石油沥青化学组成分析

序号	沥青名称	分子量	元素组成（质量，%）					C/H（原子比）	平均分子比
			C	H	O	S	N		
1	A-60 石蜡基	955	86.10	11.00	1.78	0.38	0.74	0.657	$C_{68.5}H_{104.2}O_{1.1}$ $S_{0.1}N_{0.5}$
2	A-60 中间基	1020	84.50	10.60	1.68	2.51	0.71	0.669	$C_{71.8}H_{107.3}O_{1.1}$ $S_{0.8}N_{0.5}$
3	A-60 中间环烷基	1142	84.10	10.50	1.24	3.12	1.04	0.672	$C_{80.0}H_{119.0}O_{0.9}$ $S_{1.1}N_{0.8}$
4	A-60 环烷基	1300	81.90	9.60	1.50	6.47	0.53	0.716	$C_{88.6}H_{123.8}O_{1.2}$ $S_{2.0}N_{0.5}$

二、石油沥青的组分

沥青的化学成分分析极为困难，很难根据其分子类型或结构划分其组成。通常都是从工程使用的角度出发，将石油沥青中化学成分和物理力学性质相近并具有某些共同特征的部分，划分为同一个组，称为组分或组丛。可以把沥青看作是由多个组分或组丛组成的混合物。根据分析方法的不同，有三组分和四组分两种划分方法。三组分的组分为：

①油分（油质）：呈浅黄色至红褐色的油状液体，几乎溶于所有溶剂，具有光学活性，在很多情况下发荧光。油分是沥青中相对分子量和密度最小的组分，相对分子量为300～500，密度为0.91～0.93，在沥青中所占比例为40%～60%。它赋予沥青流动性，油分含量越大，沥青的流动性越好，便于施工，且具有较好的抗裂性和柔韧性，但其黏度差、稠度低、软化点低。油分是一种在紫外线、氧和高温的环境下容易挥发和向大分子量组分转化的组分。

②树脂：呈黄色至黑褐色的黏稠状半固体，其相对分子量大于油分，为600～1000。相对密度为1.0左右，在沥青中所占比例为15%～30%，温度敏感性强、熔点

低于100℃。树脂有中性和酸性之分，酸性树脂为表面活性剂，含量较低，对沥青与矿质材料的结合起表面亲和作用，可提高胶结能力。中性树脂赋予沥青一定的可塑性及黏结性，其含量越大，沥青的品质越好。它憎油分亲树脂，在树脂中形成高分散溶液。树脂决定沥青的塑性状态界限和固液状态转变速度。

③沥青质（地沥青质）：呈深褐色至黑色的脆性粉末状固体颗粒，加热不溶，分解为硬焦炭，并且不溶于溶剂，其相对分子量为树脂的 2~3 倍，密度为 1.1~1.3 倍。在沥青中所占的比例为 10%~30%。沥青质赋予沥青黏滞性和温度稳定性以及硬度。其含量越大，沥青黏滞性和温度稳定性以及硬度越高，但塑性越低。

除上述三种主要组分外，还有沥青碳和似碳物和固体石蜡。

四组分是用溶剂将沥青通过溶解—沉淀或淋洗或色谱分离方法将沥青分成沥青质、芳香酚、胶质和饱和酚四个组分。

三、石油沥青的结构

关于石油沥青的结构主要有胶体理论和高分子理论。

胶体理论认为：石油沥青以沥青质为核心，周围吸附着树脂和油分形成胶团，无数个这样的胶团分散于溶有树脂的油分中成为胶体结构。

当油分和树脂含量相对较多，而沥青质含量相对较少时，胶团被较厚的膜层包裹，胶团之间的作用力较小，胶团之间的相对移动比较容易，石油沥青呈黏稠状态，这是液体石油沥青的结构状态，称为溶胶结构。溶胶结构的石油沥青具有黏性小、流动性大、开裂后易愈合、温度稳定性差等特点。

当油分和树脂含量相对较少，而沥青质含量相对较多时，胶团外膜层较薄，胶团聚集，相互之间的作用力较大，它们之间的相对移动比较困难，石油沥青呈弹性固体状态，这是固体石油沥青的结构状态，称为凝胶结构。凝胶结构的石油沥青具有弹性和黏结性较好、温度稳定性较好，而塑性较差、开裂后不易愈合等特点。

当沥青质含量适当，并有较多的树脂包裹，胶团之间保持一定的吸引力，此时的石油沥青呈现介于溶胶和凝胶之间的状态，称为溶胶–凝胶结构。其性质介于前两者之间。

溶胶结构的沥青放置一段时间，构成沥青的质点会凝聚，变成凝胶结构。而凝胶在外力搅拌下，又可以转变成溶胶结构。石油沥青的结构状态在一定条件下可以相互转化，而且转化是可逆的，这种性质称为胶体结构的触变形。

石油沥青的结构，除与组分的相对含量有关外，还与温度有关，温度较高时呈溶胶结构，随着温度的降低，溶胶结构将向凝胶结构转变。

石油沥青胶体结构类型示意图如图8-1所示。

高分子理论认为：沥青是以高分子量的沥青质为溶质，以低分子量的树脂和油分为溶剂的高分子溶液。

四、石油沥青的主要技术性质

沥青作为工程建筑材料，要有与工程建筑要求相适应的技术性质，掌握其技术性质，可以指导我们扬其长、避其短，做到合理地选择和使用。

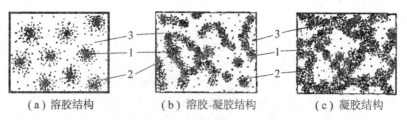

（a）溶胶结构　　　（b）溶胶-凝胶结构　　　（c）凝胶结构

1—溶胶中的颗粒；2—质点颗粒；3—分散介质油分

图 8-1　石油沥青胶体结构类型示意图

（一）黏性（黏滞性）

沥青在外力的作用下抵抗变形的能力称为沥青的黏性。黏性的大小与沥青的组分和温度等因素有关。黏性的表示方法有针入度和相对黏度两种方法。

①针入度表示法：对于在常温下呈固体或半固体的沥青的黏性用实验测定的针入度来表示。针入度是指在规定的温度（25℃）和规定的时间（5s）内，规定质量（100g）的标准针贯入沥青试样的深度，以 1/10 mm 为 1 度。它反映了沥青抵抗剪切变形的能力，针入度值越小，沥青的黏性越大。抵抗剪切变形的能力越强。石油沥青针入度测定如图 8-2 所示。

②相对黏度表示法：对于液体沥青的黏性用实验测定的黏度来表示。相对黏度是指在规定的温度（20℃、25℃、30℃或60℃）下，体积为 50cm³ 的沥青全部通过规定孔径（3mm、5mm 或 10mm）的小孔所需要的时间（s）。用符号"$C_t^d T$"，表示 d 为小孔直径，t 为试验温度，T 为流出 50cm³ 沥青所需的时间。T 越大，黏度越大。石油沥青相对黏度测定如图 8-3 所示。

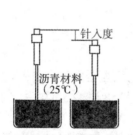

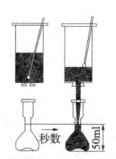

图 8-2　石油沥青针入度测定示意图　　　图 8-3　石油沥青相对黏度测定示意图

沥青的黏性与其化学组分及温度有关，沥青质含量高，油分少时，沥青的黏性就大。在一定的温度范围内，黏性随温度的升高而降低。

（二）塑性

沥青在受到外力作用时产生变形但不破坏，在外力去除后仍保持变形后形状的性质称为沥青的塑性。沥青的塑性通过试验测定的延度（延伸度）来表示。延度是将沥青制成∞型标准试样（中间最小截面为 1 cm³），在规定的温度（25℃）下，以规定的速度（5cm/min）拉伸，拉断时的伸长长度。以 mm 为单位。延度越大说明沥青的塑性越好。

沥青的塑性与化学组分及温度有关，沥青中油分和沥青质含量适当，树脂含量越高，延度越大，塑性越好。此外，塑性随温度的升高而增大。沥青延度测定如图 8-4 所示。

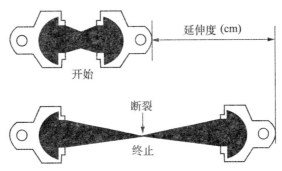

图 8-4　沥青延度测定示意图

（三）温度感应性（温度敏感性）

沥青的温度感应性是指沥青的黏性和塑性随温度的变化而变化的性质。

沥青是高分子非晶态热塑性物质的混合物，没有固定的熔点。当温度升高时，沥青由固态或半固态逐渐软化，使沥青分子之间发生相对位移，产生有如液体流动似的黏性流动，称为黏流态。当温度降低时，沥青又逐渐由黏流态转变为固态或高弹态，甚至变硬变脆，而这种脆性类似于玻璃一样硬脆，所以也称玻璃态。因此，沥青的黏性和塑性随温度的变化而发生相应的变化。在相同的温度变化间隔里，各种沥青的黏性和塑性变化的幅度不同，工程中要求沥青的黏性和塑性随温度变化的幅度要小，也即温度感应性要小。

沥青的软化点是沥青温度敏感性的一个重要指标。沥青材料从固态转变至黏流态有一定的间隔，因此，规定其中的某一状态作为从固态转到黏流态的起点，相应的温度即为沥青的软化点，单位为℃。一般认为，软化点越高，沥青的耐热性越好，温度感应性越小。

测定软化点的方法很多，我国采用环球法软化点仪测定，如图 8-5 所示。

温度感应性的大小主要取决于沥青中沥青质的含量，其含量越高，温度感应性越小。如果沥青中石蜡的含量较高时，温度感应性增加。

针入度、延度和软化点是评定固态或半固态石油沥青的三大指标。

除软化点外，在道路沥青中还经常用针入度指数评价沥青的温度感应性指标。

（四）大气稳定性

沥青在大气因素（阳光、热、空气、温度变化等）的作用下，抵抗破坏的能力称为沥青的大气稳定性。

沥青在长期使用的过程中，组分中的低分子量的油分要逐步转化为分子量稍高一些的树脂，树脂又逐步转化为分子量更高的沥青质，使沥青塑性降低、黏性增大，逐步变

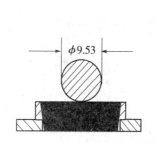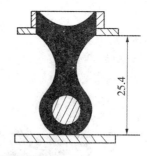

图 8-5　软化点测定示意图

脆开裂的过程称为沥青的老化。

沥青的大气稳定性用针入度比和蒸发损失量表示。在 160℃恒温 5h 的蒸发损失越小，针入度比值越大，沥青的大气稳定性越好。

（五）闪点和燃点

闪点也称闪火点，沥青加热时挥发的气体和空气的混合物，在规定的条件下与火燃接触，初次产生蓝色闪火的温度称为闪点。闪点的高低关系到沥青加热、储运方面的安全。沥青的加热温度不能超过闪点。

燃点是指沥青加热时挥发的气体遇火着火，离开火源仍能继续燃烧时的最低温度。

（六）沥青的溶解度

溶解度是指沥青在三氯乙烯、四氯化碳或苯中溶解的百分率。用以限制有害的沥青碳或似碳物等不溶物的含量，降低不溶物对沥青黏结性的不良影响。

五、石油沥青的标准、选用及掺配

（一）石油沥青的标准与选用

我国现行石油沥青标准，将黏稠石油沥青分为道路石油沥青、建筑石油沥青和普通石油沥青三大类，并依据针入度大小将其划分为若干标号。

建筑石油沥青按针入度值划分为 10 号、30 号和 40 号三个标号，同时必须保证相应的延度和软化点。建筑石油沥青具有针入度较小、延度较小，而软化点较高的特点，主要用于屋面和地下防水、沟槽防水与防腐、管道防腐等工程，还可用于制作油毡、油纸、沥青马蹄脂和防水涂料。建筑石油沥青在使用时形成较厚的胶膜，增大了温度敏感性，同时沥青表面又是较强的吸热体，沥青表面温度可比当地最高气温高出 25 ~ 30℃，因此，用于屋面的沥青材料的软化点应比本地区最高气温高出 20℃以上，以避免沥青在夏季流淌。但沥青软化点过高时，冬季容易开裂。因此，应根据工程性质与要求、使用部位、环境条件等进行选用。

对于屋面防水工程，主要考虑软化点要高于环境最高气温的 20℃以上，常选用 10号或 10 号与 30 号掺配沥青。对于地下室防水工程，应考虑沥青的耐老化性，宜选用软化点较低的 40 号沥青。

建筑石油沥青的技术性能应符合表 8-3 中的要求。

（二）石油沥青的掺配

一种标号的石油沥青往往不能满足工程使用的要求，因此常需将不同标号的沥青加以掺配。为了保证掺配后沥青胶体结构和技术性质不发生大的波动，应选用化学性质和胶体结构相近的沥青进行掺配。试验证明，相同产源的沥青（指同属石油沥青或同属煤沥青）易于保证掺配后沥青胶体结构的均匀性。

掺配方法：如用较软和较硬两种沥青进行掺配，则较软沥青的用量比为 P_1（%），较硬沥青的用量比为 P_2（%）：

$$P_1 = \frac{T_2 - T}{T_2 - T_1} \tag{8-1}$$

$$P_2 = 100\% - P_1$$

式中：T_1——较软沥青软化点，℃；

　　　T_2——较硬沥青软化点，℃；

　　　T——工程要求软化点，℃。

表 8-3　　　　　　　　　　建筑石油沥青质量要求（GB 494—2010）

项　　　目		质量指标			试验方法
		10 号	30 号	40 号	
针入度（25℃，100g，5s）/（1/10mm）		10～25	26～35	36～50	
针入度（46℃，100g，5s）/（1/10mm）		报告[①]	报告[①]	报告[①]	GB/T 4509
针入度（0℃，200g，5s）/（1/10mm）	不小于	3	6	6	
延度（25℃，5cm/min）/cm	不小于	1.5	2.5	3.5	GB/T 4508
软化点（环球法）/℃	不低于	95	75	60	GB/T 4507
溶解度（三氯乙烯）/%	不小于	99.0			GB/T 11148
蒸发后质量变化（163℃，5h）/%	不大于	1			GB/T 11964
蒸发后25℃针入度比[②]/%	不小于	65			GB/T 4509
闪点（开口标法）/℃	不低于	260			GB/T 267

注：①报告应为实测值；

②测定蒸发损失后样品的25℃针入度与原25℃针入度之比乘以100后，所得的百分比，称为蒸发后针入度比。

例题： 某工地现有10号及40号两种石油沥青，而工程要求的沥青软化点为80℃，如何掺配才能满足工程要求？

解： 从表8-3中查得10号沥青的软化点为 $T_2=95$℃，40号沥青软化点为 $T_2=60$℃，工程要求沥青的软化点为 $T=80$℃，则

$$P_1 = (T_2 - T) / (T_2 - T_1) \times 100\% = (95 - 80) / (95 - 60) \times 100\% = 43\%$$

$$P_2 = 100\% - P_1 = 100\% - 43\% = 57\%$$

根据上式得到的掺配比例，不一定满足工程要求，此时可用掺配比及其邻近

（±5% ~10%）的比例进行试配，混合熬制均匀，测定掺配后沥青的软化点；然后绘制"掺配比-软化点"曲线，即可从曲线上确定所要求的掺配比例。同理，也可用针入度指标按上述方法进行估算及试配。

不同产源的沥青，如石油沥青和煤沥青，由于其化学组成、胶体结构差别较大，其掺配问题比较复杂。大量的试验研究表明，在软煤沥青中掺入20%以下的石油沥青，可提高煤沥青的大气稳定性和低温塑性；在石油沥青中掺入25%以下的软煤沥青，可提高石油沥青与矿质材料的黏结力。这样掺配所得的沥青称为混合沥青。由于混合沥青的两种原料是难溶的，掺配不当会发生结构破坏和沉淀变质现象，因此，掺配时选用的材料、掺配比例均应通过试验确定。

第二节 煤 沥 青

一、煤焦油

煤焦油是生产煤沥青的原料，是生产煤气和焦炭的副产品。由烟煤在干馏过程中的挥发物质经冷凝而成的黑色黏性流体称为煤焦油。按照工艺过程分为焦炭焦油和煤气焦油。按照干馏温度不同，分为高温煤焦油（700℃以上）和低温煤焦油（450 ~ 700℃）。高温煤焦油含碳较多，密度较大，含有多种芳香族碳氢化合物，技术性质较好；低温煤焦油则与之相反，技术性质较差。因此，工程上多用高温煤焦油生产煤沥青和建筑防水材料。

二、煤沥青

将煤焦油进行再蒸馏，蒸去水分和全部轻油及部分中油、重油和蒽油、萘油后所得的残渣即为煤沥青。煤沥青根据蒸馏程度不同分为低温沥青、中温沥青和高温沥青三种。建筑和道路工程中使用的煤沥青多为黏稠或半固体的低温沥青。

1. 煤沥青的化学组分和结构

煤沥青是一种复杂的高分子碳氢化合物及其非金属衍生物的混合物，其主要组分有：

①游离碳（自由碳）：它是高分子有机化合物的固态碳质微粒，不溶于任何有机溶剂，加热不熔化，只在高温下才分解。游离碳能提高煤沥青的黏度和热稳性，随着游离碳的增多，沥青的低温脆性也随之增加，其作用相当于石油沥青中的沥青质。

②树脂：树脂属于环心含氧的环状碳氢化合物。树脂有固态树脂和可溶性树脂之分。固态树脂（硬树脂）为固态晶体结构，仅溶于吡啶，类似石油沥青中的沥青质，它能增加煤沥青的黏滞度。可溶性树脂（软树脂）为赤褐色黏塑状物质，溶于氯仿，类似石油沥青中的树脂，它对煤沥青的塑性作出贡献。

③油分：油分为液态，由未饱和的芳香族碳氢化合物组成，类似于石油沥青中的的油分，能提高煤沥青的流动性。

此外，煤沥青油分中还含有萘油、蒽油和酚等。当萘油含量小于15%时，可溶于油分中；当萘油含量超过15%，且温度低于10℃时，萘油呈固态晶体析出，影响煤沥青的低温变形能力。酚为苯环中含羟基的物质，呈酸性，有微毒，能溶于水，故煤沥青的防腐杀菌力强。但酚易与碱起反应而生成易溶于水的酚盐，降低沥青产品的水稳定性，故其含量不宜太多。

煤沥青具有复杂的分散系胶体结构，其中自由碳和固态树脂为分散相，油分是分散介质。可溶性树脂溶解于油分中，被吸附于固态分散微粒表面。

2. 煤沥青技术性质的特点

煤沥青与石油沥青相比，由于产源、组分和结构的不同，其技术性质有如下特点：

①密度大，在 $1.1 \sim 1.26 \text{g/cm}^3$。

②温度稳定性差。煤沥青的自由碳颗粒较沥青质粗，且树脂的可溶性较高，受热时由固态或半固态转变为黏流态（或液态）的温度间隔较窄，故夏天易软化流淌，冬天易脆裂。

③塑性较差。煤沥青中含有较多的游离碳，故塑性较差，使用中易因变形而开裂。

④大气稳定性较差。煤沥青中含挥发性成分和化学稳定性差的成分（如未饱和的芳香烃化合物）较多，它们在热、阳光、氧气等因素的长期综合作用下，将发生聚合、氧化等反应，使煤沥青的组分发生变化，从而黏度增加，塑性降低，加速老化。

⑤与矿质材料的黏附性好。煤沥青中含有较多的酸、碱性物质，这些物质均属于表面活性物质，所以煤沥青的表面活性较石油沥青的高，故与酸、碱性石料的黏附性较好。

⑥防腐力较强。煤沥青中含有蒽、萘、酚等有毒成分，并有一定的臭味，故防腐能力较好，多用作木材的防腐处理。但蒽油的蒸气和微粒可引起各种器官的炎症，在阳光作用下危害更大，因此施工时应特别注意防护。

3. 煤沥青的用途

①地下防水和防腐蚀工程；

②经改性后可用于屋面防水工程。

三、石油沥青和煤沥青的比较和鉴别

石油沥青和煤沥青虽然化学成分和性质相似，但其所含碳氢化合物的构造却不同，所以从外观上看，很难区别，必须借助物理或化学方法加以区分。工地上常用的简易鉴别方法见表 8-4。

表 8-4　　　　　　　　　　石油沥青和煤沥青的简易鉴别方法

鉴别方法	石油沥青	煤沥青
锤击法	声哑，有弹性感，韧性好，断口整齐，呈贝壳状	声清脆，韧性差，断口不整齐，有碎末
溶液颜色法（将沥青置于盛有酒精的透明玻璃瓶中观察溶液颜色）	无颜色	呈黄色，并带有绿蓝色荧光

鉴别方法	石油沥青	煤沥青
燃烧法（将沥青加热燃烧）	烟五色，有油味或松香味	烟呈黄色，有刺激性臭味
溶解度法（将样品一小块约1g，投入30～50倍的汽油或煤油中，用玻璃棒搅动，充分溶解后观察）	样品基本溶解，溶液呈棕黑色	样品基本不溶解，溶液稍呈黄绿色
斑点法（将样品一小块约1g，溶于30～50倍的有机溶剂——苯、二硫化碳等中，用玻璃棒搅动，充分溶解后，滴一滴于滤纸上，形成斑点）	斑痕完全化开，呈均匀的棕色	斑痕分内外两圈，内圈呈黑色斑点，碳粒较多，外圈呈棕色（或黄色）

第三节　沥青制品

一、基层处理剂

用汽油、煤油、柴油、工业苯等有机溶剂与沥青溶合制得的沥青溶液，在常温下用于防水工程的底层，故称基层处理剂，由于不需要加热使用，又称为冷底子油。它有良好的流动性，便于喷涂或涂刷。将其涂刷在混凝土、砂浆或木材等基底后，能很快渗透到基面内。待溶剂挥发后，便与基面牢固结合，并使基面具有憎水性，为粘贴其他防水材料创造条件。

冷底子油常由30%～50%的10号或30号石油沥青和50%～70%的有机溶剂如汽油或轻柴油稀释而成。若耐热性要求不高，也可用60号石油沥青配制。配好的冷底子油应放在密封的容器内置于阴凉处储存，以防溶剂挥发。喷涂冷底子油时，应使基面洁净干燥。

二、乳化沥青

乳化沥青是将沥青热融，经过机械的作用，使其以细小的微滴状态分散于含有乳化剂的水溶液中，形成水包油状的沥青乳液。水和沥青是互不相溶的，但由于乳化剂吸附在沥青微滴上的定向排列作用，降低了水与沥青界面间的界面张力，使沥青微滴能均匀地分散在水中而不致沉析；同时，由于稳定剂的稳定作用，使沥青微滴能在水中形成均匀稳定的分散系。乳化沥青呈茶褐色，具有高流动度，可以冷态使用，在与基底材料和矿质材料结合时有良好的黏附性。

1. 乳化沥青的组成材料

乳化沥青主要由沥青、水和乳化剂（包括稳定剂）三种材料组成：

①沥青：乳化沥青的主要组成材料，用量占乳化沥青的55%～70%。各种标号的

沥青均可用于配制乳化沥青，稠度较小的沥青容易乳化。

②水：水能润湿、溶解、黏附其他物质，并起缓和化学反应的作用；但水中含有的某些矿物质，会影响乳化沥青的形成。所以水质应相当纯净，不含杂质。一般要求水质硬度较小。尤其阴离子乳化沥青，对水质要求较严，每升水中氧化钙含量不得超过80mg。

③乳化剂（包括稳定剂）：乳化剂是乳化沥青形成和保持稳定的关键组成，它能使互不相溶的沥青和水这两相物质形成均匀稳定的分散体系，它的性能在很大程度上影响着乳化沥青的性能。

沥青乳化剂是一种表面活性剂，按其在水中能否解离而分为离子型乳化剂和非离子乳化剂。

2. 乳化原理

乳化沥青是油-水的分散体系。在这个体系中，水是分散介质，沥青是分散相，两者只有在表面能较接近时才能形成稳定的结构。乳化沥青的结构是以沥青细微颗粒为固体核，乳化剂包覆沥青微粒表面形成吸附膜层，此膜层具有一定的电荷，沥青微粒表面的膜层较紧密，向外则逐渐转为普通的分散介质；吸附膜层之外是带有相反电荷的扩散离子层水膜。由上可知，乳化沥青能够形成和稳定存在的原因在于乳化剂在沥青-水系统界面上的吸附作用，降低了两相物质间的界面张力，这种作用可以抵制沥青微粒的合并。同时沥青微粒表面均带有同性电荷，使微粒间相互排斥，达到分散颗粒的目的。

3. 乳化沥青的分解破乳

分解破乳主要是乳液与其他材料接触后，由于离子电荷的吸附和水分的蒸发而产生的，其变化过程可从沥青乳液的颜色、黏结性及稠度等方面的变化进行观察和鉴别。乳液分解破乳的外观特征是其颜色由茶褐色变成黑色，此时乳液还含有水分，需待水分完全蒸发、分解破乳完成后，乳液中的沥青才能恢复到乳化前的性能。

沥青乳液分解破乳所需的时间，即为沥青乳液的分解破乳速度，分解破乳速度的快慢与许多因素有关。

①离子电荷吸引作用的影响。这种作用对阳离子乳化沥青尤为显著。目前，我国路用石料多为碳酸盐或硅酸盐，在潮湿状态下它们一般带负电荷，所以阳离子沥青乳液很快与集料表面相结合。此外，阳离子沥青乳化剂具有较高的振动性能，与固体表面有自然的吸引力，它可以穿过集料表面的水膜，与集料表面紧密结合。电荷强度大，能加速破乳，反之则延缓破乳速度。

②集料的孔隙度、粗糙度与干湿度的影响。如果与乳液接触的集料或其他材料为多孔且表面粗糙或疏松的材料时，乳液中的水分将很快被材料所吸收，破坏了乳液的平衡，加快了破乳速度。反之，若材料表面致密光滑，吸水性很小，这将延缓乳液的破乳速度。材料本身的干湿度也将影响破乳速度，干燥材料将加快破乳速度，湿润与饱和材料将延缓破乳速度。

③集料颗粒级配的影响。集料颗粒越细、表面积越大，乳液越分散，其破乳速度越快，否则破乳速度将延缓。

④乳化剂种类与用量的影响。乳化剂本身有快、中、慢型之分，因此用其所制备的沥青乳液也相应地分为快、中、慢型三种。这些分类本身就意味着与材料接触时的分解

破乳速度不同。同种乳化剂其用量不同时，也影响破乳速度。乳化剂用量大，延缓破乳；用量小则加快破乳。

⑤施工时气候条件的影响。沥青乳液施工中的气温、湿度、风速等都将影响分解破乳速度。气温高、湿度小、风速大将加速破乳，否则将延缓破乳。

⑥机械冲击与压力作用的影响。施工中压路机和行车的振动冲击和辗压作用，也能加快乳液的破乳速度。

4. 乳化剂的分类

乳化剂的分类见表 8-5。

表 8-5 乳化剂的分类

乳化剂	有机乳化剂	阴离子乳化剂	例：洗衣粉、肥皂、松香皂等
		阳离子乳化剂	例：十八烷基三甲基氯化铵、十六烷基三甲基溴化铵、十八烷基二甲基羟乙基硝酸铵等
		两性离子乳化剂	例：氨基酸型两性乳化剂、甜菜碱型两性乳化剂等
		非离子乳化剂	例：聚氧乙烯醚型非离子乳化剂等
	无机乳化剂		例：膨润土、高岭土等
			例：无机氯化物、氢氧化物、不溶性硅酸铝、水溶性硅酸钠等

阴离子乳化剂的特点是价格低，乳化作用差，乳化沥青易凝聚。阳离子乳化剂的特点是价格高，乳化作用好，分散稳定性好、抗冻性好、黏结力强、成膜性好；非离子乳化剂的特点是耐酸碱、无毒、低泡沫、可与其他乳化剂混用。

5. 乳化沥青的应用

乳化沥青的应用主要有以下几个方面：

①作为防水材料喷涂或涂刷在建筑物表面上，作为防潮或代替冷底子油做防水层的基层；

②粘贴玻璃纤维毡片（或布）作为屋面防水层；

③拌制冷用沥青砂浆和沥青混合料用于道路工程或其他工程；

④用乳化沥青与石棉（膨润土或石灰）配制防水涂料。

三、沥青胶（沥青玛蹄脂）

由沥青和适量粉状或纤维状矿质填充料均匀混合而成的胶黏剂称为沥青胶，俗称沥青玛蹄脂。它有良好的黏结性、耐热性、柔韧性和大气稳定性，主要用于粘贴卷材、嵌缝、补漏、接头以及其他防水、防腐材料的底层等。

（一）组成材料

1. 沥青

选用沥青的种类应与被黏结的材料一致；根据工程性质、使用部位及气候条件等因素决定其标号。采用的沥青软化点越高，高温季节越不易流淌；沥青的延度越大，沥青胶的柔韧性就越好。炎热地区的屋面工程，宜选用 10 号或 30 号石油沥青；用于地下防水和防潮处理时，一般选用软化点不低于50℃的沥青。

2. 矿质填充料

为了提高沥青的耐热性，改善低温脆性和节约沥青的用量，在沥青中掺入20%左右的粉状或纤维状填充料。用作填充料的矿粉颗粒越细，其表面积越大，改变沥青性能的作用越显著。一般粉料的细度应控制在孔径0.074mm筛上的筛余量不大于15%。碱性矿粉与沥青的亲和性较大，黏结力较高，故一般防水、防潮用沥青胶，宜选用石灰石粉、白云石粉、滑石粉等作为填充料。掺入石棉粉、木屑粉等纤维状填料时，能提高沥青胶的柔韧性和抗裂能力。

（二）技术性质

1. 黏结性

黏结性表征沥青胶黏结卷材或其他材料的能力。试验时将两张用沥青胶粘贴在一起的油纸慢慢撕开，油纸和沥青胶脱离的面积应不大于粘贴面积的1/2为合格。

2. 耐热性

耐热性表示沥青胶在一定温度和一定时间内不软化流淌的性质，用耐热度（℃）表示。将2mm厚的沥青胶粘合两张沥青油纸，放在45°的坡板上恒温5h，沥青胶不应流淌，油纸不应滑动。根据耐热度指标，石油沥青胶划分为六个标号，煤沥青胶划分为三个标号，见表8-6。

3. 柔韧性

柔韧性表示沥青胶在一定温度下抵抗变形断裂的性能。试验在18±2℃下进行，将涂在油纸上2mm厚的沥青胶，围绕规定的圆棒在2s内均衡地将沥青胶弯曲成半圆，检查弯曲拱面处沥青胶，不裂则为合格。柔韧性好的沥青胶在基层变形时胶体不破坏。

表8-6　　　　　　　　　　　　沥青胶的技术指标

名称 技术性能	石油沥青胶						煤沥青胶		
	标号						标号		
	S-60	S-65	S-70	S-75	S-80	S-85	J-55	J-60	J-65
耐热度/℃	将两张油纸用2mm厚沥青胶黏合，置于1∶1坡度上，在不低于下列温度下停放5h，沥青胶应不流淌，油纸应不滑动								
	60	65	70	75	80	85	55	60	65
柔韧性	在油纸上涂2mm厚沥青胶，在18±2℃温度下绕下列直径（mm）的圆棒，以2s时间弯曲成半圆，沥青胶不应有裂纹								
	10	15	15	20	25	30	25	30	35
黏结力	将两张粘贴在一起的油纸一次性慢慢撕开，任一油纸和沥青胶粘贴面被撕开部分应不大于粘贴面积的1/2								

（三）影响沥青胶性质的因素

沥青胶的性质取决于组成材料的性质及其配合比。

1. 沥青的软化点

耐热度是沥青胶的主要技术指标，可通过选择适宜软化点沥青及适当填充料的方法来满足设计要求。配制沥青胶时，沥青软化点高，沥青胶的耐热性好，夏季受热不易流淌，沥青延度大，沥青胶柔韧性好，变形后不易开裂。但软化点过高，沥青胶的柔韧性会降低；软化点过低则耐热度不足。沥青的软化点一般要比沥青胶要求的耐热度低 5 ~ 10℃。

2. 矿物填充料

掺入矿物填充料不仅可节约沥青用量，而且可以改善沥青的性质。矿物填充料的细度越大，表面积就越大，由表面吸附作用所产生的有利影响也越大。当掺入的矿粉呈碱性时，能与沥青发生一定的化学作用，使矿粉表面的沥青膜黏结得很牢固，因此，用于防潮、防水工程的沥青胶，一般采用石灰石粉等作为矿物填充料。但对防腐工程，则应采用酸性较强的石英粉、花岗岩粉等作为矿物填充料。为提高沥青胶的柔韧性，还可掺入纤维状的填料。两者的配比可根据用途选择，填充料掺量过少，耐热度不足；掺量过多，沥青胶脆性增大。填充料掺量还应能使沥青胶保持适于施工的流动性，一般掺量为 20% ~ 50%。

沥青胶配合比应通过试验确定，选择满足耐热度要求条件下具有较好塑性和流动性的配合比。通常为了满足耐热度的要求，掺入过量的矿物填充料时，会给施工带来困难，这时应选择软化点较高的沥青并适当减少填充料用量。

（四） 沥青胶的配制

沥青胶中的沥青占 70% ~ 90%，矿粉占 10% ~ 30%。若沥青的黏性较低，矿粉用量可适当提高，有时可达 50% 以上。矿粉越多，沥青胶的耐性越高，黏结力越大，但其柔韧性降低，施工流动性变差。沥青胶的配制通常在施工现场进行，无溶剂热用沥青胶的配制是先将矿物填充料加热到 100 ~ 110℃，慢慢掺入到已熔化脱水的沥青中，充分搅拌均匀，保温至 200℃ 即可。

冷沥青胶的配制：可将沥青用有机溶剂稀释，再与填充料等材料配合。冷沥青胶可在常温下施工。但须耗用大量有机溶剂，黏结质量也不及热沥青胶好，故工程中较少应用。

（五） 沥青胶的应用

为改善沥青胶的塑性，配制时常掺加硬脂酸、蒽油或桐油等。沥青胶常用于黏结防水卷材、嵌缝、补漏，也可单独防水。应根据屋面坡度和历年室外最高气温条件来选用。

四、防水卷材

沥青防水卷材是建筑工程中用量较大的柔性防水材料。按照生产工艺可分为有胎浸渍卷材和无胎辊压卷材。有胎浸渍卷材以厚纸和玻璃布、棉麻织品等为胎料，浸渍石油沥青或煤沥青制成的卷状材料。无胎辊压卷材以橡胶粉、石灰石粉等掺入沥青材料中，经混炼、压延制成的卷状材料。

（一） 石油沥青纸胎油纸、油毡

用低软化点沥青浸渍原纸而成的制品叫油纸；用高软化点沥青涂敷油纸的两面，再撒一层滑石粉或云母片而成的制品叫油毡。按所用沥青品种分为石油沥青油纸，石油沥青油毡和煤沥青油毡三种。油纸和油毡的标号按原纸每平方米面积的质量（g）划分，油纸分为 200、350 两个标号；油毡分为 200、350 和 500 三个标号，按卷重和物理性能分为 Ⅰ、Ⅱ、Ⅲ种型号。按产品名称、类型和标准号顺序标记，如：Ⅲ型石油沥青纸胎油毡标记为：油毡Ⅲ型 GB 326—2007。表面用粉状撒布料如滑石粉做防黏层的在标号中标注"粉"字，也称粉毡。以片状撒布料如云母做防黏层的标注"片"字，也称片毡。粉、片状撒布料的作用是为防止卷材包装时彼此黏结在一起。

国家标准对油纸、油毡的尺寸、每卷质量、外观要求及抗拉强度、柔韧性、耐热性和不透水性等性能均有明确规定，见表 8-7、表 8-8。

表 8-7　　　　　　　　石油沥青纸胎油纸的技术要求（GB 326—2007）

技 术 性 能	标 号	
	200 号	350 号
浸渍材料占干原纸质量/%	≥100	
吸水率（真空法）/%	≤25	
拉力（25℃时纵向）/N	≥110	≥240
柔度，18+2℃ 时	围绕 φ10mm 圆棒或弯板无裂缝	

表 8-8　　　　　　　　石油沥青纸胎油毡物理性能（GB 326—2007）

项 目		技 术 指 标		
		Ⅰ	Ⅱ	Ⅲ
卷重 ≥		17.5	22.5	28.5
单位面积浸涂材料总量/g/m² ≥		600	750	1000
不透水性	压力/MPa ≥	0.02	0.02	0.10
	保持时间/min ≥	20	30	30
吸水率/% ≤		3.0	2.0	1.0
耐热度		(85±2)℃受热 2h 涂盖层无滑动、流淌和集中性气泡		
拉力（纵向）/（N/50mm） ≥		240	270	340
柔 度		(18±2)℃绕 φ20mm 圆棒或弯板无裂纹		

各种油纸多用于建筑防潮和包装，也可用于多层防水层的底层。200 号油毡适用于简易建筑防水、临时性建筑防水、建筑防潮及包装等；350 号、500 号油毡中的粉毡适用于多层防水层的各层，片毡只能用于多层防水的面层。使用时应注意石油沥青油毡或油纸必须用石油沥青胶粘贴；煤沥青油毡则需用煤沥青胶粘贴。油纸和油毡储运时应堆放，堆高不宜超过两层，避免日光直射或雨水浸湿。

（二）玻璃布沥青油毡和玻璃纤维毡沥青油毡

玻璃布沥青油毡和玻璃纤维毡沥青油毡只是胎基材料的厚度不同，其余的性能和特点基本相同，都是按单位面积质量划分为 15 号、25 号两个标号。15 号油毡每卷面积为（20±0.2）m²，25 号每卷面积为（10±0.2）m²，卷材公称宽为 1000mm。产品按上表面材料分为 PE 膜和砂面，按力学性能分为Ⅰ、Ⅱ型。与纸胎油毡相比，玻璃布和玻璃纤维毡沥青油毡的低温柔度为0℃，明显优于纸胎油毡。玻璃布沥青油毡的各项技术指标应符合表 8-9 中的规定。

玻璃布油毡适用于地下防水、防腐层，以及屋面防水层及管道（热管道除外）的防腐保护层。玻璃纤维毡沥青油毡可代替普通石油沥青油毡做多层防水；用于屋面或地下防水的一些部位，要比以玻璃布沥青油毡具有更大的适应性。

（三）铝箔面石油沥青防水卷材

铝箔面石油沥青防水卷材是以无纺玻纤毡为胎基，浸涂石油沥青，上表面以压纹铝箔贴面，底面以细砂或聚氯乙烯隔离处理的一种具有热反射和装饰功能的防水卷材。按每卷质量和物理性能分为 30 号和 40 号。

成卷卷材在 10 ~ 45℃任一产品温度下展开，在距卷芯 1000mm 长度外不应有 10mm 以上的裂纹或黏结。胎基应浸透，不应有未被浸渍的条纹，铝箔应与涂盖材料黏结牢固，不允许有分层和气泡现象；铝箔表面应花纹整齐，无污迹、折皱、裂纹等缺陷，不允许有孔洞、缺边和裂口；铝箔应为轧制铝，不得采用塑料镀铝膜。其技术性能满足表 8-10 中的要求。

用铝箔面石油沥青防水卷材做防水层具有良好的装饰效果。其耐潮湿性、耐火性及均匀性均优于石油沥青油毡。铝箔具有反光隔热的功能，与砂面沥青相比，可使屋面温

表 8-9   **玻璃布沥青油毡技术指标（GBT 14686—2008）**

项　目		技术指标	
		Ⅰ型	Ⅱ型
可溶物含量/g/m^2 ≥	15 号	700	
	25 号	1200	
	试验现象	胎基不燃	
拉力/（N/50mm） ≥	纵向	350	500
	横向	250	400
耐热性		85℃无滑动、流淌、滴落	
低温柔性		10℃	5℃
		无裂缝	
不透水性		0.1MPa，30min 不透水	
钉杆撕裂强度/N ≥		40	50
热老化	外观	无裂纹、无起泡	
	质量损失率/% ≤	85	
	拉力保持率/% ≥	2.0	
	低温柔性	15℃	10℃
		无裂纹	

度降低 10～20℃。铝箔阻碍了紫外线对沥青的辐射，提高了防水层的大气稳定性和耐老化性，大大延长了沥青的使用寿命；且具有良好的自黏性能、自身密封性能和弯曲性能；施工简便，无污染，可广泛应用于屋面、地下室、卫生间等的防水工程，并可应用于立墙的铺贴及管道（热管道除外）、桥梁等各种复杂的环境中，尤其适用于严禁明火、暗火的防水工程。更适用于炎热地区屋面的单层或多层防水层的面层。

表 8-10　　　　　铝箔面石油沥青防水卷材的技术要求（JC/T 504—2007）

项　　　目	技术指标	
	30 号	40 号
单位面积质量/（kg/m^2）　≥	2.85	3.80
卷材厚度/mm　≮	2.4	3.2
可溶物含量/（g/m^2）　　≥	1550	2050
拉力/（N/50mm）　　≥	450	500
柔度	5℃，绕 35mm 圆弧无裂纹	
耐热度	（90±2）℃，2h 涂盖层无滑动、无起泡、无流淌	
分层	（50±2）℃，7d 无分层现象	

（四）玻纤铝箔复合胎油毡

玻纤铝箔复合胎油毡是采用无纺玻纤毡和铝箔材料双层复合作为胎基，用优质氧化沥青浸涂胎体的两面，底层撒布细颗粒材料，面层撒布矿物粒料或彩色矿物粒料制得的防水材料。

玻纤铝箔复合胎油毡的主要性能特点在于复合胎基，赋予了卷材较高的强度和较高的耐久性、一定的延伸率，使其防水蒸发能力特强。该类油毡主要适用于上人或不上人屋面、平屋面的防水层或蒸汽隔离层，也适用于桥梁、水库、大坝以及地下工程。玻纤铝箔复合胎油毡可作为单层防水层或多层防水层的面层，厚度在 3mm 以上的产品可用于单层防水。施工工艺多样，可使用喷灯热熔法、热沥青浇注法和热风黏结法施工。

（五）矿棉纸油毡

以不少于 60% 的矿棉、麻等植物纤维经造纸工艺制得一种特殊的油毡原纸作为胎基材料，两侧涂以石油沥青，再涂上防黏隔离层，即得到矿棉纸油毡。

矿棉纸油毡耐腐蚀性好，耐久性好。主要用于地下或平屋面防水、构筑物防水层以及金属管道的防腐层。

（六）带孔油毡

带孔油毡是在普通油毡的胎基或无机纤维胎基上按一定孔距打上若干个规定孔径的孔洞，在面层和底层涂布沥青而制成的防水卷材。打孔工序可在胎基上进行，也可在油毡制造过程中进行。撒以粉状或粒状撒布料做防黏层。带孔油毡的性能特点是与沥青胶的黏结能力强，沥青胶可通过孔洞由上层渗透到下层；粘贴时可采用点粘贴，铺在防水层的下层，防止屋面防水层的开裂。目前，我国还没有带孔油毡的相关技术标准，因此可参照或采用国外的相应技术标准。

第四节　改性沥青防水材料

一、沥青的改性

通过采用某种措施，使沥青的一种或多种性能得到改善的过程称为沥青的改性。经过改性处理的沥青称为改性沥青。常用的改性材料有以下几种：

（一）矿物填充料

①滑石粉：主要化学成分是含水硅酸镁（$3MgO \cdot SiO_2 \cdot H_2O$），属亲油性矿物，易被沥青润湿，可直接混入沥青中，对提高沥青的机械强度和抗老化性作出贡献。

②石灰石粉：主要化学成分是碳酸钙（$CaCO_3$），属亲水性矿物，与沥青中的酸性树脂有很好的物理吸附力和化学吸附力，因此，石灰石粉与沥青可以形成稳定的混合物，对提高沥青的耐热性作出贡献。

③硅藻土和膨胀珍珠岩粉：是一种质软多孔的轻质材料，掺后可减轻沥青自重，提高沥青的吸声性能。

④云母粉：掺入云母粉后的改性沥青，用于屋面有反射紫外线，降低屋面温度，延缓老化，延长沥青使用寿命的作用。

除此之外，白云石粉、磨细砂、粉煤灰、水泥、高岭土粉等也可以作为沥青的矿物填充料。矿物填充料之所以能对沥青进行改性，是由于沥青对矿物填充料的润湿和吸附作用。沥青成单分子状排列在矿物颗粒（或纤维）表面，形成结合力牢固的沥青薄膜，如图8-6所示。这部分沥青称为结构沥青，具有较高的黏性和耐热性。为形成恰当的结构沥青薄膜，掺入的矿物填充料数量要适当。一般填充料的数量不宜少于15%。

（二）橡胶

橡胶是沥青的重要改性材料，它和沥青有很好的相溶性，并能使沥青具有橡胶的很多优点，如较好的耐高温性，较好的低温柔韧性等。常用的品种有：

①氯丁橡胶：可以提高气密性、改善低温柔性、提高耐化学腐蚀、耐光、耐臭氧性、耐气候性。

改性方法：溶剂法和水乳法。溶剂法是先将氯丁橡胶溶于一定的溶剂（如甲苯）中形成溶液，然后掺入加热成流体状态的沥青中，混合均匀即得到改性氯丁橡胶沥青。水乳法是分别将橡胶和沥青制成乳液，经均匀混合而成。

②丁基橡胶：可以提高沥青的低温柔性和耐热性。

改性方法：将丁基橡胶切成小碎片，加入100℃的溶剂中，经搅拌制成较浓的溶液，然后加入呈液体状态的热沥青中，搅拌均匀即可。

③再生橡胶：可提高气密性、改善低温柔性和延伸性。

改性方法：将再生橡胶粉碎成1.5mm左右的碎粒，与沥青混合，经加热搅拌脱硫，即得到再生橡胶改性沥青。

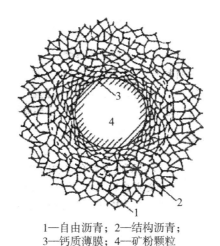

1—自由沥青；2—结构沥青；
3—钙质薄膜；4—矿粉颗粒

图8-6　沥青与矿粉相互作用的结构图式

（三）树脂

用树脂对沥青进行改性，可改善沥青的低温柔韧性、耐热性、黏结性、不透气性和抗老化能力。常用的树脂有苯乙烯-丁二烯-苯乙烯（SBS）、无规聚丙烯（APP）和聚氯乙烯（PVC）等。

①SBS（苯乙烯-丁二烯-苯乙烯）：是苯乙烯-丁二烯-苯乙烯嵌段式聚合物，外观呈白色爆米花状，质轻多孔。其高分子链具有串联结构的塑性段和弹性段两种嵌段。这种热塑性弹性体具有两相结构，每个聚丁二烯链段（PB）的末端都连接一个聚苯乙烯链段（PS），若干个聚丁二烯链段偶链则形成线形或星形结构。其中聚苯乙烯链段（PS）在两端，分别聚集在一起，形成物理交联区域，即硬段，称作微区；而聚丁二烯链段（PB段）则形成软段，呈现高弹性。软段（PB）与硬段（PS）互不相溶。硬聚苯乙烯链段分子缔合进入小的刚性端基范围，这种缔合作用类似于物理的交联或结合，并且较长时间保持在一起，与中间基的聚丁二烯链段化学结合，这种分相结构称为微观两相分离结构。由于聚苯乙烯与聚丁二烯在常温时的不相容性，而共聚物中分子链之间的聚苯乙烯内聚能密度圈较大，故其两端首先分别与另外的聚苯乙烯聚集在一起，形成许多约束成分的物理交联区域，但又因其嵌段是柔性的聚丁二烯链段，从而形成了网状结构。

SBS的命名用四位数字，第一位1表示线形，4表示星形；第二位表示S对B的比例，3为30∶70。4为40∶60；第三位表示是否充油，0为非充油，1为充油；第四位表示相对分子质量大小，1为不大于10万。2为14万～26万，3为23万～28万。如SBS1403表示线形结构、S与B的比例为4、不充油、相对分子量为23万～28万。

SBS是国内外应用最为广泛的一种改性剂。

②APP（无规聚丙烯）：是对油毡用沥青进行改性处理效果良好的另一类高分子材料，APP是生产有规聚丙烯的副产品，不结晶，无明显的熔点；呈蜡状的膏体。APP的加入量为25%～30%，用机械混合的方法掺入到沥青中，在高温下使APP溶解到沥

青中。

在沥青中加入 APP 的作用后，可以大幅度提高沥青的软化点；改善沥青低温柔性；可以使沥青的柔性由 5℃降低到-5℃；提高卷材的强度，拉伸强度可达到 600 ~ 800N；还能提高耐老化性，使用寿命可达 20 年以上。

二、常用改性沥青防水材料

（一）弹性体 SBS 改性沥青防水卷材

将沥青、SBS 聚合物（SBS 的掺量一般在 10% ~ 15%）、各种助剂按比例进行共混研磨，温度在 200 ~ 220℃保持 10 ~ 20min 搅拌均匀，在 150 ~ 180℃温度下，加入填料继续搅拌 10min，用聚脂布或玻纤毡做胎布材料，将混合物浸渍或喷涂到胎布表面，厚度达 2mm，表面撒布防黏材料，冷却、隔离制成卷即可制得 SBS 改性沥青油毡。

其胎基材料分别为聚酯毡（PY）、玻纤毡（G）和玻纤增强聚酯毡（OYG）；上表面隔离材料分别为聚乙烯膜（PE）、细砂（S）、矿物粒料（M）；下表面隔离材料分别为聚乙烯膜（PE）和细砂（S）。按材料性能分为Ⅰ型和Ⅱ型。

SBS 改性沥青防水卷材产品按名称、型号、胎基、上表面材料、下表面材料、厚度、面积和标准号顺序标记。如 SBS Ⅰ PY M PE 3 10 GB18242—2008 表示面积 10 m²、公称厚度 3mm、上表面为矿物粒料、下表面为聚乙烯膜、聚酯毡、Ⅰ型弹性体 SBS 改性沥青防水卷材。

我国生产的 SBS 改性沥青防水卷材产品的规格为幅宽 1000mm，卷长分别为 5m、7.5m、10m、20m，公称厚度分别为 3mm、4mm、5mm，每卷公称面积为 7.5m²、10 m²、15 m²，每卷质量为 20 ~ 55 kg。

石油沥青经 SBS 改性后，各种性能均有明显的提高。有效使用温度范围扩大为 -38 ~ 119℃，特别是低温柔性突出，适合在寒冷地区应用；延伸率高，可达 150%左右，卸载后能恢复原状，对结构变形有很高的适应性，能明显提高防水层的抗裂性能；耐疲劳性能优异，经疲劳试验，疲劳循环次数在 1 万次以上仍无异常；防水性能提高较大，不透水性由原来的 0.1MPa，30min 提高到 0.2MPa，24h。具体性能见表 8-11 和表 8-12。

表 8-11　　弹性体 SBS 改性沥青防水卷材的单位面积质量、单位面积厚度（GB 18242—2008）

公称厚度/mm		3			4			5		
上表面材料		PE	S	M	PE	S	M	PE	S	M
下表面材料		PE	PE、S		PE	PE、S		PE	PE、S	
面积/（m²/卷）	公称面积	10、15			10、7.5			7.5		
	偏差	±0.10			±0.10			±0.10		
单位面积质量/（kg/m²）≥		3.3	3.5	4.0	4.3	4.5	5.0	5.3	5.5	6.0

表 8-12　　**弹性体 SBS 改性沥青防水卷材的性能要求（GB 18242—2008）**

序号	项　目		技 术 指 标				
			I		II		
			PY	G	PY	G	PYG
1	可溶物含量/（g/m²）≥	3mm	2100				—
		4mm	2900				—
		5mm	3500				
		试验现象	—	胎基不燃	—	胎基不燃	—
2	耐热性	℃	90		105		
		≤mm	2				
		试验现象	无流淌、无滴落				
3	低温柔性/℃		−20		−25		
			无裂缝				
4	不透水性 30min		0.3MPa	0.2MPa	0.3MPa		
5	拉力	最大峰拉力/（N/50mm）≥	500	350	800	500	900
		次高峰拉力/（N/50mm）≥	—	—	—	—	800
		试验现象	拉伸过程中，试件中部无沥青涂盖层开裂或与胎基分离现象				
6	延伸率	最大峰时延伸率/% ≥	30	—	40	—	—
		第二峰时延伸率/% ≥	—		—		15
7	浸水后质量增加/% ≤	PE、S	1.0				
		M	2.0				
8	热老化	拉力保持率/% ≥	90				
		延伸率保持率/% ≥	80				
		低温柔性/℃	−15		−20		
		尺寸变化率/% ≤	无裂缝				
			0.7	—	0.7	—	0.3
		质量损失/% ≤	1.0				
9	渗油性	张数≤	2.0				
10	接缝剥离强度/（N/mm）≥		1.5				
11	钉杆撕裂强度[①]/N ≥		—				300
12	矿物粒料黏附性[②]/g ≥		2.0				

续表

序号	项 目		技 术 指 标				
			I		II		
			PY	G	PY	G	PYG
13	卷材下表面沥青涂盖层厚度③/mm≥		1.0				
14	人工气候加速老化	外观	无滑动、无流淌、无滴落				
		拉力保持率/% ≥	80				
		低温柔性/℃	−15		−20		
			无裂缝				

注：①仅适用于单层机械固定施工方式卷材；

②仅适用于矿物粒料表面的卷材；

③仅适用于热熔施工的卷材。

SBS 改性沥青防水卷材是目前最成功和用量最大的一种改性沥青防水卷材，在国内外已得到普遍使用。除用于一般工业与民用建筑防水外，尤其适用于高级和高层建筑的屋面防水；地下室、卫生间的防水防潮；桥梁、停车场、屋顶花园、储水池等建筑的防水；北方地区和结构易变形的建筑物防水以及旧建筑屋面及地下室渗漏的维修。厚的多用作单层屋面，薄的可与普通油毡合用作为面层。施工时用粘贴法和熔融自黏法。

（二）塑性体 APP 改性沥青防水卷材

塑性体 APP 改性沥青卷材是塑性体沥青防水卷材中的一种。它是用 APP 改性沥青浸渍玻纤毡或聚酯毡的胎基，并涂盖两面，上表面撒以细砂、矿物粒（片）料或覆盖聚乙烯膜，下表面撒以砂或覆盖聚乙烯膜制成的一类防水卷材。

和弹性体 SBS 改性沥青防水卷材一样，其胎基材料分别为聚酯毡（PY）、玻纤毡（G）和玻纤增强聚酯毡（OYG）；上表面隔离材料分别为聚乙烯膜（PE）、细砂（S）、矿物粒料（M）；下表面隔离材料分别为聚乙烯膜（PE）和细砂（S）。按材料性能分为 I 型和 II 型。

其产品按名称、型号、胎基、上表面材料、下表面材料、厚度、面积和标准号顺序标记。如 APP I PY M PE 3 10 GB 18243—2008 表示面积 10 m²、公称厚度 3mm、上表面为矿物粒料、下表面为聚乙烯膜、聚酯毡、I 型塑性体 APP 改性沥青防水卷材。

APP 改性沥青卷材的性能接近 SBS 改性沥青卷材，其各项技术指标应满足表 8-13 和表 8-14 中的要求。APP 改性沥青油毡适用于各种屋面、墙体、地下室等一般工业和民用建筑的防水，也可用于水池、桥梁、公路、机场跑道、水坝等的防水和防护工程，还可用于各种金属容器和地下管道的防腐保护。最突出的特点是耐高温性能好，在 130℃高温下不流淌，特别适合高温地区或太阳辐射强烈的地区使用。

表 8-13　塑性体 **APP** 改性沥青油毡的单位面积质量、单位面积厚度（GB 18243—2008）

公称厚度/mm		3			4			5		
上表面材料		PE	S	M	PE	S	M	PE	S	M
下表面材料		PE	PE、S		PE	PE、S		PE	PE、S	
面积/（m²/卷）	公称面积	10、15			10、7.5			7.5		
	偏差	±0.10			±0.10			±0.10		
单位面积质量/（kg/m²）≥		3.3	3.5	4.0	4.3	4.5	5.0	5.3	5.5	6.0
厚度/mm	平均值≥	3.0			4.0			5.0		
	最小单值	2.7			3.7			4.7		

表 8-14　塑性体 **APP** 改性沥青防水卷材的技术性能（GB 18242—2008）

序号	项　目		技 术 指 标				
			I		II		
			PY	G	PY	G	PYG
1	可溶物含量/（g/m²）≥	3mm	2100				—
		4mm	2900				—
		5mm	3500				
		试验现象	—	胎基不燃	—	胎基不燃	—
2	耐热性	℃	110		130		
		≤mm	2				
		试验现象	无流淌、无滴落				
3	低温柔性/℃		−7		−15		
			无裂缝				
4	不透水性 30min		0.3MPa	0.2MPa	0.3MPa		
5	拉力	最大峰拉力/（N/50mm）≥	500	350	800	500	900
		次高峰拉力/（N/50mm）≥	—	—	—	—	800
		试验现象	拉伸过程中，试件中部无沥青涂盖层开裂或与胎基分离现象				
6	延伸率	最大峰时延伸率/%　≥	25		40		—
		第二峰时延伸率/%　≥	—		—		15
7	浸水后质量增加/%≤	PE、S	1.0				
		M	2.0				

续表

序号	项目		技术指标				
			I		II		
			PY	G	PY	G	PYG
8	热老化	拉力保持率/% ≥	90				
		延伸率保持率/% ≥	80				
		低温柔性/℃	−2		−10		
			无裂缝				
		尺寸变化率/% ≤	0.7	—	0.7	—	0.3
		质量损失/% ≤	1.0				
9	接缝剥离强度/（N/mm） ≥		1.0				
10	钉杆撕裂强度①/N ≥		—				300
11	矿物粒料黏附性②/g ≥		2.0				
12	卷材下表面沥青涂盖层厚度③/mm ≥		1.0				
13	人工气候加速老化	外观	无滑动、无流淌、无滴落				
		拉力保持率/% ≥	80				
		低温柔性/℃	−2		−10		
			无裂缝				

注：①仅适用于单层机械固定施工方式卷材；
②仅适用于矿物粒料表面的卷材；
③仅适用于热熔施工的卷材。

APP 改性沥青卷材热熔性非常好，特别适合热熔法施工，也可用冷黏法施工。施工方法常采用：

①焰炬烘烧法：用丙烷喷灯烘烤油毡的底面，至表面涂油近熔化时，用脚踩压油毡，便可与底层黏住。油毡向前滚动时，两边都有热沥青流出，以保证把所有可能漏水的砂眼堵住而形成完好的防水层。

②热油浇注法：与普通纸胎油毡施工方法相同。

③热风黏结法：将油毡边缘的沥青用热空气熔化，用滚子挤压熔化的边缘表面，便可使油毡黏结在一起。油毡两边黏结后，溢出熔化液体说明黏结质量良好。为保证黏结牢固，搭接边缘需用焰炬烘烧一遍，再用抹子按压熔化的沥青。

除以上两种改性沥青防水材料外，还有丁苯橡胶改性沥青油，再生胶改性沥青油毡，改性沥青防水涂料等防水材料等。

本 章 小 结

本章主要介绍了建筑沥青材料的组成、结构、性能、技术标准，沥青的牌号和选用。本章还介绍了沥青制品及沥青的改性和改性沥青防水材料。通过本章的学习,学生可以根据工程实际情况合理地选择石油沥青材料。

习题与思考题

8-1 石油沥青的组分有哪些?各种组分对沥青的性能有哪些影响?

8-2 石油沥青的牌号是根据什么划分的?牌号的高低与沥青的性质有哪些关系?

8-3 沥青胶的牌号是根据什么划分的?牌号的高低与沥青胶的性质有哪些关系?

8-4 沥青油毡有哪些用途?

8-5 什么是沥青的改性?沥青改性后其性能有哪些变化?

8-6 与沥青油毡比较,弹性体 SBS 改性沥青防水卷材有哪些优点?更适用于哪些工程?

8-7 与石油沥青比较,塑性体 APP 改性沥青防水卷材有哪些优点?更适用于哪些工程?

第九章　木　　材

◎自学时数

3 学时。

◎教师导学

通过学习本章内容，了解木材的主要种类及其特性；掌握木材结构与木材主要技术性质之间的关系，掌握木材主要技术性质的变化条件、规律及特点；了解天然木材、人造木材的组成、结构区别，及其对木材性质的影响，掌握其正确应用形式。

本章的重点是木材的构造与其技术性质间的关系，木材主要技术性质变化规律及特点，天然木材及人造木材的主要特点与应用。

本章的难点是正确理解木材构造、技术性质的相互关系。

木材是人类使用历史最长的建筑材料之一，其以隔热保温、抗冲击、轻质高强、易加工，温暖的质感，丰富的纹理等众多特点，而一直为建筑工程行业所青睐，广泛地用于建筑结构、建筑装饰、门窗等。但是木材也存在着构造上各向异性，受含水及疵病影响使其性能产生较大波动，有易燃，易虫蛀等缺点，特别是由于其成材周期较长，加上各种天灾（森林火灾、虫灾等）和人祸（乱砍滥伐等）的影响，使得木材的资源越来越紧张，价格越来越高，因此，保护木材资源，合理应用木材是现代建筑工程行业应该重视的问题。

木材按树种可分为针叶树类木材和阔叶树类木材两种，针叶树干直、高大，易得大材，但材质较软，易加工，如松、衫、柏等树种属于此类，其也称软木材；阔叶树干矮、粗壮，一般材质硬，干湿变形大，但多具有美丽的纹理，水曲柳、柞木、榆木属于此类，其也称硬木材。木材还可按加工程度分原条、原木、板、枋等种类。

第一节　木材构造

由于木材的组成都为同一物质（纤维素），因此，木材的性质更主要地取决于其构造。由于树种和生长环境不同，木材的构造相差很大，因而其对木材性质的影响很重要。

木材的构造一般分为宏观构造和显微结构。

一、木材的宏观构造

木材的宏观构造是指用肉眼或放大镜所能观察到内部构造。由于木材构造的不均匀性，主要从其三个切面进行剖析（图9-1），即横切面：垂直于树干主轴的切面；径切面：通过树轴心，与树干平行的切面；弦切面：与树轴心有一定距离，与树干平行的切面。

由横切面可观察到，树木由树皮、木质部和髓心三个部分组成。

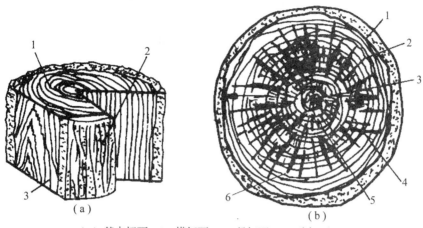

（a）基本切面：1—横切面；2—径切面；3—弦切面
（b）横切面：1—树皮；2—木质部；3—髓心；4—边材；5—心材；6—髓线

图9-1　木材宏观构造

树皮主要是对树木起保护作用的构造，其在建筑结构中常不被利用，但可在体现实木本质特色的建筑装饰中加以应用。

木质部是树木的主体，是建筑材料使用的主要部分。其靠近髓心部分颜色较暗，称为心材，该部分不易翘曲变形，且耐腐朽性较强；靠近树皮部分颜色较浅，称为边材，该部分含水率较高，易翘曲变性，且耐腐朽性较差，因此，心材比边材的利用率高。木质部还可看到深浅相间的同心圆环，即年轮，同一年轮内，春天生长的木质，色较浅，木质松软，称为春材（早材）；夏秋两季生长的木质，色较深，木质坚硬，称为夏材（晚材）。一般年轮越密而均匀的木材，材质越好；夏材部分越多，木材强度越高。

髓心也称树心，其质松软、强度低、易腐朽。从髓心向外的辐射线，称为髓线，它与木质联结差，干燥时易沿此开裂。

二、木材的显微结构

木材的显微结构是指借助显微镜才能看到的木材内部构造，如图9-2所示。

在显微镜下可观察到，木材是由无数管状细胞紧密结合而成。每个细胞都由细胞壁和细胞腔组成，其中细胞壁由细纤维组成。木材的细胞壁越厚，细胞腔越小，木材越密实，其体积密度和强度越大，但胀缩也越大。一般夏材的细胞壁较春材厚。

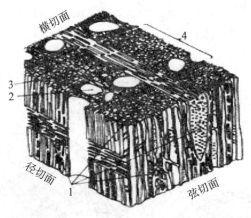

1—髓线；2—导管；3—木纤维；4—年轮

图 9-2　木材的显微结构

第二节　木材的主要技术性质

一、木材的物理性质

（一）密度及体积密度

由于木材都是同一物质（纤维素）组成的，所以，其密度波动不大，约为 1.55 g/cm³。但是，木材体积密度随树种变化较大，即使同一树种，也会随着其生长环境的气候、土壤等条件的不同导致构造差异，体积密度也有很大的差别。如台湾的二色轻木的体积密度只有 186 kg/m³，而广西的砚木的体积密度可达 1128kg/m³。

（二）含水率

木材中的水分依据存在的状态可分为自由水、吸附水和化合水三种。自由水存在于细胞腔与细胞间隙中，其变化一般不显著影响木材的体积与强度的改变，但对木材的体积密度、隔热、保温等性质影响较大；吸附水存在于细胞壁内的纤维中，其变化会显著影响木材的体积与强度的改变；化合水是木材化学成分中的结合水，其含量一般不超过 1% ~2%。

木材中的含水与所处环境的湿度平衡时的含水率称为木材的平衡含水率，达到平衡含水率的木材，在所处环境中性能保持相对稳定。因此，在木材加工和使用之前，应将木材干燥至周围使用环境的平衡含水率。木材细胞壁中充满吸附水，而细胞腔及细胞间隙中无自由水时的含水率，称为木材的纤维饱和点，一般在 25% ~35%，其是木材物理、力学性能变化的转折点。我国规定 15% 为木材的标准含水率，以此作为测试分析木材强度等性能的相对可比条件。

（三）干缩湿胀

木材具有较大的湿胀干缩性，其变化规律是：湿木材脱水至纤维饱和点之前时，由于脱去的是自由水，其几何尺寸不发生明显变化，达到纤维饱和点以后脱水，脱去的是吸附水，会引起细胞壁纤维的紧密靠拢，木材将随之产生收缩；反之，干木材吸水，细胞壁纤维肿胀，木材随之膨胀，达到纤维饱和点之后再吸水，木材几何尺寸基本不变。

由于木材构造上的各向异性，其产生的胀缩在不同方向上也不相同，一般规律是弦向胀缩最大，其次是径向，而纵向（沿纤维方向）最小。对从原木锯下的板材，距离髓心较远的一面，其横向更接近于典型的弦向，因而收缩较大，使板材背离髓心翘曲（图9-3）。

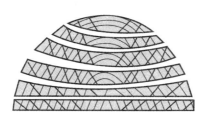

图9-3 木材构造与变形的关系

（四）导热性

木材的导热系数随其体积密度、含水率增大而降低，另外，沿纤维方向（纵向）的导热系数大于垂直于纤维方向（横向）的导热系数。

二、木材的力学性质

在顺纹方向（作用力与木材纵向纤维方向平行），木材的抗拉和抗压强度都比横纹方向（作用力与木材纵向纤维方向垂直）高得多；对横纹方向，弦向又不同于径向；当斜纹受力（作用力方向介于顺纹和横纹之间）时，木材强度随着力与木纹交角的增大而降低。

（一）基本强度

工程上常评价木材的几种基本强度为：抗压强度、抗拉强度、抗弯强度和抗剪强度。但是，由于木材构造上的各向异性，不仅影响木材的物理性质，也影响木材的力学性质，使木材的不同纹理方向的力学强度也具有明显的区别，即木材的强度与其受力方向和纤维方向的角度有关。一般木材顺纹方向（沿纤维方向）上的抗拉和抗压强度要高于横纹方向的。当顺纹抗压强度为1时，理论上木材的各种强度见表9-1。

表9-1　　　　　　　　　　　　　　　木材各项强度关系

抗拉强度		抗压强度		抗剪强度		抗弯强度
顺纹	横纹	顺纹	横纹	顺纹	横纹	
2~3	1/3~1/20	1	1/3~1/10	1/7~1/3	1/2~1	3/2~2

（二）影响强度的主要因素

1. 含水率

木材的含水率对木材强度影响很大。当细胞壁中水分增多时，木纤维相互间的联结力减弱，使细胞壁软化。因此，当木材含水率小于纤维饱和点时，随含水率的增加，强度将下降，尤其是木材的抗弯强度和顺纹杭压强度；当木材含水率超过纤维饱和点时，含水率的变化不影响木材的强度。

为了便于比较各种木材在不同含水量时的强度，国家标准规定以15%作为标准含水率，以含水率为15%时的强度作为木材的标准强度。

2. 木材的构造及疵病

木材属非均质材料，特别是木材常不可避免地含有木节、裂纹、腐朽及虫眼等疵病，从而使木材的强度会受到不同程度的影响。如木节使顺纹抗拉强度明显降低，而顺纹抗剪强度有所提高；又如斜纹使木材的抗弯强度和抗拉强度降低；疵病对木材强度的影响程度与疵病的严重程度及其所在部位有关。

3. 温度

当环境温度升高时，木材纤维中的胶结物质处于软化状态，其强度和弹性均降低，当温度达50℃时，这种现象开始明显。

4. 时间

木材长时间承受荷载时，其强度会降低。将木材在长期荷载下不致引起破坏的最大强度称为持久强度。木材的持久强度为标准强度的 0.5～0.6 倍。木材产生的蠕变（即徐变）是木材强度随时间下降的主要原因。

第三节　木材的综合利用

木材由于其独特的性能优势，自古以来始终是建筑工程中非常重要的建筑材料。同时，由于木材生长周期长、资源需要保护等现实问题的存在，提高木材的综合利用效率，是木材在建筑工程中应用的必然趋势。

一、天然木材

天然木材是传统建筑工程中主要的建筑材料。由于其具有轻质高强、抗冲击、隔热保温、易加工等性能优势，在建筑工程中常制成木板、木枋等基本型材，主要应用于屋架、屋顶及梁、柱、地板、门窗、天花板等建筑部件。但是，天然木材由于其结构、性质具有明显的各向异性，如受力方式、变性特点等不均匀性影响严重，因此，天然木材的应用受到限制。

二、木材的综合利用

木材的综合利用具有重大的现实意义。它既可节约木材，避免浪费，以做到物尽其用；同时也可使木材在性能上扬长避短，充分发挥其建筑功能。其中，人造板是从节省木材资源、提高利用率、改善性能等目的出发，主要利用木材边角废料加工制得，这样既保持了木质材料的隔热保温、轻质高强、柔韧、易加工等性能，更明显地改变了木材各向异性的缺点，而且成本低廉，是木材综合利用的主要产品，主要用作墙体、地面、吊顶、家具及装饰造型的基础材料。木材综合利用的产品主要有：胶合板、纤维板、刨花板、木屑板、木丝板等。

（一）胶合板

胶合板是将原木沿年轮方向旋切成的一组单板，按相邻两板木纹方向互相垂直铺放，经胶合而成的复合板材。其单板层数一般为奇数，主要有3、5、7、9、11、13层，分别称为三合板、五合板、七合板等。

胶合板可分室内用和室外用的两种；也可分普通、装饰、特种胶合板等特性种类，及防水、防潮、阻燃等功能种类。其中，装饰胶合板有预饰面、贴面、印刷、浮雕等种类。

胶合板最大的特点是改变了木材的各向异性，使材质均匀、变形小，且板幅宽大，仍有天然木质的纹理，适用于建筑墙面、顶棚、家具及造型装饰。

（二）纤维板

纤维板（也称密度板）是以森林采伐剩余物（如枝丫、树皮等）或木材加工的边角废料等为原料，经粉碎、研磨后，加胶结材料热压而制成的人造板材。其根据压实后板的体积密度不同，分为硬质纤维板（高密度板）、中密度板和软质纤维板（低密度板）三种，建筑上常用的是硬质纤维板。由于其没有了天然木材的各向异性的纹理构造产生的各向异性的性能缺陷，且无明显天然疵病的影响，因而，硬质纤维板可代替木板广泛应用于建筑装修及家具制作。但是，由于其组成中加入了大量胶结料，因而，使用时一定要注意是否有甲醛等有害释放物的危害作用。

（三）型压板

型压板有如木丝板、刨花板和木屑板等。它是利用木材加工时的废料木丝、刨花和木屑加以胶结剂，加压成型，经热处理制成板。胶结剂可用某些合成树脂，也可用水泥、菱苦土、石膏等无机胶结材料。这些人造板除了具有纤维板类似的各向同性结构与性能特点之外，还可具有刨花、木丝等形成的特殊纹理图案；除可以用作隔热、吸音或隔墙板等，目前已用于制造家具的面板。

本 章 小 结

木材是轻质、高强性能突出的建筑材料，其主要分类包括按树种、加工程度等分类形式。木材构造可从宏观及亚微观分析，宏观构造的木质部是木材的主体应用部分，其主要性质与亚微观结构中纤维壁厚度、细胞腔大小密切相关。

木材的物理性质主要包括含水率、湿胀干缩、导热等，其中纤维饱和点是木材湿胀干缩的转折点。木材强度的各向异性规律为木材正确受力（顺纹受拉、顺纹受压）使用提供了依据，含水率、构造与疵病、环境温度、持荷时间是影响木材强度的因素。

天然木材与人造木材的应用，主要取决于构造的影响，改变各向异性、提高木材利用率，是人造木材应用的明显优势。

习题与思考题

9-1 针叶材和阔叶材在性能和用途上有何不同？

9-2 木材的不同层次构造及其与木材的性质的关系如何？

9-3 木材纤维饱和点及标准含水率的概念是什么？其实际意义是什么？

9-4 解释木材随内部含水率变化，其干缩湿胀的变化规律及原因。

9-5 木材在理论与实际中如何受力应用更合适？为什么？

9-6 分析木材强度的主要影响因素对其强度影响的规律。

9-7 分析胶合板的构造特点，并解释与天然木板相比，胶合板主要的性能优势是什么？

9-8 为什么发展人造木板更具实际意义？目前关键要解决的突出问题是什么？

第十章　墙体材料

◎建议学时

4 学时。

◎教师导学

通过学习本章内容，明确墙体材料的主要类型，通过对墙体材料中砖、砌块及墙板中几种常见材料的学习，掌握墙体材料的原料组成和性能特点，了解常见墙体材料的制造方法和工艺参数。

本章的重点是常用墙体的材料组成和性能特点。

本章的难点是掌握墙体材料的组成与性能间的关系。

墙体材料是建筑结构的主要组成部分，包括墙体及基础，所用的主要材料为石材、砖、砌块及墙板。

第一节　砖

因为高层建筑的普及，砌体结构的建筑越来越少，也就是用烧结普通"砖"做承重墙的越来越少，大量的"砖"改为轻质、隔音、保温仅起围护作用的轻质"砖"、砌块或板材。常见的墙体材料除传统的烧结普通砖外，还包括烧结多孔砖、烧结空心砖和空心砌块、蒸压粉煤灰砖、蒸压加气混凝土砌块、普通混凝土小型空心砌块、石膏砌块、粉煤灰砌块、玻璃纤维增强水泥轻质多孔隔墙条板、钢丝网架水泥聚苯乙烯夹芯板、纤维增强硅酸钙板、蒸压加气混凝土板、石膏空心条板、金属面聚苯乙烯夹芯板、纸面石膏板等。这里按墙体材料的尺寸规格将其分为砖、砌块及墙板三种。

（一）烧结普通砖

1. 原料

生产烧结普通砖的主要原料是黏土，但是考虑到保护耕地，目前全国大部分城市已经采取了"禁实"政策，即禁止使用和生产以黏土为主要原料的烧结普通砖。为了减少或者完全替代黏土的使用，目前普遍采用页岩、煤矸石、粉煤灰等为原料生产烧结砖。这些材料的化学组成与黏土相近，只是颗粒较粗，塑性差，制砖时常需加入一定量的黏土，以增加可塑性。用这些原料制成的砖，分别称为烧结页岩砖、烧结煤矸石砖、烧结粉煤灰砖。这类砖的生产过程，除煤矸石和页岩须经破碎、磨细、筛分外，其余均与生产烧结黏土砖相似。

（1）黏土的组成及种类

黏土为沉积岩，其主要组成矿物称为黏土矿物。黏土矿物是具有层片状构造的含水硅铝酸盐（$x\mathrm{Al_2O_3}\text{-}y\mathrm{SiO_2}\text{-}z\mathrm{H_2O}$）矿物的总称，包括高岭石、蒙脱石、水云母等。黏土中除黏土矿物外，还含有石英、长石、云母、钙、镁、钾、钠、铁的氧化物和有机物等杂质。杂质的种类和含量直接影响烧结制品的质量。

（2）黏土的主要性质

①可塑性。黏土加水调成的泥团，具有一定的可塑性，能塑成各种形状的生坯（尚未焙烧的制品）而不产生裂缝。这是生产烧结制品的重要工艺性质。此性质与黏土中细颗粒含量有关。细颗粒含量多时，其可塑性明显提高。

可塑性大的黏土坯体，其干燥和焙烧时的收缩也大，这将使制品的尺寸缩小或导致开裂。因此，常掺入砂等颗粒较粗的材料（称瘠化料）。

②烧结性。黏土焙烧过程中主要的变化是：水分蒸发，有机物烧尽，黏土矿物的结晶水脱出。继续加热至1000℃以上时已分解的矿物将形成新的结晶硅酸盐矿物。与此同时，黏土中易熔化合物形成一定量的熔融体，它包裹未熔融的颗粒，并填充颗粒之间的空隙。随着熔融体的增多，黏土坯体孔隙率（用吸水率表示）下降，体积收缩而变得密实，成为具有一定强度、耐水性和抗冻性的、类似石材的物体。黏土的这种性质称为烧结性。

2. 烧结砖生产简介

烧结砖生产工艺过程为：原料调制→成型→干燥→焙烧→烧结砖。

生产烧结黏土砖的原料为易熔黏土，从颗粒组成来看，以砂质黏土或砂土最为适宜。为了节省燃料，可将煤渣等可燃性工业废料掺入黏土原料中，只需少量外加燃料，用此法生产的砖称为内燃砖，我国各地砖厂普遍采用这种烧砖法。

烧结黏土砖是在隧道窑或轮窑中焙烧的，燃料燃烧完全，窑内为氧化气氛，黏土中铁的氧化物被氧化成高价铁（$\mathrm{Fe_2O_3}$），致使砖呈淡红色。如在土窑中焙烧，在焙烧最后阶段，将窑的排烟口关小，同时往窑顶浇水，以减少供给窑内的空气，使窑内燃烧气氛为还原气氛，黏土中铁的氧化物还原成低价铁（$\mathrm{Fe_3O_4}$及FeO），这样烧成的砖呈青灰色。青砖耐久性较高但生产效率低，燃料耗量大。

烧结黏土砖的烧结温度应适当，否则会出现欠火砖或过火砖。欠火砖是烧结温度低的砖，其特征是颜色黄，声哑，强度低，耐久性差。过火砖是烧结温度过高的砖，其特征是颜色较深，声音响亮，强度与耐久性均高，但导热性增大且产品多弯曲变形，不符合使用要求。

3. 烧结普通砖的技术要求

烧结普通砖按主要原料不同分为黏土砖（N）、页岩砖（Y）、煤矸石砖（M）和粉煤灰砖（F），它们是经焙烧而成的实心砖。按国家标准《烧结普通砖》（GB/T 5101—2003）的规定其技术要求如下：

（1）规格

烧结普通砖的外形为直角六面体，其公称尺寸：240mm×115mm×53mm，即四个砖长、八个砖宽、十六个砖厚，加上灰缝厚度（10mm）都恰好是1m，1m³砖砌体需砖512块。

（2）强度等级

按国家标准《烧结普通砖》（GB/T 5101—2003）规定，烧结普通砖根据抗压强度分为 MU30、MU25、MU20、MU15、MU10 五个强度等级。

评定强度根据《砌墙砖试验方法》（GB/T 2542—2012）进行，取 10 块砖样进行抗压强度试验。衡量烧结砖试验数据离散性大小的指标为强度变异系数 δ、标准差 S。它们按下式计算：

$$\delta = \frac{S}{\bar{f}} \qquad (10\text{-}1)$$

$$S = \sqrt{\frac{1}{9} \sum_{i=1}^{10} (f_i - \bar{f})^2} \qquad (10\text{-}2)$$

式中：δ——砖强度变异系数；

　　　S——10 块试样抗压强度标准差，MPa；

　　　$\bar{f}$——10 块试样抗压强度的平均值，MPa；

　　　f——单块试样抗压强度测定值，MPa。

（3）抗风化性能

抗风化性能是指烧结普通砖在长期受到风、雨、冻融等作用下，抵抗破坏的能力。这是一项重要的综合性能，它可用抗冻性、吸水率及饱和系数来评定。其抗风化性能应符合国家标准《烧结普通砖》（GB/T 5101—2003）的规定。

（4）泛霜

泛霜是砖在使用中的一种盐析现象。砖内过量的可溶盐受潮吸水溶解后，随水分蒸发向表面迁移，在过饱和状况下结晶析出，使砖面呈现白色附着物，影响建筑物的美观。如果溶盐为硫酸盐，当水分蒸发呈晶体析出时，产生膨胀，使砖面剥落。其中，优等品要求无泛霜，一等品不允许出现中等泛霜，合格品不允许出现严重泛霜。

（5）石灰爆裂

石灰爆裂是指砖坯中夹杂有石灰块，砖吸水后，由于石灰熟化、膨胀而产生的爆裂现象。《烧结普通砖》（GB/T 5101—2003）对优等品、一等品和合格品中出现爆裂区域的大小进行了规定。

4. 烧结普通砖的应用

烧结普通砖是传统的墙体材料，主要用于砌筑建筑物内、外墙，柱，拱，烟囱和窑炉。烧结普通砖在应用时，要充分发挥其强度、耐久性及隔热性能均较高的特点。用于砌筑墙体和烟囱最能发挥这些特点，而用于砌筑填充墙（非承重墙体）和基础，上述的特点就得不到充分发挥了。

随着墙体改革的不断推进，烧结普通砖墙体已经逐步被新型节能墙体所取代，烧结普通砖制品目前占有率不到 30%，大中城市节能墙体材料的应用比例超过 90%。

（二）烧结多孔砖和烧结空心砖

生产烧结多孔砖和空心砖的原料与烧结普通砖基本相同，但对坯料质量要求较高。

其生产工艺也与普通砖类似。其孔洞的形成是在挤泥机（成型装置）出口装有芯头，使挤出的泥条具有规定的孔型与孔洞率。

多孔砖为竖孔，孔洞率不小于15%，主要用于承重墙体。空心砖为水平孔，孔洞率不小于35%，主要用于非承重墙体。

烧结多孔砖与烧结空心砖比烧结普通砖的体积密度小，导热系数低。有较大的尺寸和足够的强度。用烧结多孔砖和空心砖代替实心的烧结普通砖，可减轻墙体质量的1/4～1/2，提高工效约40%，节约黏土14%～40%、燃料10%～20%，而且改善了墙体的热工性能，减少了建筑能耗。

1. 烧结多孔砖

（1）规格

烧结多孔砖的外型一般为直角六面体，在与砂浆的接合面上应设有增加结合力的粉刷槽和砌筑砂浆槽。多孔砖的孔洞小而孔数多，孔洞方向与受压方向一致。其典型的规格如图 10-1 所示。

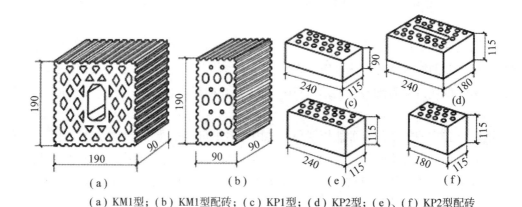

（a）KM1型；（b）KM1型配砖；（c）KP1型；（d）KP2型；（e）、（f）KP2型配砖

图 10-1　几种多孔砖的规格

烧结多孔砖的长度、宽度、高度的规格尺寸（mm）为：290、240、190、180、140、115、90。

（2）强度等级

烧结多孔砖强度等级按抗压强度和抗折强度来评定，根据国家标准《烧结多孔砖和多孔砌块》（GB 13544—2011）分为 MU30、MU25、MU20、MU15 及 MU10 五个强度等级。

（3）耐久性

烧结多孔砖的耐久性包括抗冻性、泛霜、石灰爆裂及吸水率。它们应符合《烧结多孔砖和多孔砌块》（GB 13544—2011）的规定。

按照上述的尺寸允许偏差、外观质量、强度等级及耐久性，将烧结多孔砖分为优等品（A）、一等品（B）和合格品（C）。

2. 烧结空心砖

（1）规格

烧结空心砖的外形为直角六面体，如图 10-2 所示，其长度、宽度、高度尺寸应符合下列要求，单位为毫米（mm）：390、290、240、190、180（175）、140、115、90。

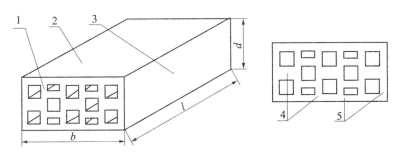

1—顶面；2—大面；3—条面；4—肋；5—壁；l—长度；b—宽度；d—高度

图 10-2 烧结空心砖

（2）强度等级

烧结空心砖的强度等级是根据砖的大面和条面的抗压强度来评定的，分为 MU10.0、MU7.5、MU5.0、MU3.5 和 MU2.5 五个级别。

（3）耐久性

烧结空心砖的吸水率、抗冻性、泛箱、石灰爆裂应符合《烧结空心砖和空心砌块》（GB 13545—2003）标准的规定。

烧结空心砖按体积密度划分为 800（不大于 800kg/m³），900（801～900kg/cm³），1000（901～1000 kg/cm³）和 1100（1001～1100 kg/cm³）四个密度等级。每个密度等级又根据砖的孔洞结构及其排列数、尺寸偏差、外观质量强度等级和耐久性，划分为优等品（A）、一等品（B）及合格品（C）三个等级。

（三）蒸压粉煤灰多孔砖

以粉煤灰、生石灰（或电石渣）为主要原料，掺加适量石膏、外加剂和含硅集料，经坯料制备、加压排气压制成型、高压饱和蒸汽养护而成的多孔砖。

1. 规格

蒸压粉煤灰多孔砖的外形为直角六面体，其长度、宽度、高度应符合表 10-1 中的规定。

表 10-1　　　　　　　　　　　　规 格 尺 寸　　　　　　　　　　　　单位：mm

长 度	宽 度	高 度
360、330、290、240、190、140	240、190、115、90	115、90

2. 等级

蒸压粉煤灰多孔砖按强度分为 MU15、MU20、MU25 三个等级，应符合表 10-2 中的规定。

表 10-2	强 度 等 级			单位：MPa	
强度等级	抗 压 强 度		抗 折 强 度		
	五块平均值≥	单块最小值≥	五块平均值≥	单块最小值≥	
MU15	15.0	12.0	3.8	3.0	
MU20	20.0	16.0	5.0	4.0	
MU25	25.0	20.0	6.3	5.0	

3. 孔洞率

孔洞率应不小于25%，不大于35%。

4. 其他性能

蒸压粉煤灰多孔砖的抗冻性、线性干燥收缩值、碳化系数、吸水率应符合《蒸压粉煤灰多孔砖》（GB 26541—2011）标准的规定。

第二节　砌　　块

（一）蒸压加气混凝土砌块

蒸压加气混凝土砌块含有大量的、微小的、非连通的气孔，空隙率达70%～80%，因而具有自重轻、绝热性好、隔声吸声等特点，此种砌块还具有一定的耐火性和一定的承载能力，可作为内隔墙材料。

1. 原料

蒸压加气混凝土砌块是由钙质材料（水泥、石灰加水泥、矿渣）、硅质材料（石英砂或粉煤灰）、石膏、铝粉和水等制成的轻质砌块，其中钙质材料、硅质材料和水是主要原料，在蒸压养护过程中生成以托勃莫来石为主的水热合成产物，对制品的物理性能起关键作用。其中，石膏作为掺合料可改善料浆的流动性和制品的物理性能，铝粉是发气剂，与 $Ca(OH)_2$ 反应起发泡作用。

2. 性能指标及技术要求

（1）规格

蒸压加气混凝土砌块的规格尺寸见表10-3。

表 10-3	砌块的规格尺寸（mm）	单位：mm
长 度 L	宽 度 B	高 度 H
600	100、120、125、150、180、200、240、250、300	200、240、250、300

注：如需要其他规格，可由供需双方协商解决。

（2）砌块按强度和干密度分级

强度级别有：A1.0、A2.0、A2.5、A3.5、A5.0、A7.5、A10 七个级别。

干密度级别有：B03、B04、B05、B06、B07、B08 六个级别。

（3）砌块等级

砌块按尺寸偏差与外观质量、干密度、抗压强度和抗冻性可分为：优等品（A）、合格品（B）两个等级。

（4）性能指标

蒸压加气混凝土砌块的干密度、强度、收缩及抗冻性应符合表10-4～表10-7中的要求。

表 10-4 　　　　　　　　　　　　　　砌块的干密度　　　　　　　　　　单位：kg/cm³

干密度级别		B03	B04	B05	B06	B07	B08
干密度	优等品 A≤	A1.0	A2.0	A3.5	A5.0	A7.5	A10.0
	合格品 B≤			A2.5	A3.5	A5.0	A7.5

表 10-5 　　　　　　　　　　　　　　砌块的强度级别

干密度级别		B03	B04	B05	B06	B07	B08
干密度	优等品 A	300	400	500	600	700	800
	合格品 B	325	425	525	625	725	825

蒸压加气混凝土砌块的干燥收缩值、抗冻性、导热系数应符合《蒸压加气混凝土砌块》（GB 11968—2006）标准的规定。

（二）混凝土小型空心砌块

混凝土小型空心砌块（简称混凝土小砌块）是以水泥、砂、石等普通混凝土材料制成的。其空心率为25%～50%，常用的混凝土砌块外形如图10-3所示。混凝土小型空心砌块适用于建筑地震设计烈度为8度及8度以下的各种建筑墙体，包括高层与大跨度的建筑，也可以用于围墙、挡土墙、桥梁和花坛等市政设施，应用范围十分广泛。

1. 性能指标及技术要求

（1）外形

混凝土小型空心砌块各部位名称如图10-3所示。

（2）分级

混凝土小型空心砌块按强度等级可分为 MU3.5、MU5.0、MU7.5、MU10.0、MU15.0、MU20.0 六个级别。

（3）规格尺寸

混凝土小型空心砌块的主规格尺寸为 390mm×190mm×190mm，其他规格尺寸可由供需双方协商。

（4）强度等级

混凝土小型空心砌块的强度等级见表10-6。

表 10-6   **强 度 等 级**

强度等级	砌块抗压强度	
	平均值不小于	单块最小值不小于
MU3.5	3.5	2.8
MU5.0	5.0	4.0
MU7.5	7.5	6.0
MU10.0	10.0	8.0
MU15.0	15.0	12.0
MU20.0	20.0	16.0

（5）抗冻性

混凝土小型空心砌块的抗冻性见表 10-7。

表 10-7   **抗 冻 性**

使用环境条件		抗冻标号	指 标
非采暖地区		不规定	—
采暖地区	一般环境	D15	强度损失≤25%
	干湿交替环境	D25	质量损失≤5%

注：非采暖地区指最冷月份平均气温高于-5°C 的地区；采暖地区指最冷月份平均气温低于或等于-5°C 的地区。

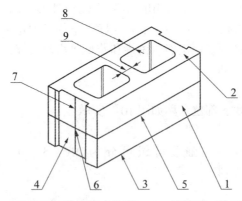

1—条面；2—坐浆面（肋厚较小的面）；3—铺浆面（肋厚较大的面）；
4—顶面；5—长度；6—宽度；7—高度；8—壁；9—肋

图 10-3 砌块各部位名称

第三节 墙 板

墙板生产应用的时间虽然不长，但发展非常迅速，我国从 20 世纪 60 年代开始生产蒸压加气混凝土板、金属夹芯面板等；20 世纪 80 年代生产 GRC 墙板、石膏墙板等；90 年代发展混凝土空心墙板。板材由于生产效率高、施工速度快、造价低、实用性强、比烧结墙体材料节能、保温、隔声性能好，能充分利用工业废渣做骨料，在同等建筑面积情况下，能增加建筑物的使用面积等特点，而得到广泛应用和社会的充分肯定。

（一）混凝土空心墙板

1. 原料

（1）水泥

生产混凝土空心墙板目前普遍采用的水泥品种有硅酸盐水泥、普通硅酸盐水泥、矿渣硅酸盐水泥、火山灰硅酸盐水泥、粉煤灰硅酸盐水泥、复合硅酸盐水泥和硫铝酸盐水泥。

其中，所用硅酸盐及普通硅酸盐水泥中三氧化硫含量不超过 3.5%，比表面积大于 $300m^2/kg$，且安定性合格。

（2）骨料

目前为适应墙体材料轻质、高强等功能的要求，生产混凝土空心墙板普遍使用的骨料主要黏土陶粒、粉煤灰陶粒、炉渣、火山灰岩、浮石、煅烧或自然煤矸石、加气混凝土碎屑、膨胀珍珠岩和粉煤灰等。

其中，粗骨料级配控制为：粒径 5mm 以下不小于 90%，粒径 5~8mm 小于 10%。采用轻骨料的烧失量不应大于 5%。

2. 生产工艺

混凝土空心墙板的生产工艺流程因选用的生产设备不同而有所差异，主要根据原料不同进行配合比设计和计量、搅拌、拌合物运送及脱模、挤出成型、静停养护、板材切割、起板打包、成品堆放及养护、出厂检验等步骤。

3. 性能指标及技术要求

（1）规格型号

我国普遍生产和使用的混凝土空心墙板有普通板、门框板、过梁板三种板型；其规格按板厚隔墙类分为 60mm、75mm、80mm 和 90mm，分户类板板厚分为 100mm、130mm 和 140mm，外墙类板厚分为 180mm、190mm 和 200mm 等规格。板的长度、宽度应符合建筑模数要求，板长在 3300mm 以内，板厚一般为 600mm。

（2）外观质量及尺寸偏差

混凝土空心墙板的外观质量、外形尺寸与生产工艺、设备、骨料颗粒、配比和生产管理有关。外观质量如裂缝、气孔、缺棱掉角等直接影响强度和耐久性；外形尺寸影响墙体装配质量。

（3）物理力学性能

混凝土空心墙板的物理力学性能与配合混凝土的水泥用量、骨料类型及强度、配合比、生产工艺与设备等有关。混凝土空心墙板的物理力学性能必须满足墙体的强度和使用性能的要求。

（二）灰渣混凝土空心隔墙板

1. 原料

灰渣混凝土空心隔墙板用作一般建筑中的非承重内隔墙，其构造断面为多孔空心式，长宽比不小于2.5，以水泥为胶凝材料，以纤维或钢筋为增强材料，生产原料中，工业灰渣掺量为40%以上（重量比）。

2. 性能指标及技术要求

（1）规格型号

灰渣混凝土空心隔墙板按板的构件类型，分为普通板、门、窗框板、异性板。长度 L 尺寸为层高减去楼板顶部结构件厚度及技术处理空间尺寸，应符合设计要求。宽度 B 主规格600mm，厚度 T 最小60mm，主规格为90mm、120mm、150mm。

（2）尺寸允许偏差

灰渣混凝土空心隔墙板的外观质量、外形尺寸偏差应满足表10-8中的规定。

表10-8　　　　　　　　　灰渣混凝土空心隔墙板尺寸偏差　　　　　　　　单位：mm

项目	允许偏差
长度	±5
宽度	±2
厚度	±2
板面平整	≤2
对角线差	≤6
侧向弯曲	≤L/1000

（3）物理力学性能

灰渣混凝土空心墙板的物理力学性能与配合混凝土的水泥用量、骨料类型及强度、配合比、生产工艺与设备等有关。为了满足墙体的强度和使用性能的要求，混凝土空心墙板的物理力学性能应达到表10-9中的要求。

表10-9　　　　　　　　　灰渣混凝土空心隔墙板物理力学性能

序号	项　目	指　标		
		板厚90mm	板厚120mm	板厚150mm
1	抗冲击性能	经5次抗冲击试验后、板面无裂纹		
2	抗弯破坏荷载、板自重数	≥1		
3	抗压强度（MPa）	≥5		
4	面密度（kg/m²）	≤110	≤130	≤150
5	含水量（%）	≤10		

续表

序号	项 目	指 标		
		板厚 90mm	板厚 120mm	板厚 150mm
6	干燥收缩率（mm/m）	≤0.6		
7	吊挂力	荷载 1000N 静置 24h，板面无宽度超过 0.5mm 的裂缝		
8	空气声计权隔声量（dB）	≥40	≥45	≥50
9	耐火极限（h）	≥1.0		
10	软化系数	≥0.80		
11	抗冻性	不得出现可见的裂纹或表面无变化		

本 章 小 结

墙体材料主要分为墙板、砌块和砖三大类，本章主要介绍了烧结黏土砖、烧结多孔砖及蒸压砖三种常见的砖，蒸压加气混凝土砌块及混凝土小型空心砌块两种常用的砌块以及混凝土空心墙板，分别介绍了上述常见墙体材料的基本组成、制造工艺、性能指标和工艺参数。

习题与思考题

10-1　解释下列名词：欠火砖和过火砖。

10-2　砖的抗风化性能的定义，该性能用什么指标评定？

10-3　解释下列名词：蒸压加气混凝土砌块和蒸压粉煤灰多孔砖。

10-4　烧结黏土普通砖为什么要被新型墙材所取代？当前为什么要进行墙体改革？

10-5　灰渣混凝土空心隔墙板按板的构件类型分为哪几种？板宽及板厚主要规格有哪些？

建筑材料试验

试验一 水泥试验

水泥检测的一般规定：

根据混凝土结构工程施工质量验收规范（GB/50204—2002（2011年版））的要求：水泥进场时应对其品种、级别、包装或散装仓号、出厂日期进行检查，并应对其强度、安定性及其他必要的性能指标进行复验。

当使用中对水泥质量有怀疑或水泥出厂超过三个月（快硬硅酸盐水泥超过一个月）时，应进行复验，并按复验结果使用。检查数量及取样方法如下：

①对同一水泥厂生产的同期出厂的同品种、同强度等级的水泥，以一次进厂（场）的同一出厂编号的水泥为一批（即一个取样单位），但散装水泥一批的总量不得超过500t，袋装水泥一批的总量不得超过200t。取样要有代表性。可连续取，也可从20个以上随机部位取等量样品，将所取样品放入洁净、干燥、不易污染的容器中。总数至少12kg。

②试样应充分拌匀，通过0.9mm方孔筛，并记录筛余物百分数及其性质。

③实验室用水必须是清洁的软水。

④实验室的温度应为17~23℃，相对湿度应大于50%。标准养护箱温度应为（20±3）℃，相对湿度大于90%。

⑤水泥试样、标准砂、拌和用水的温度均应与实验室温度相同。

一、水泥细度试验

（一）试验目的

水泥细度是水泥的重要技术要求，水泥细度对水泥强度有较大的影响，同时也影响水泥的体积安定性、泌水性等，并影响水泥的产量与能耗。

水泥细度检验分为比表面积法和筛析法，比表面积法适合用于硅酸盐水泥、普通硅酸盐水泥，筛析法适合用于其他各种水泥，《水泥细度检验方法 筛析法》（GB/T 1345），筛析法又分为负压筛法、水筛法和手工干筛法，在检验工作中，负压筛法、水筛法和手工筛析法测定的结果发生争议时，以负压筛法为准。

考虑到各地区试验条件的限制，此处介绍手工干筛法。

（二）试验材料

将按上述规定处理过的水泥放在105~110℃的烘箱中烘至恒重，然后在干燥器内冷却至室温。

（三）仪器与设备

①干筛。干筛采用边长为 $80\mu m$ 或 $45\mu m$ 的方孔筛网。筛框直径为 150mm，高为 50mm，并附有筛盖。

②天平（感量 0.01g）、烘箱等。

（四）试验步骤

①$80\mu m$ 筛析试验称取试样 25g，$45\mu m$ 筛析试验称取试样 10g。将水泥试样倒入干筛内，并加盖。

②用一只手执筛反复摇动。另一只手轻轻拍打，拍打速度每分钟 120 次，每 40 次向同一方向旋转 60°，使试样均匀分布在筛网上，直至每分钟通过的试样量不超过 0.03g 为止，称量筛余量。

（五）试验结果

按下式计算水泥的筛余百分数（精确至 0.1%）。

$$F = \frac{R_s}{W} \times 100\%$$

式中：F——水泥试样的筛余百分数，%；

R_s——水泥筛余物的质量，g；

W——水泥试样的质量，g；

（六）记录格式及试验结论

1. 记录格式

试样名称_____

试样质量 W/g	筛余质量 R_s/g	筛余百分数%

2. 试验结论

根据国家标准评定水泥细度是否合格。

二、水泥标准稠度用水量测定（GB/T 1346—2011）

（一）试验目的

水泥的凝结时间和体积安定性都与用水量有很大的关系。为消除试验条件的差异，测定凝结时间和体积安定性时必须采用具有标准稠度的水泥净浆。本试验的目的就是测定水泥净浆达到标准稠度时的用水量，为测定水泥的凝结时间和体积安定性做好准备。试验方法分为标准法和代用法，当两者的试验结果发生争议时，以标准法为准。

（二）试验材料

水泥、水，其要求同水泥检验的一般规定。

（三）仪器与设备

1. 标准稠度测定仪

标准稠度测定仪如图试-1 所示：金属试杆直径 $\phi 10mm \pm 0.05mm$，高 $50mm \pm 1mm$；

装净浆用锥模，上口内径为 $\phi65mm\pm0.5mm$，下口内径为 $\phi75mm\pm0.5mm$，模深 $40mm\pm0.2mm$；初凝试针长 $50mm\pm1mm$，终凝试针长 $30mm\pm1mm$，直径 $\phi1.13mm\pm0.05mm$，滑动部分 $300g\pm1g$，如图试-2 所示。

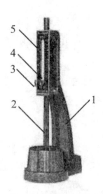

1—铁座；2—金属圆棒；3—松紧螺丝；4—指针；5—标尺

图试-1　标准稠度与凝结时间测定仪

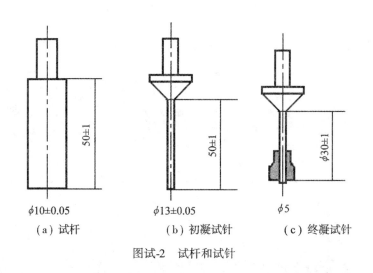

（a）试杆　　　　（b）初凝试针　　　　（c）终凝试针

图试-2　试杆和试针

2. 水泥净浆搅拌机

水泥净浆搅拌机由搅拌锅和搅拌叶片组成，并应符合以下规定：

①搅拌锅与搅拌叶片的间隙为（2±1）mm；

②搅拌程序与时间为慢速搅拌 120s，停 15s，快速搅拌 120s。

3. 其他仪器

量水器（最小刻度 0.1mL，精度 1%）、天平（能准确称量至 1g）。

（四）试验步骤

1. 标准法

①测定前检查仪器，仪器的金属棒应能自由滑动。试推降至锥模顶面时，指针应对准标尺的零点，搅拌机应能正常运转。

②拌和前将拌和用具（搅拌锅及搅拌叶片等）、试推及试模等用湿布擦抹。拌和用水量按经验初步选定（精确至0.5g）。

③锅内加入拌和用水，然后，再将称量好的500g（精确至1g）水泥试样在5～10s倒入搅拌锅内。将装有水泥试样的搅拌锅固定在搅拌机锅座上，并升至搅拌位置，开动搅拌机，同时慢速搅拌120s，停拌15s，接着快速搅拌120s后停机。

④拌和完毕，立即将净浆一次装入置于底板上的试模内，用宽约25mm的直边刀轻轻拍打超出试模部分浆体5次以上已排出浆体中的孔隙，在浆体表面约1/3略倾斜向外轻轻刮去多余的净浆，在从试模边轻抹顶部一次，使净浆表面光滑。抹平后迅速放到试杆下的固定位置上。将试杆降至净浆的表面，拧紧螺丝1～2s后，突然放松（即拧开螺丝），让试杆自由沉入净浆中，到试锥停止下沉或30s时记录试杆距底板之间的距离（单位：mm）。升起试杆后，立即擦净，整个操作应在搅拌后1.5min内完成。

2. 代用法

水泥用量为500g，拌和用水量为固定值142.5mL，测定步骤与标准法相同。

（五）试验结果

1. 标准法

以试杆距底板6mm±1mm的净浆为标准稠度净浆，其拌和用水量为该水泥的标准稠度用水量（P），按水泥质量的百分比计，按下式计算：

$$P = \frac{W}{500} \times 100\%$$

式中：W——拌和用水量，mL。

如试杆下沉的深度超出上述范围，须重新称取试样，调整拌和用水量，重新试验，直至达到要求（距底板6mm±1mm）为止。

2. 代用法

如用调整用水量法测量时，试锥下沉的深度30mm±1mm为标准稠度净浆，其拌和水量为该水泥的标准稠度用水量（P），按水泥质量的百分比计，超出上述范围，须重新称取试样，调整拌和用水量，重新试验，直至达到要求（30mm±1mm）为止。

当用不变水量法测量时，得出的试杆下沉深度为S（单位：mm）时，可按下式计算（或由标尺读出）标准稠度用水量P：

$$P = 33.4 - 0.185S$$

当试锥下沉深度S小于13mm时，应采用调整用水量法。

（六）记录格式及试验结果

1. 记录格式

试样名称_____

试样质量 m/g	用水量 W/g	试锥沉入度 S/mm	标准稠度用水量 P

2. 试验结论

计算出水泥标准稠度用水量值。

三、水泥凝结时间测定

（一）试验目的

测定水泥的凝结时间，并确定它是否满足施工的要求。

（二）试验材料

水泥、水，其要求同水泥检验的一般规定（水泥试验的第一部分）。

（三）仪器与设备

①凝结时间测定仪、与测定标准稠度所用相同。但试杆应换成试针装净浆的模为圆模（图试-3）。

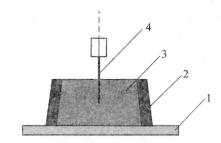

1—玻璃板；2—圆模；3—水泥净浆；4—试针

图试-3　试针与圆模

②水泥净浆搅拌机，与测定标准稠度所用相同。

③标准养护箱。

（四）试验步骤

①测定前，将圆模放在玻璃板上，在圆模的内侧稍稍涂上一层机油。调整凝结时间测定仪的试针接触玻璃板时，指针对准标尺的零点。

②称取水泥试样 500g（精确至 1g），以标准稠度的用水量（精确至 0.5mL）、用水泥净浆搅拌机搅拌水泥净浆，方法同前。记录加水的时间作为凝结时间的起始时间。

③将拌和好的水泥净浆立即一次装入圆模内，方法同前；然后放入标准养护箱内，以水全部加入水泥内为测定凝结时间的起点。试样在标准养护箱内养护至加水后 30min进行第一次测定。

④测定时，将圆模从标准养护箱内取出放到试针下，使试针与水泥净浆面接触，拧紧螺丝，1~2s 后突然放松，让试针垂直自由沉入净浆，观察试针停止下沉或 30s 时指针的读数。

⑤临近初凝时，每隔 5min 测定一次；临近终凝时，每隔 15min 测定一次。每次测定时不得让试针落入原针孔。每次测试完毕须将试针擦干净并将圆模放回标准养护箱。整个测定过程中要防止圆模受振，试针贯入的位置至少要距圆模内壁 10mm。在最初测定时，应轻轻扶持金属杆，使其徐徐下降以防试针撞弯，但结果以自由下落为准；此

外，在测定终凝时，试针须加一个环形附件以便于准确观察，同时，须将试模及浆体反转180°，使锥形模及浆体大头朝上，放回标准养护箱内。

（五）试验结果

当试针下沉至距底板 4±1mm 时，即为水泥达到初凝状态；当试针下沉不超过 0.5mm 时，即环形附件不能在试体表面留下痕迹时，为水泥达到终凝状态。由开始加水至初凝状态、终凝状态的时间分别为该水泥的初凝时间和终凝时间，以 min 来表示。

到达初凝、终凝状态时，应立即重复测定一次，当两次结论相同时才能定为达到初凝或终凝状态。

（六）记录格式及试验结论

1. 记录格式

试样名称_____

加水拌和时间	测定时的时间	试锥沉入度	初凝时间	终凝时间

2. 试验结论

根据国家标准评定水泥凝结时间是否合格。

四、水泥体积定性检验

（一）试验目的

检验水泥浆在硬化时体积变化的均匀性，即是否产生开裂等现象，以决定水泥是否可以使用。试验方法为沸煮法，用以检验游离氧化钙造成的体积安定性不良。沸煮法又分为标准法和代用法，当两者的试验结果发生争议时，以标准法为准。

（二）试验材料

水泥、水，其要求同水泥检验的一般规定（水泥试验第一部分）。

（三）仪器与设备

1. 雷氏夹膨胀值测定仪

雷氏夹膨胀值测定仪的标尺最小刻度为 1mm。

2. 雷氏夹

雷氏夹由铜质材料制成，其结构如图试-4 所示、雷氏夹必须符合如下要求；当一根指针的根部用尼龙丝或金属丝悬挂有 300g 砝码时，两指针的间距增加值 $2x$ 应为（17.5±2.5）mm，当卸掉砝码时，指针应回到初始状态（图试-5）。

3. 沸煮箱

沸煮箱的有效容积为 410mm×240mm×310mm，内设箅板和加热器，能在 30±5min 内使箱内水由室温升至沸腾，并可保持沸腾 3h 而不需加水。

4. 其他仪器

水泥净浆搅拌机、标准养护箱、天平、量水器。

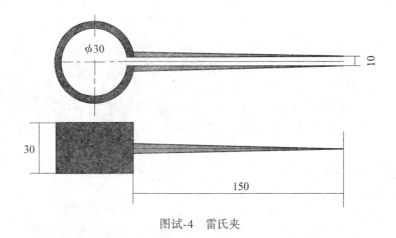

图试-4　雷氏夹

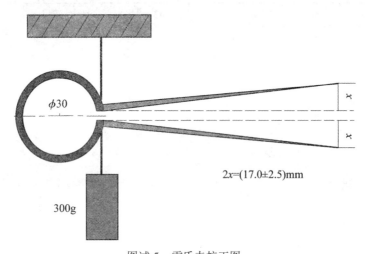

2x=(17.0±2.5)mm

300g

图试-5　雷氏夹校正图

（四）试验步骤

1. 水泥净浆搅拌

称取 500g（精确至 1g）水泥，以标准稠度用水量，用水泥净浆搅拌机搅拌水泥净浆，方法同前。

2. 试件制作

（1）代用法

将拌制好的水泥净浆取出一部分（150g）分成两等份，使之成球形放在稍涂有机油的玻璃板（约 100mm×100mm）上，轻轻振动玻璃板并用湿布擦过的小刀由边缘至中央抹动，做成直径为 70～80mm、中心厚度约为 10mm、边缘渐薄、表面光滑的薄饼。

（2）标准法

将内壁涂有机油的雷氏夹放在稍涂有机油的玻璃板上，并立即将拌制好的标准稠度水泥净浆装满雷氏夹试模，装模时用一只手轻持雷氏夹，另一只手用宽度约 25mm 的直边刀轻轻插捣 3 次左右，然后抹平并盖上稍涂有机油的玻璃板。

3. 试件养护

试件成型后须立即放入标准养护箱内养护（24±2）h，养护结束后将玻璃板从试件上脱去。

①调整沸煮箱的水位，保证在整个沸煮过程中试件都浸在水中，中途不需加水，同时保证在（30±5）min 内加热至沸腾。

②当为代用法时，先检查试饼是否完整（如已开裂扭曲要检查原因，确无外因时，该试饼已属不合格，不必沸煮）在试饼无缺陷的情况下将试饼放入水中篦板上。当为标准法时，先测量雷氏夹指针尖端间的距离（A），精确到 0.5mm，之后将雷氏夹放入水中试件架上，指针朝上，试件之间相互不交叉，然后在（30±5）min 内加热至沸腾，并恒沸 3h±5min。

③沸煮结束，即放掉箱中热水，打开箱盖，待箱体冷却至室温时，取出试件进行判断。

（五）试验结果

1. 代用法

目测试件未发现裂缝，用直尺检查也没有弯曲的试饼为体积安定性合格，反之为不合格。当两个试饼的判别结果有矛盾时，该水泥也判为不合格。

2. 标准法

测量指针尖端间距（C），计算沸煮过后指针间距增加值（$C-A$）。取两个试件的平均值为试验结果，当（$C-A$）不大于 5.0mm 时为体积安定性合格，反之为不合格。当两个试件的（$C-A$）值相差超过 5mm 时，应用同一水泥重做试验，以复查结果为准。

（六）记录格式及试验结论

1. 记录格式

试样名称_____

编号	煮前指针尖间距 A /mm	煮后指针尖间距 C /mm	煮后指针尖间距增加值（$C - A$）/mm	平均值

2. 试验结论

根据国家标准评定水泥体积安定性是否合格。

五、水泥胶砂强度测定（ISO 法）

（一）试验目的

检验水泥的强度，评定水泥强度等级。

（二）试验材料

水泥（常用的六种水泥），标准砂应符合 ISO 基准砂的规定，饮用水。

（三）仪器与设备

①水泥胶砂搅拌机，为行星式。

②振动台，频率为 2800～3000 次/min，中心振幅为（0.75±0.02）mm。

③抗折试验机，为双杠杆式电动抗折试验机。两支承圆钢柱的距离为 100mm，游码在丝杠的带动下移动，加荷速度为（50±10）N/s。

④抗压试验机及抗压夹具，抗压试验机的量程以 200～300kN 为宜，误差不大于 2%。抗压夹具由硬质钢材制成，其长度为（62.5±0.1）mm，宽度不小于 40mm，加压面必须平整。

⑤试模为可拆装的三联试模（即可同时成型三个试件的试模），由隔板、底板、端板等组成，试模的三个内腔尺寸均为 40mm×40mm×160mm。

⑥下料漏斗，由漏斗和模套组成。漏斗由白铁皮制作，下料口的宽度一般为 4～5mm。模套用金属制成，高度为 25mm。

⑦金属刮平尺，长 300mm。

⑧天平、标准养护箱等。

（四）试验步骤

1. 试件成型

①成型前将试模擦净，四周模板与底板的接触面应涂黄干油，紧密装配，防止漏浆，内壁均匀涂一薄层机油。

②水泥与标准砂的质量比为 1：3，水灰比为 0.5。

③每成型三条试件需称量水泥 450g，标准砂 1350g，水 225g。

④搅拌前把水加入锅里，再加入水泥。然后立即开动机器，低速搅拌 30s 后，在第二个 30s 开始的同时均匀地将砂子加入。砂子加完后再把机器转至高速搅拌 30s。停拌 90s，在第一个 15s 内，用一胶皮刮具将叶片和锅壁上的胶砂刮入锅中间。在高速下继续搅拌 60s。各个搅拌阶段，时间误差应在 ±1s 以内。

⑤胶砂搅拌后立即成型。当使用代用振实台成型时，操作如下：

在搅拌胶砂的同时将试模和下料漏斗卡紧在振动台中心。将搅拌好的胶砂分两层均匀地装入试模中（每槽约 300g），第一层装完后，开动振动台振动 60 次，第二层装完后，开动振动台振动 60 次停止。

当使用振动台成型时，操作如下：在搅拌胶砂的同时将试模和下料漏斗卡紧在振动台的中心。将搅拌好的全部胶砂均匀地装入下料漏斗中，开动振动台，胶砂通过漏斗流入试模，振动（120±5）s 停止。

⑥振动完毕，取下试模，用刮平尺刮去高出试模的胶砂并抹平。接着在试件上编号。

⑦试验前或更换水泥品种时，搅拌锅、叶片和下料漏斗等须擦干净。

2. 试件的养护

①试件编号后，将试模放入标准养护箱，养护箱内箅板必须水平。（24±3）h 后取出脱模，脱模时应防止试件受到损伤。硬化较慢的水泥允许延长脱模时间，但须记录脱模时间。

②试件脱模后即放入水槽中养护，水温（20±1）℃。试件之间间隙 5mm，水面应高出试件 5mm，养护水每两周更换一次。

3. 强度试验

①各龄期试件须在规定的时间 24h±15min、48h±30min、72h±45min、7d±2h、28d±8h 内进行强度试验。

②抗折强度试验需注意以下几点：

a. 每龄期取出三条试件先做抗折强度试验。试验前须擦去试件表面的附着水分和砂粒，清除夹具上圆柱表面黏附的杂物，试件放入抗折夹具内，试件侧面与圆柱接触。

b. 试件放入前应使杠杆成平衡状态。试件放入后，应调整夹具，使杠杆在试件折断时尽可能地接近平衡状态。

c. 开动电机，以（50±10）转/秒的速度加荷，直至试件断裂，记录破坏荷载 P 或抗折强度 $f_折$。

（五）抗压强度试验

①抗折强度试验后的六个断块应立即进行抗压强度试验，抗压强度试验须使用抗压夹具进行。试验前应清除试件受压面与加压板间的砂粒或杂物，试验时以试件的侧面作为受压面，试验的底面应紧靠夹具的定位销，并使夹具对准压力机加压板的中心。

②开动试验机，以（50±10）N/s 的速度加荷，接近破坏时更应严格掌握。试件破坏时，记录破坏荷载 P。

（六）试验结果

①抗折强度 $f_折$ 按下式计算（精确至 0.1MPa）：

$$f_折 = \frac{3PL}{2bh^2}$$

式中：L——支撑圆柱的中心距离，100mm；

b，h——试件断面的宽度及高度，均为 40mm。

以三个试件的平均值作为抗折强度的试验结果。若三个强度值中有超过平均值的 ±10% 的，应剔除后再平均，作为抗折强度试验结果。

②抗压强度 $f_压$ 按下式计算（精确至 0.1MPa）：

$$f_压 = \frac{P}{A}$$

式中：A——受压面的面积，40mm×40mm。

以六个试件的平均值作为抗压强度的试验结果。如六个测定值中有一个超出六个平均值的 ±10%，应剔除这个结果，而以剩下的五个平均数为结果，如果五个测定值中再有超过它们平均数的 10% 者，则此结果作废。取其余四个的平均值作为抗压强度的试验结果。如不足六个时，取平均值。

（七）记录格式及试验结论

1. 记录格式

抗折强度记录格式见下表：

试样名称_____

编号	试件龄期/d	抗折强度/MPa	抗折强度平均值/MPa

抗压强度记录格式见下表：

试样名称＿＿＿＿＿＿

编号	试件龄期/d	破坏荷载/N	抗压强度/MPa	抗压强度平均值/MPa

2. 试验结论

根据各龄期的抗折强度和抗压强度试验结果评定水泥的强度等级。

试验二 混凝土配合比试验

混凝土配合比是根据初步估算，再经试验来确定的。本项试验分为两部分，第一部分为混凝土配合比设计必须做的试验（混凝土拌合物和易性、体积密度及混凝土强度）及试验指导；第二部分为混凝土配合比设计作业。

第一部分 混凝土拌合物和易性、体积密度及混凝土强度试验

一、混凝土拌合物和易性试验

（一）试验目的

通过试验，确定混凝土拌合物和易性是否满足施工要求，本试验采用坍落度法。此法适用于集料最大粒径不大于40mm，坍落度值不小于10mm的混凝土拌合物。

（二）试验材料

试验用混凝土拌合物，一般在试验室用人工拌和，其步骤如下：

①在拌和前应用湿布将铁锹及铁铲润湿。

②将称好的砂子与水泥（要求精度：水泥、砂子为±0.5%）倒在铁板上用铁铲将水泥和砂子充分拌和至颜色均匀为止。

③称好的石子（精度上1%）倒入水泥与砂子混合物的中心凹口中。

④已量好的水（精确至±0.5%）倒一部分在石子中，进行拌和，翻拌两次后，再将拌合物中间挖一凹口，倒入全部剩余的水，继续翻拌，每翻拌一次用铲子在拌合物上铲切一次，直至拌和均匀为止。

（三）仪器与设备

坍落度筒，是由薄钢板制成的截圆锥形筒，其内壁应光滑、无凹凸部位，底面和顶面应互相平行并与锥体的轴线垂直。在坍落度筒外三分之二高度处安两个手把，下端焊有脚踏板。筒的内部尺寸及允许偏差如下：

底部直径：（20±2）mm；

顶部直径：（100±2）mm；

高　度：（300±2）mm；

筒壁厚度：≥15mm；

捣棒：直径16mm，长600mm的钢棒，端部应磨圆。

（四）试验步骤与结果

①润湿坍落度筒及其用具，将筒放在铁板上，底板、内壁应无明水，然后用脚踩住两边的脚踏板，使坍落度筒在装料时保持位置固定。

②把拌和好的混凝土拌合物用小铲分三层均匀地装入筒内，使捣实后每层高度为筒高的三分之一左右。每层用捣棒插捣25次，插捣应沿螺旋方向由外向中心进行，各次插捣应在截面上均匀分布、插捣筒边混凝土时，捣棒可稍倾斜。插捣底层时，捣棒应贯穿整个深度；插捣第二层时，捣棒应插穿本层至下一层的表面。浇灌顶层时，混凝土拌合物应灌到高出筒口。插捣过程中，如拌合物沉落到低于筒口，则应随时添加。顶层捣完后，刮出多余的拌合物，并用抹刀抹平。

③清除筒边底板上的拌合物后，垂直平稳地提起坍落度筒，坍落度筒的提高过程应在5~10s内完成。从开始装料到提坍落度筒的整个过程应不间断地进行，并应在150s内完成。

④提起坍落度筒后，量测筒顶与坍落后混凝土拌合物最高点之间的垂直距离（以1mm计，修约至5mm），即为该混凝土拌合物的坍落度值。

坍落度筒提起后，如混凝土拌合物发生崩坍或一边剪坏现象，则应重新取样另行测定。如第二次试验仍出现上述现象，则表示该混凝土拌合物和易性不好，应予记录备查。

⑤观察坍落后的混凝土拌合物的黏聚性及保水性。黏聚性的检查方法是用捣棒在已坍落的混凝土拌合物锥体侧面轻轻敲打，此时如果锥体逐渐下沉，则表示黏聚性良好；如果锥体倒塌，部分崩裂或出现离析现象，则表示黏聚性不好。

保水性以混凝土拌合物中稀浆析出的程度来评定。坍落度筒提起后如有较多的稀浆从底部析出，锥体部分的混凝土拌合物也因失浆而集料外露，则表明此混凝土拌合物的保水性能不好，如坍落度筒提起后无稀浆或仅有少量稀浆自底部析出，则表示此混凝土拌合物保水性良好。

试验结果记入表试-4、表试-5中。

二、混凝土拌合物体积密度试验

（一）试验目的

用于测定混凝土拌合物捣实后单位体积的质量；以修正和核实混凝土配合比计算中的材料用量。

（二）试验材料

与混凝土拌合物和易性试验相同。

（三）仪器与设备

①容量筒，金属制成的圆筒，两旁装有把手。对集料最大粒径不大于40mm的拌合物采用容积为5L的容量筒，其内径与筒高均为（186±2）mm，筒壁厚为3mm；集料最大粒径大于40mm时，容量筒的内径与筒高均应大于集料最大粒径的4倍。容量筒上缘及内壁应光滑平整，顶面与底面应平行并与圆柱体的轴垂直。

②台秤，称量50kg，感量50g。

③振动台，频率应为（50±3）Hz。空载时的振幅应为（0.5±0.1）mm。

④捣棒，直径16mm，长600mm的钢棒，端部应磨圆。

（四）试验步骤

①用湿布将容量筒内外擦干净。称容量筒的质量，精确至50g。

②装料及捣实方法：当混凝土拌合物用落度不大于70mm时，宜用振动台振实，当坍落度大于70mm时，可用捣棒捣实。

采用捣棒捣实时，按容量筒大小决定分层与插捣次数，见表试-1。每层捣完后，可把捣棒垫在筒底，将筒左右交替地颠击地面各15次。

表试-1　　　　　　　　　　　　　　　　分层装料与插捣次数

容量筒/L	装　料	插捣次数
5	分两层装入	25 次/层
5>	每层高度<100mm	>12 次/100cm^2

当采用振动台振动时，应一次将混凝土拌合物灌到高出容量筒口，装料时可用捣棒稍加插捣，振动过程中应随时加料，振动直到表面出浆为止。

③用刮尺齐筒口将多余拌合物刮去，将筒外壁擦净，称出混凝土拌合物与容量筒总质量，精确至50g。

（五）试验结果

按下式计算混凝土拌合物体积密度$\rho_{0,t}$：

$$\rho_{0,t} = \frac{m_2 - m_1}{V} \times 1000$$

式中：$\rho_{0,t}$——混凝土拌合物体积密度，kg/m^3；

　　　m_1——容量筒质量，kg；

　　　m_2——容量筒及试样总质量，kg；

　　　V——容量筒容积，L。

试验结果精确至10kg/m^3。试验结果记入表试-5、表试-6中。

三、混凝土立方体抗压强度试验

（一）试验目的

为确定混凝土配合比或控制混凝土工程或构件质量，均应做混凝土立方体抗压强度试验。

（二）试验要求

①混凝土立方体抗压试件以三个为一组，制备每组试件所用的混凝土拌合物。当确定混凝土配合比时，应与混凝土拌合物和易性试验相同，在试验室进行人工拌制；为控制混凝土质量，应从同一盘或同一车运送的拌合物中取出。

②混凝土立方体抗压强度试验的试件尺寸，应根据混凝土中最大粒径选择，可按表试-2选择。

表试-2 混凝土立方体试件尺寸选用

时间尺寸/mm	集料最大粒径/mm	试件尺寸换算系数
100×100×100	30	0.95
150×150×150	40	1.00
200×200×200	60	1.05

③混凝土立方体抗压强度试验所采用的试验机的精度误差为±2%，其量程应能使试件的预计破坏荷载值不小于全量程的20%，也不大于全量程的80%。

试验机上、下压板及试件之间可使用钢垫板。钢垫板的两个承压面均应机械加工。与试件接触的压板或垫板的尺寸应大于试件的承压面，其不平度应为100mm，不超过0.02mm。

④试件从养护地点取出后，应尽快进行试验，以免试件内部的温湿度发生显著变化。

（三）试验步骤

①先将试件擦拭干净，测量尺寸，并验查其外观。试件尺寸测量精度至1mm，并据此计算试件的承压面积。如实际尺寸与公称尺寸之差不超过1mm，可按公称尺寸进行计算。

试件承压面的不平度应为100mm，不超过±0.05mm。承压面与相邻面的不垂直度不应超过±1。

②将试件安放在试验机的下压板上，试件的承压面应与成型时的顶面垂直。试件的中心应与试验机下压板中心对准。开动试验机，当上压板与试件接近时，调整球座，使接触均衡。

③混凝土试件的试验应连续而均匀地加荷，加荷速度应为：混凝土强度等级低于C30时，取0.3~0.5MPa/s。混凝土强度等级高于或等于C30时，取0.5~0.8MPa/s。当试件接近破坏而开始迅速变形时，停止调整试验机油门，直到试件破坏，之后记录破坏荷载。

（四）试验结果

混凝土立方体试件抗压强度按下式计算：

$$f_{cu} = \frac{F}{A}$$

式中：f_{cu}——混凝土立方体试件抗压强度，MPa；

F——破坏荷载，N；

A——试件承压面积，mm^2。

混凝土立方体试件抗压强度计算应精确至0.1MPa。以三个试件测值的算术平均值作为该组试件的抗压强度值。三个测值中的最大值或最小值，如有一个与中间值的差值超过中间值的15%，取中间值作为该组试件的抗压强度值。如有两个测值与中间值的差均超过15%，则该组试件的试件结果无效。

取150mm×150mm×150mm试件的抗压强度为标准值，用其他尺寸试件测得的强度值应乘以尺寸换算系数。

试验结果记入表试-5。

第二部分 混凝土配合比设计作业

[原材料条件]

①石子种类：_____；最大粒径：_____；表观密度：_____；含水率：_____。

②砂种类：_____；细度模数：_____；表观密度：_____；含水率：_____。

③水泥品种：_____；强度等级：_____；密度：_____。

一、估算初步配合比

根据有关公式和图表，确定出配合比的主要参数，估算出初步配合比，记入表试-3。

表试-3　　　　　　　　　　　配合比主要参数与初步配合比

序号	主 要 参 数			初 步 配 合 比/kg				备　　注
	水灰比 W/C	用水量 m_w/kg	砂率 β_s/%	水泥 m_{c0}	水 m_{w0}	砂 m_{s0}	石子 m_{g0}	
1 2 3								2，3 号配合比的 W/C 应比 1 号 W/C 增减 0.05

二、试验调整，确定实验室配合比

（一）检验和易性，确定基准配合比

①试拌_____ L拌合物，计算各种材料用量，记入表试-4 中。

②和易性的测定与调整，其结果记入表试-4 中。

③测定调整后的混凝土拌合物的表观密度。

表试-4　　　　　　　　　　　试样材料用量和易性测定

顺　序	材 料 用 量				测 定 结 果			备注
	水泥 m_{cb}	水 m_{wb}	砂 m_{sb}	石子 m_{gb}	坍落度 /mm	黏聚性	保水性	
调整前 第一次调后 第二次调后								

④确定出基准配合比为：

m_{cr} = _____ ；m_{wr} = _____ ；m_{sr} = _____ ；m_{gr} = _____ 。

（二）检验强度，确定实验室配合比

①检验不同水灰比的三种配合比的强度及其他性能，见表试-5。

表试-5　　　　　　　　　　　三种配合比的强度及其他性能

编号	水灰比 W/C	材料用量/kg				测 定 结 果			备 注
		水泥	水	砂	石子	坍落度 /mm	体积密度 /（kg·m⁻³）	抗压强度 /MPa	
									基准配合比
									和易性调整合格后的 表中的配合比2
									和易性调整合格后的 表中的配合比3

②绘制混凝土抗压强度与灰水比关系曲线（图试-6）。

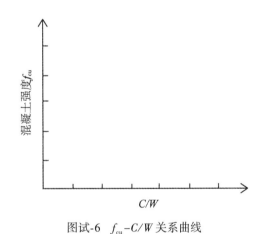

图试-6　f_{cu}-C/W 关系曲线

根据绘制的关系曲线，求得满足混凝土配制强度要求的 C/W 为 ＿＿＿＿＿＿＿＿＿＿，W/C 为 ＿＿＿＿＿＿＿＿＿＿。

③确定实验室配合比，结果填入表试-6。

表试-6　　　　　　　　　　　实验室配合比

名称	材 料 用 量				计算体积密度 /（kg·m⁻³）	实测体积密度 /（kg·m⁻³）	校正 系数	备 注
	水泥 m_c	水 m_w	砂 m_s	石子 m_g				
修正前的 配合比								
修正后的 配合比								

三、确定施工配合比

换算结果见表试-7。

表试-7 施工配合比

名 称	含水率%		材料用量/kg				备 注
	砂	石子	水泥 m_c'	水 m_w'	砂 m_s'	石子 m_g'	
实验室配合比							
施工配合比							

部分习题参考答案

第一章 建筑材料的基本性质

18. 绝干体积密度：$\dfrac{m}{\dfrac{m_1-m_2}{\rho_w}-\dfrac{m_1-m}{\rho_{蜡}}}$。

19. 绝干体积密度＝1700kg/m³，密度＝2698 kg/m³，吸水率＝20%，开口孔隙率＝34%，闭口孔隙率＝3.0%。

20. 体积密度＝1400 kg/m³，孔隙率＝48.1%。

21. 表观密度＝2710kg/m³，体积密度＝2630kg/m³，吸水率＝1%。

第四章 混凝土

6. 37.5mm。

14. 甲：f_{cu} = 27.0MPa，$f_{cu,k}$ = 20.4MPa，C20；乙：f_{cu} = 17.9MPa，$f_{cu,k}$ = 11.3MPa，C10。

21. （砂率β_s取33%时）m_{c0}＝366kg、m_{w0}＝175kg、m_{s0}＝606kg、m_{g0}＝1230kg。

22. 由f_{28}-C/W关系曲线，可确定满足设计强度的最佳灰水比 C/W＝1.84，m_c＝345kg、m_w＝188kg、m_s＝628kg、m_g＝1219kg。

23. W/C＝0.491，$f_{cu,k}$＝31.1MPa，满足 C30。

第五章 砂浆

7. 1m³ 砂浆中选用水量为300kg 时，$Q_c：Q_D：Q_s：Q_w$＝245：105：1581：269。

参 考 文 献

[1] 王世芳．建筑材料 ［M］．武汉：武汉大学出版社，2000.

[2] 葛勇．土木工程材料学 ［M］．北京：中国建材工业出版社，2011

[3] 柳俊哲．土木工程材料（第三版）［M］．北京：科学出版社，2014.

[4] 袁润章．胶凝材料学 ［M］．武汉：武汉工业大学出版社，1989.

[5] 刘祥顺．建筑材料（第3版）［M］．北京：中国建筑工业出版社，2010.

[6] 吴科如．土木工程材料（第2版）［M］．上海：同济大学出版社，2008.

[7] 施惠生．土木工程材料 ［M］．重庆：重庆大学出版社，2011.

[8] 高琼英．建筑材料 ［M］．武汉：武汉工业大学出版社，1989.

[9] 涂平涛．建筑轻质板材 ［M］．北京：中国建材工业出版社，2005.

[10] 张松榆，金晓鸥．建筑功能材料 ［M］．北京：中国建材工业出版社，2012.

[11] 张松榆，刘祥顺．建筑材料质量检测与评定 ［M］．武汉：武汉理工大学出版社，2007.

本教材还参考、引用了土木工程材料相关国家及行业的技术标准。

后　记

经全国高等教育自学考试指导委员会同意，由全国高等教育自学考试指导委员会土木水利矿业环境类专业委员会负责房屋建筑工程专业教材的审定工作。

本教材由哈尔滨工业大学赵亚丁教授担任主编，张松榆副教授担任副主编，高小建、李学英、肖会刚、王臣、周春圣、卢爽参加编写。全书由赵亚丁统稿。

全国高等教育自学考试指导委员会土木水利矿业环境类专业委员会组织了本教材的审稿工作。参加审稿并提出修改意见的有宁波大学柳俊哲教授、北京工业大学兰明章教授、哈尔滨工业大学（威海校区）马新伟副教授，谨向他们表示诚挚的谢意！

全国高等教育自学考试指导委员会土木水利矿业环境类专业委员会最后审定通过了本教材。

全国高等教育自学考试指导委员会
土木水利矿业环境类专业委员会
2014 年 7 月